飞机铆接与结构修理技术

主　　编　文　韬　宁　敏

副 主 编　周密乐　吴　冬　张　鹏
　　　　　章正伟

参　　编　宋　斌　邹　倩　吴　健
　　　　　吕思超　简剑芬　黄　鹏
　　　　　盛　科　吕勤云　黄学良
　　　　　陆启成　何汉清

合作企业　长沙五七一二飞机工业有限责任公司
　　　　　中国人民解放军第五七〇二工厂
　　　　　顺丰航空有限公司

主　　审　朱有富

北京理工大学出版社
BEIJING INSTITUTE OF TECHNOLOGY PRESS

内 容 提 要

本书依据航空制造和维修企业飞机铆装工、飞机结构修理工等职业岗位的典型工作任务要求,对接《飞机铆接装配职业技能等级标准》,结合全国职业院校技能大赛"飞机发动机拆装调试与维修"赛项内容进行编写。重点介绍了飞机结构铆接和典型结构修理的主要工艺方法,精心设计了"飞机装配工艺基础、飞机结构普通铆接、飞机结构特种铆接、飞机结构密封铆接、飞机结构修理技术文件的使用、飞机典型结构的修理、飞机水平测量与数据分析"等教学项目和技能训练任务。

本书是国家级职业教育专业教学资源库课程、国家在线精品课程配套教材,主要面向航空类职业院校飞行器维修技术、飞行器维修工程技术、飞行器数字化制造技术、飞机机电设备维修、飞机结构修理等专业在校学生,也可作为飞机制造、维修企业,以及军航、民航机务维护人员的专业培训教材。

图书在版编目(CIP)数据

飞机铆接与结构修理技术 / 文韬,宁敏主编.--北京:北京理工大学出版社,2023.2

ISBN 978-7-5763-0659-0

Ⅰ.①飞… Ⅱ.①文… ②宁… Ⅲ.①飞机构件-铆接 ②飞机构件-维修 Ⅳ.①V262.4 ②V267

中国版本图书馆CIP数据核字(2021)第261124号

出版发行 / 北京理工大学出版社有限责任公司	
社　　址 / 北京市海淀区中关村南大街5号	
邮　　编 / 100081	
电　　话 / (010)68914775(总编室)	
(010)82562903(教材售后服务热线)	
(010)68944723(其他图书服务热线)	
网　　址 / http://www.bitpress.com.cn	
经　　销 / 全国各地新华书店	
印　　刷 / 河北鑫彩博图印刷有限公司	
开　　本 / 787毫米×1092毫米　1/16	
印　　张 / 15.5	责任编辑 / 阎少华
字　　数 / 357千字	文案编辑 / 封　雪
版　　次 / 2023年2月第1版　2023年2月第1次印刷	责任校对 / 刘亚男
定　　价 / 79.00元	责任印制 / 王美丽

图书出现印装质量问题,请拨打售后服务热线,本社负责调换

前　言

习近平总书记在党的二十大报告中提出，"一些关键核心技术实现突破，战略性新兴产业发展壮大，载人航天、探月探火、深海深地探测、超级计算机、卫星导航、量子信息、核电技术、大飞机制造、生物医药等取得重大成果，进入创新型国家行列"。航空产业是国家战略性新兴产业和先进制造业之一，具有先进技术自主创新的"大飞机制造"，是党的二十大报告提出的"实现一系列突破性进展，取得一系列标志性成果"的典型代表。

飞机铆接技术作为航空制造与维修的重要工艺技术，是飞机装配的主要连接方式，也是飞机结构修理工作的重要组成部分。为此，本书邀请了高职院校航空类专业骨干教师和航空企业技术专家，组建了校企合作编写团队，结合航空类专业教学特点，编写"工作手册式"教学项目。本书在全面性、系统性、典型性等方面，进行了大量研讨与论证，在编写过程中力求突出以下特点：

1. 注重飞机铆接装配和结构修理的工艺要求、技术标准和操作规范，追求理论和实践学习内容的有效结合，项目任务充分考虑"岗课赛证"一体化，采用工作手册式新形态教材设计，以满足学习者"理实一体化"的学习需求。

2. 引入航空企业典型生产案例转化为教学项目，按照岗位工作任务流程合理编排，使教学项目整体结构清晰，学习任务明确，学习难度逐层递进。对接航空企业飞机铆装工、飞机结构修理工等职业岗位能力要求，优选职业岗位典型工作任务开发实践教学案例，能有效指导学习者理论学习和实践操作。

3. 针对职业院校航空类专业实践教学突出"赛教融合"要求，对照全国职业院校技能大赛"飞机发动机拆装调试与维修"赛项飞机铆装结构修理内容，开发实训教学项目内容，配套编写了难度适宜的初、中、高级训练任务工作单（工卡），能有效辅助教师开展大赛技能培训和专业实训教学任务。

4. 对接《飞机铆接装配职业技能等级标准》考核要求，将证书的知识、技能点和相关技术标准融入教学项目，学习任务参考了大量国内外军用、民用飞机结构修理手册(SRM手册)、维修工艺等技术资料，并对比了国内外飞机结构铆接装配与修理的技术异同，促进"课程融通"与职业能力培训的有效对接。

5. 依托飞行器维修技术国家职业教育专业教学资源库、国家在线精品课程，将教学视频、精品微课、动画、虚拟仿真软件、工作任务单等各类丰富的立体化教学资源，以二维码形式融入，实现课程数字化资源与项目教学内容有机融合和易用易得，方便学习者"线上"阅读和学习，为翻转课堂教学模式改革提供帮助。

6. 坚持立德树人作为中心环节，精选航空人物、劳模事迹、空难事故等方面素材编写课程思政教学案例，引导学习者树立航空报国理想信念，传承与弘扬航空工匠精神、劳模精神、劳动精神，培育爱岗敬业、精益求精、安全生产、规范操作等职业素养。

本书由长沙航空职业技术学院文韬、长沙五七一二飞机工业有限责任公司宁敏担任主编；长沙航空职业技术学院周密乐、西安航空职业技术学院吴冬、湖北交通职业技术学院张鹏、浙江交通职业技术学院章正伟担任副主编；编写团队成员有张家界航空工业职业技术学院宋斌，济南职业学院邹倩，日照职业技术学院吴健，潍坊工程职业学院吕思超，长沙航空职业技术学院简剑芬、黄鹏、盛科、吕勤云，长沙五七一二飞机工业有限责任公司黄学良、陆启成，顺丰航空有限公司何汉清；中国人民解放军第五七〇二工厂高级工程师朱有富担任主审。本书参考了大量英文技术资料，由简剑芬负责整理与翻译。西安航空职业技术学院石日昕等技术专家提供了大量技术资料和文献，在此一并表示诚挚的谢意！

由于编写时间仓促，编者水平有限，本书难免会存在不足之处，敬请使用者批评指正。

本书提供了国家级职业教育专业教学资源库（微知库）、国家在线精品课程（中国大学 MOOC）"飞机铆装与机体结构修理技术"的配套课程教学资源供使用者线上学习。

编　者

【国家级职业教育专业教学资源库课程】
"飞机铆装与机体结构修理技术"

【国家在线精品课程】
"飞机铆装与机体结构修理技术"

目录 Contents

05 项目五　飞机结构修理技术文件的使用 / 133

06 项目六　飞机典型结构的修理 / 168

07 项目七　飞机水平测量与数据分析 / 221

飞机装配工艺基础

【项目导入】

飞机装配 (Aircraft Assembly) 在飞机制造的所有环节中质量要求高、技术难度大，是最为重要的一个环节，占有重要的地位。飞机装配具有明显的特点和技术特征，在装配过程中需要使用各种类型的工装设备，正确地选择装配基准和定位方法，才能保证飞机装配的定位准确。因此，航空企业在安全文明生产、产品质量控制等方面应遵守相关规章制度和要求，以提高飞机装配和安装的技术水平。

【课程介绍】
飞机铆接装配工艺
基础简介（视频）

本项目以航空企业飞机装配职业岗位典型工作任务设计教学案例，重点分析飞机装配的技术特征、装配型架的类型、装配工艺的划分，以及装配基准、定位方法、固定形式的选择。

【学习目标】

【素质目标】

（1）树立"航空报国"理想信念和爱国情怀。

（2）培养航空产品质量意识和安全文明生产职业素养。

【知识目标】

（1）了解飞机结构装配的技术特征和典型装配型架的类型。

（2）理解飞机结构、工艺分离面的划分要求和飞机装配件的组成。

（3）掌握飞机结构装配固定的操作要点和产品质量检验、不合格产品的管理要求。

【能力目标】

（1）能区分飞机结构的设计分离面、工艺分离面和飞机装配件的组成部分。

（2）能选用合适的定位方法进行飞机结构件定位。

（3）在铆接装配中能正确使用固定铆钉、螺栓和穿心夹进行装配件的固定。

任务1：简要说明现代飞机装配技术，以及在装配过程中采用型架辅助装配的目的与要求。

任务2：区分飞机结构的设计分离面和工艺分离面，选用合适的定位方法进行飞机结构装配件的定位，以及对铆接装配的零组件使用铆钉或穿心夹等进行连接固定。

任务3：说明航空企业在产品质量控制方面的主要制定与控制方法，以及对飞机装配、维修过程中多余物的控制、不合格品的处置要求。

【任务知识】

一、飞机装配的技术特点

飞机制造（Aircraft Manufacturing）是指按设计要求制造飞机的过程。飞机制造过程可划分为毛坯制造、零件加工、装配安装和试验4个阶段。通常，飞机制造仅指飞机机体零构件制造、部件装配和整机总装等。飞机机体制造要经过工艺准备、工艺装备的制造、毛坯的制备、零件的加工、装配和检测等过程，如图1-1所示。

图1-1　飞机机体的制造

飞机装配（Aircraft Assembly）是将大量的飞机零件、标准件和成品按设计图或全三维模型、技术条件在专用的工艺装备上，以一定组合和顺序逐步装配成组合件、板件、段件和部件，最后将各部件进行机体结构铆接装配、系统安装、调试和试飞的过程，是飞机制造环节中最为重要的环节，如图1-2所示。

图1-2　飞机装配

在飞机制造中，装配和安装工作的劳动量占飞机制造总劳动量的50%～60%。受结构特点和结构刚性等因素影响，飞机装配过程中大量采用铆接、螺栓连接等连接手段和结构复杂、准确度高的装配型架等。因此，提高飞机装配和安装的技术水平，在飞机制造中具有重要的意义。其装配具有非常显著的特点。

（一）产品的几何定义与协调方法

20世纪70年代产生了计算机辅助设计与制造技术，飞机的几何尺寸与形状定义采用了等函数构建的三维线架结构，使模线由人工绘制变为绘图机自动绘制。直到20世纪90年代，以波音、空客为代表的三维数字化设计制造技术应用改变了飞机设计制造模式，如图1-3所示。

图1-3　数字化虚拟仿真飞机总装对接

（二）装配工艺装备的特点与作用

在飞机结构的装配过程中，不能仅依靠零件自身形状与尺寸的加工精度来保证装配出合格的组件、部件，还需针对不同机型的组件及部件，制定专门的装配工艺装备，如装配型架等。通过这些专用生产装备的定位夹紧，以保证产品的尺寸、形状和零件间相对位置的准确性。相互协调的装配工装可以确保产品满足准确度和协调互换的要求；可以控制装配过程的变形，保持尺寸形状的稳定性，改善装配过程的劳动条件，提高劳动生产率，降低成本。

（三）装配连接方式

飞机结构的连接方式以铆接为主，优点是连接强度稳定、可靠，能适应较复杂的结构和不同材料之间的连接等。但是，铆接也存在铆缝应力分布不均匀、手工劳动量大、生产效率低、铆接质量受人为因素影响较大等问题。为了解决人工钻铆所出现的问题，出现了不同结构形式的自动制孔设备和与其配套的自动调平托架。图1-4所示为机翼壁板自动钻孔设备。

图1-4　机翼壁板自动钻孔设备

（四）现代飞机装配技术特征

（1）装配工艺数字化。采用数字化的装配协调技术，大量应用装配孔定位装配方法，采用以数控程序驱动定位夹紧单元可自动进行系列部件装配的柔性工装，控制系统与激光跟踪仪等测量系统集成可实现调整的闭环控制，如图1-5所示。

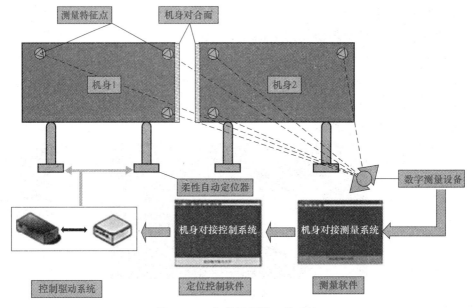

图1-5　飞机装配柔性工装系统

（2）钻铆自动化。在生产线上针对不同结构特征的部件和组件采用不同形式的飞机自动钻铆和自动制孔等柔性化技术装备，如图1-6所示。

【教学资料】
自动钻铆机工作
过程演示（视频）

图1-6　自动钻铆设备

（3）装配过程检测数字化。针对不同部件、组件的结构特征和测量需求，采用激光跟踪仪、iGPS、照相测量等测量系统在装配过程中对工装和装配件进行数字化测量，保证部件和组件的装配准确度，如图1-7所示。

图1-7　激光雷达辅助飞机装配

（4）辅助装置自动化。辅助装置自动化是指应用自动导引运输车（Automated Guided Vehicle，AGV）、自动升降台、可控翻转吊具等自动化的辅助装置，如图1-8所示。

【教学视频】

飞机装配智能移

动运输平台

图1-8　自动导引运输车工作示意

（5）管理信息化。将产品的设计数据、装配仿真数据、自动钻铆程序、柔性工装调整程序、装配工艺信息、生产管理信息等进行统一管理，如图1-9所示。

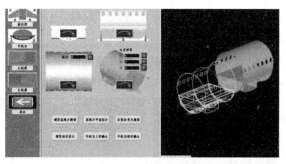

图1-9　飞机大部件自动对接装配软件系统

（6）生产线移动化。飞机装配技术已发展为模块化装配、自动化装配站，最终形成在装配过程中各工位按相同节拍移动、标准化操作的移动生产线，可大幅提高飞机装配生产效率，降低飞机装配成本，提高飞机产品质量，适合大批量生产，如图1-10所示。

【教学案例】

波音777飞机

装配过程

图1-10　飞机移动装配生产线

■ 二、飞机制造的典型型架

由于飞机结构具有尺寸大、外形复杂、刚度小、易变形等特点，在装配过程中，零部件本身定位困难，且零部件紧固时还易变形。因此，按常规画线测量等方式无法满足飞机装配精度要求，必须采用型架辅助装配，利用型架维持飞机部件外形、保证准确的相互位置，如图1-11所示。

图1-11　飞机高精度装配型架

装配型架是飞机装配过程中最为主要，同时也是数量最多的工艺装备。习惯上将外廓尺寸较大的称为装配型架，外廓尺寸较小的称为装配夹具。

（一）机翼类装配型架

机翼类装配型架包括机翼壁板装配型架、前后缘装配型架、前后梁装配型架、翼尖装配夹具、翼盒总装型架等多种类型。图1-12所示为机翼壁板装配型架。

图1-12　机翼壁板装配型架

（二）机身类装配型架

机身类装配型架包括框装配型架、舱门装配型架、机身中段装配型架、雷达罩装配型架、尾罩装配型架、机身上部装配型架等多种类型。图1-13所示为机身框装配型架。

图1-13　机身框装配型架

■ 三、飞机结构的装配固定

（一）飞机结构装配工艺的划分

通常，飞机分解成单元部件进行组装、部装和总装。这些相邻单元之间的对接处或结合面称为分离面。结构分离面分为设计分离面和工艺分离面两大类。设计分离面由设计人员确定；工艺分离面由工艺人员确定。

1. 设计分离面的划分

飞机的机体零件根据使用功能、维护修理等方面的需要，在结构上划分为许多部件和组合件，如机身、机翼、垂直尾翼（简称垂尾）等。这些部件和组合件（简称组件）之间一般都采用可拆卸连接，它们之间所形成的可拆卸分离面称为设计分离面，如图 1-14 所示。

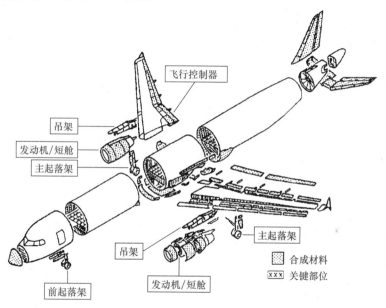

图 1-14　飞机设计分离面结构分解

2. 工艺分离面的划分

由于飞机结构上大多数的零件是形状复杂、尺寸大、刚性小的钣金零件，不但需要采用体现产品尺寸和形状的专用装配型架对产品进行装配，而且为了生产和工艺上的需要，还要对设计的部件和组件进行进一步的分解。例如，将机身划分为前机身、中机身、机身壁板、框等。这些段件或组件之间一般均为不可拆卸连接，它们之间的分离面称为工艺分离面。工艺分离面是根据飞机装配需要由装配工艺人员确定，工艺分离面有时与设计分离面一致，有时也可以与设计分离面不一致，如图 1-15 所示。

3. 飞机装配件的分类与组成

装配件是由两个以上的零件装配成可拆或不可拆的飞机的组成部分。根据飞机结构的特点和设计、工艺等方面的要求，装配件可分为组合件、部件。飞机装配件的分类见表 1-1。

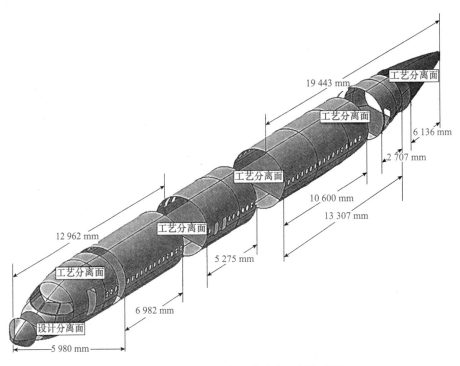

图 1-15　C919 飞机机身工艺分离面结构分解

表 1-1　飞机装配件的分类

性质	分类	实例
按分解层次及功能分类	组件：由两个或两个以上零件组成的装配件	框、肋、壁板等
	分部件：构成部件的一部分，具有相对独立、完整及一定功能的装配件	机身的前段、中段、后段；机翼的中翼、中外翼、外翼、襟翼、副翼；尾翼中的水平安定面、垂直安定面、升降舵、方向舵等
	部件：具有独立的功能和完整的结构	机身、机翼、垂尾、平尾、起架舱、发动机等
按结构工艺特点分类	平面类组件：由平面腹板及加强件组成	平面框、肋、梁、地板、隔框
	壁板类组件：由蒙皮及骨架零件组成。根据蒙皮按结构形状不同，又分为单曲度壁板和双曲度壁板	机身壁板、机翼壁板等
	立体类组件：除上述两类组件外，均属于立体类组件	翼面前缘、后缘、翼尖；各种门、盖；机头罩、尾罩、整流罩；内部成品支架等
	机身类部件或分部件	机身或机身各段；起落架舱、发动机舱
	翼面类部件或分部件	机翼或机翼各段；水平安定面、垂直安定面、襟翼、副翼、方向舵、升降舵
注：分部件有时也称部件或段件		

（二）装配基准的选择

产品设计需要建立的基准，如飞机水平基准线、对称轴线、弦线、长桁轴线、框轴线等，统称为设计基准。在飞机结构装配中，为保证部件外形准确度，常使用以下两种装配基准。

1. 以骨架外形为基准

首先将骨架定位在型架上，然后将蒙皮装上，并对蒙皮施加压紧力 P，使蒙皮紧紧贴在骨架上，再将蒙皮与骨架进行铆接，其装配误差是"从内向外"积累的，故外形准确度差。一般多用于外形准确度要求较低的部件，或翼型高度较小，不便于采用结构件补偿的部件，如图 1-16 所示。

2. 以蒙皮为基准

（1）以蒙皮外形为基准。首先将蒙皮在型架（夹具）的外形卡板上定好位，再将骨架零件（或组件）贴靠到蒙皮上，并施加一定的压力使蒙皮紧贴于外形卡板上，之后将两半骨架连接起来。这种方法的误差是由外向内积累的，最终靠骨架的连接而消除。此方法一般适用外形准确度要求高的部件，且结构布置和连接通路都能满足要求，如图 1-17 所示。

（2）以蒙皮内形为基准。首先用压紧力将蒙皮压紧在型架（夹具）的内托板（以蒙皮内形为托板的外形）上，再将骨架零件（一般为补偿件）装到蒙皮上，最后将骨架零件与骨架（或骨架零件）相连接，其装配误差是"从外向内"积累，通过结构补偿件消除，如图 1-18 所示。这种方法的外形比前者多了一道误差（蒙皮厚度公差）。国外广泛采用此方法来装配大型飞机的机身等部件。

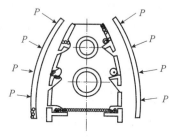
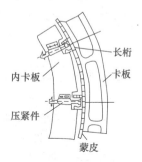

图 1-16　以骨架外形为基准的装配方法

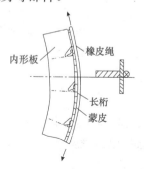

图 1-17　以蒙皮外形为基准的装配方法　　图 1-18　以蒙皮内形为基准的装配方法

（三）装配定位方法的选择

在装配过程中，首要的问题是按图纸及设计要求确定零件、组合件之间的相对位置，即进行装配定位。定位方法是完成在装配过程中定位零件、组合件的手段。以下介绍画线定位法、装配孔定位法和装配型架定位法 3 种常用的定位方法。

1. 画线定位法

根据产品图样上给的尺寸，用通用量具进行度量和画线确定零件的安放位置，在选定的基体零件上，按图样尺寸画出待装零件的定位基准线（位置线），如图 1-19 所示。画线使用 B ～ 4B 铅笔。这种方法因画线的误差较大（1 mm 左右）而使其定位准确度较低，一般用于刚性较好的零件，且位置准确度要求不高的部位。

（1）画线定位程序。

① 看懂图样，确定航向和图样表示的是右件还是左件，以免将零件装错或装反。

② 确定画线基准，根据产品图样给的尺寸基准进行画线，在飞机装配图中，肋和框的位置以轴线为基准，机身和发动机舱以构造水平线与对称中心线为基准，有的尺寸是间接尺寸，需要通过换算来确定。

③ 用画线工具进行画线，为了避免误差积累，要以某一固定的基准为依据进行测量。

④ 检验画线工作质量，要按产品图样仔细地对照，检查画线误差是否符合规定。

⑤ 按图样上铆钉的边距和间距画线，适当钻制初孔，进行暂时固定。

（2）画线定位注意事项。

① 注意零件是铆接在腹板前面还是后面。

② 认准零件是右件还是左件，哪个面与所画线对准和铆接，两端是否上下颠倒。

③ 画线用笔按技术文件选用，以免划伤和腐蚀零件。

④ 画线笔应削得细尖，以免线迹太粗，影响准确度。

⑤ 画线笔运动平面垂直于工作表面，尾部向前进方向倾斜，如图 1-20 所示。

⑥ 暂时固定用具应在接触面上粘软质防磨材料，以防将产品表面划伤。

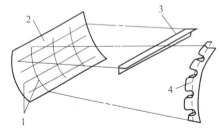

图 1-19　画线定位长桁、框的示意

1—基准线；2—蒙皮；3—长桁；4—隔框

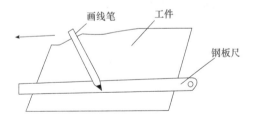

图 1-20　用画线笔画线

2. 装配孔定位法

装配孔用于零件与零件之间的装配定位，也用于装配件与装配件之间的装配定位。装配时用预先在零件上绘制出的孔来确定位置（一般是每隔 400 mm 左右钻一个装配孔，孔径比铆钉孔径小），装配时各零件之间的相对位置按这些装配孔设置。装配孔的数量取决于零件的尺寸和刚度，一般不少于两个。在尺寸大、刚性弱的零件上装配孔数量应适当增加。这种方法在铆接装配中应用较广泛，适用平面型和单曲面壁板型组合件装配，如图 1-21 所示。

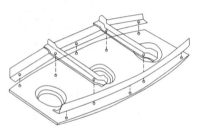

图 1-21　按装配孔装配定位

3. 装配型架定位法

装配型架（夹具）定位是通过定位件来确定的，如图 1-22 所示。定位件是装配夹具（型架）的主要元件，形式多种多样，以适合各种不同形式的零件或组件的需要。

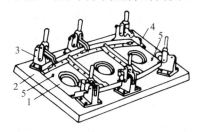

图 1-22　用装配夹具定位示意

1—肋腹板；2—夹具底板；3—定位件；4—缘条；5—定位孔销钉

（四）装配定位后的固定

对于铆接装配的零组件，选用合适的定位方法定好位后，应在铆缝上隔一定数量的铆钉或隔一定距离，用铆钉或穿心夹等进行连接，称为固定。其目的是使参加装配的零组件在铆接装配过程中始终符合定位要求，防止互相串位及因串位可能引起的变形。

1. 固定的形式

（1）固定铆钉。一种是在铆缝上打与图样一致的铆钉；另一种是在铆缝上打比图样小一号的铆钉，待铆接件铆接结束后分解掉固定钉，再打与图样一致的铆钉，如图 1-23 所示。

（2）固定螺栓，也称工艺螺栓。一般当铆接件铆缝部件的层数多，又比较厚时，用工艺螺栓固定，如图 1-24 所示。

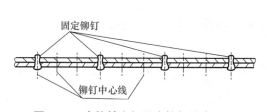

图 1-23　在铆缝上打固定铆钉固定

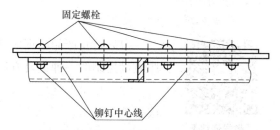

图 1-24　在铆缝上用固定螺栓固定

（3）穿心夹（弹簧式定位销）固定。一般用于刚性小的超薄壁结构和总厚度在 2 mm 以内的连接件上，如图 1-25 所示。

(a)　　　　　　(b)

图 1-25　在铆缝上用穿心夹固定铆接件

（a）穿心夹；（b）穿心夹固定铆接件

2. 固定操作要点

（1）安放固定螺栓进行固定时，可使用非金属材料做的垫圈保护产品表面。

（2）可用中心法或边缘法进行固定，以避免连接件产生鼓起和波纹等变形。

（3）固定的距离，即固定点的数量由产品的形状和外廓尺寸大小而定。对于曲面形状、刚性较弱件和外形准确度要求较高的部位，所用固定铆钉或穿心夹的数量要多。

①平面形状件。刚性好时固定距离一般取 200 ～ 300 mm；刚性差时取 100 ～ 200 mm。

②单曲面件。刚性较好时，固定距离取 100 ～ 200 mm；曲率半径较小（如机翼、尾翼前缘）而刚性较差时，固定距离取 50 ～ 100 mm。

③双曲面件。曲率变化大的部件，要每隔一个孔就固定一点，即进行密集性固定。

■ 四、航空产品的质量控制

国家标准《质量管理体系 基础和术语》（GB/T 19000－2016）中对于质量控制的定义是：质量管理的一部分，致力于满足质量要求。中国航空技术标准体系中有通用基础标准、零部件元器件标准、产品标准、质量管理与可靠性标准、工艺标准、材料标准、工艺装备标准、测试标准 8 大类，中国航空标准的标识为 HB。以下介绍我国航空工业产品制造中关于产品质量控制方面常见制度。

（一）首件检验制度

首件检验是对特定零件或装配件的首次生产项目所进行完整的、有形的和功能性的检验过程，以考核、验证所规定的生产工装和工艺方法是否能够生产出并将持续地生产出符合设计要求的产品。

1. 首件检验的目的

【教学资料】

航空产品质量

控制（视频）

（1）防止产品出现成批超差、返修、报废，预先控制产品生产和工序质量控制的一种重要方法。

（2）尽早发现生产过程中影响产品质量的因素，预防批量性的不良或报废。

2. 首件检验的范围

（1）首次投产的零件、装配件；

（2）当图样、规范、供应上或制造过程更改导致产品尺寸、外形及理化参数更改后首次投产的零件、装配件；

（3）AO（装配指令）、FO（零件制造指令），或工艺路线卡片重要更改（如涉及工艺方法、工装设备、检测方法或数控加工程序的更改）后首次投产的零件、装配件；

（4）产品生产场所变化后，首次投产的零件、装配件；

（5）按合同、订单或用户要求需进行首件检验的零件、装配件；

（6）首件检验不合格时需要重新进行首件检验的零件、装配件。

3. 三检制度

三检制度是指送检的产品必须先由操作人员进行"自检"，然后由班组长或同事进行"互检"，最后由检验员"专检"，确定合格后方可继续加工后续产品。三者对首件产品严格检验，共同负责。随着生产的不断发展，在总结多年质量管理实践经验的基础上，航空工业企业对"首件三检制"做出了修改，如：《中华人民共和国国家军用标准》（GJB 9001A—2001）中取消了对首件三检中的互检要求，不再把互检作为对企业检验工作的一条硬性规定，对首件三检变为首件两检，《中华人民共和国国家军用标准》（GJB 9001B—2009）中继续沿袭了这一规定。

（二）飞机多余物的控制

多余物（FOD）是指遗留在产品、零组件中一切与组成产品无关的物件。

1. 零部件装配过程中多余物检查

（1）每班工作结束后，操作工人应及时清除各种诸如余量、金属屑等杂物，不得使用风管，以防止多余物"搬家"，并检查所携带的工具、配套件、标准件等是否齐全。

（2）装配结构封闭之前，检验人员必须在现场监督，并按制造计划要求检查封闭区域，确认无多余物存在后才能允许封闭。

2. 飞机总装、试车过程中多余物检查

（1）操作人员应按有关生产说明书要求，在完成装机工作离开飞机之前清理遗留在飞机上的多余物，检查自己携带的工具、夹具、仪器、仪表等是否遗留。

（2）在装配过程中，开封的导管应在一个工作班内安装完毕，如未形成封闭回路，应安装工艺堵盖或重新包扎，再次安装时，应重新检查。

（3）对需要重新拆卸、分解或加以防串的零件和组合件必须重新提请检验。

（4）飞机试车之前应检查和清除进气道、发动机短舱和整流罩处的多余物；清扫飞机周围地面，保持无杂物。如图1-26所示，外来物会造成飞机结构大范围损伤。

图1-26　飞机外来物造成的损伤

（5）系统安装时一般不允许打开非本系统的、已包扎好的导管及封闭油箱。如因工作需要必须打开时，工作结束后必须重新检查其清洁度。

（6）所有未安装的导管都应处于封闭的状态。不能立即安装的导管和油箱或者已经安装未封闭的导管端头，油箱口、孔，电缆插头、插座等，应安装工艺堵盖后重新包扎（严禁用包装纸、抹布、胶布等物堵塞），防止带入多余物。

（7）加注油液应采用专用的加油车，加油车的油滤和油箱应定期清洗防止污染。燃油系统和滑油系统的油滤，在本架飞机试飞前应严格按照工艺规程的规定进行清洗、检查。

3. 工具的控制

（1）生产现场生产操作人员的配套工具和借用工具应具有统一的编号。

（2）工具有定期检查记录，发现问题应及时处理。

（3）上机工作时必须携带具有统一编号的工具。

（三）不合格产品管理

不合格产品是指企业生产的产品中不符合质量标准的产品，包括废品、返修品和超差利用品。

1. 不合格产品的判别

产品质量有两种判定方法：一种是符合性判定，判定产品是否符合技术标准，做出合格或不合格的结论；另一种是"处置方法"的判定，是判定产品是否还具有某种使用价值，对不合格产品做出返工、返修、让步、降级改作他用、拒收报废的处置过程。

2. 不合格产品的标识

（1）待处置不合格产品的标识。检验工对器材或零件判定为不合格后，立即填写拒收挂签挂在不合格产品上；组合件、部件、整机可用不干胶纸带由检验工将拒收挂签粘贴在不合格部位附近；检验工负责监督工人停止不合格部位的工序操作，待处置后，按程序继续施工。

（2）处置结论为返工/返修的不合格产品标识。在工序周转过程中，由责任单位制作金属标牌，挂在不合格产品上，标牌保持到零件交付时，由检验工摘下，贴上 MRR 彩标。

（3）废品的标识。用红漆画出废品标记，并贴上废品标签；对于特小件用包装纸将废品包装，并在表面用红漆画出废品标记。对于成品、漆料、胶料等，在其醒目处逐件贴上废品标签。

3. 不合格产品的处置

根据《质量管理体系　基础和术语》（GB/T 19000—2016）的规定，对不合格品的处置有以下三种方式：

（1）纠正。纠正是指为消除已发现的不合格所采取的措施。其中主要包括返工：为使不合格产品符合要求而对其所采取的措施；返修：为使不合格产品满足预期用途而对其所采取的措施；降级：为使不合格产品符合不同于原有的要求而对其等级所做的改变。

（2）报废。报废是指为避免不合格产品原有的预期用途而对其采取的措施。不合格产品经确认无法返工和让步接收，或虽可返工但返工费用过大、不经济的均按废品处理。

（3）让步。让步是指对使用或放行不符合规定要求的产品的许可。

【项目拓展】

扫描以下二维码，认真阅读项目拓展教学案例，了解飞机制造、维修工作中的铆接装配技术发展新趋势，以及生产、管理等方面的新工艺、新技术，有效积聚学习资源，促进自主学习和个性化学习。

【项目拓展】

航空企业"6S"管理的内涵（文档）

【项目拓展】

航空地面设备的管理（文档）

【思政案例】

扫描以下二维码，阅读相关教学案例，从航空报国理想信念、航空工匠精神、职业素养、团队意识和工作作风等方面，分析案例中所蕴含的德育、劳育、安全文明生产、质量意识等职业素养要求。

【思政教育】

大飞机，航空梦（视频）

【航空工匠】

刘时勇－千锤百炼，
精准铆装（视频）

【航空事故】

日航 123 航班事故
调查（一）（视频）

【技能训练】

（1）2017 年 5 月，具有自主知识产权的干线民用飞机 C919 成功首飞。如图 1-27 所示，按照国产 C919 飞机各部分的功能和结构特点，划分设计分离面和工艺分离面，完成以下任务：

① 说明飞机结构各分离面部件的组成，并在图中填写外形结构部件名称。

② 阐述飞机设计分离面的组成及工艺分离面选择的基本原则和要求。

③ 归纳飞机装配件的分类及装配单元划分的要求。

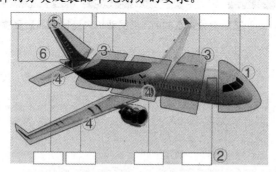

图 1-27　国产 C919 飞机机体结构外形示意

（2）飞机装配过程一般是由零件先装配成比较简单的组合件和板件，然后逐渐地装配成比较复杂的段件和部件，最后将部件对接成整架飞机。如图 1-28 所示，按照图纸标注尺寸要求，完成以下任务：

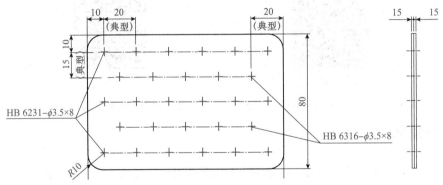

图 1-28　单面铆接件定位与固定连接

① 根据零件外形尺寸要求选择合适的定位基准。

② 在结构件面板和底板装配时选用合适的定位方法。

③ 在铆缝上用铆钉或穿心夹等进行固定连接。

（3）航空运输应充分关注飞机被多余物（FOD）损坏的问题，波音公司提供的资料显示，FOD 每年给航空业造成的损失超过 40 亿美元。2020 年 10 月，国外某航空公司一架 A320 客机在滑行时，机组成员突然感觉到振动并听到爆裂声后中止起飞。维修工程师检查发现，发动机的高压气缩机受损严重，发动机燃烧衬套与发动机壳体之间有小金属碎屑和螺钉旋具刀头，且已经在发动机中飞行了 100 多次，如图 1-29 所示。通过此次事故，完成以下任务：

① 分析此次事故的主要原因及造成的事故后果与危害。

② 描述在飞机装配和维修工作中，有效防止工具设备遗留在飞机上的检查程序。

③ 理解航空公司在维修工作中的工具设备安全管理制度。

图 1-29　某航空公司 A320 飞机发动机内遗留工具后受损图

项目二 02 飞机结构普通铆接

【项目导入】

铆接（Riveting）即铆钉连接，是利用轴向力将钉杆镦粗并形成镦头，使多个零件相连接的方法，是一种不可拆卸的连接形式，在飞机装配中广泛应用。与其他连接形式相比较，铆接有许多特点：如工艺方法比较简单，连接强度比较稳定可靠，适用于比较复杂结构上各种金属及非金属材料之间的连接，操作简便，质量便于检查，故障易于排除等。但铆接会降低结构的强度、增加结构的重量、疲劳性能较差，铆接变形量较大，手工劳动量大，劳动条件较差。目前，尽管飞机机体逐步扩大了新型结构材料的使用，但铆接仍然是飞机结构装配中广泛采用的一种主要连接方法，还没有一种连接形式能完全取代铆接。

本项目以航空企业飞机铆装钳工职业岗位的典型工作任务为载体，通过企业生产案例编写适合铆装钳工初级、中级、高级的训练任务工卡，重点掌握飞机普通铆接工作中的常用铆接工具的使用与维护，铆接施工的铆钉选择与布置、制作铆钉孔、制作沉头窝、冲击铆接、质量检查与控制等主要工艺过程和操作技能。

【学习目标】

【素质目标】

（1）树立航空产品质量第一、团队合作生产的意识。

（2）养成安全文明生产、爱护工具设备、规范操作的职业素养。

（3）培养爱岗敬业的劳动精神和精益求精的航空工匠精神。

【知识目标】

（1）了解普通铆接的工艺过程和普通铆钉的种类。

（2）掌握风钻、铆枪、锪窝钻和铆接辅助工具设备的工作原理与使用方法。

（3）掌握制作铆钉孔、沉头铆钉窝和冲击铆接的技术要求与质量标准。

（4）熟悉铆接质量控制与检查的方法。

◎ **【能力目标】**

（1）能选择、使用与维护风钻、锪窝钻、铆枪等常用铆接工具。

（2）能在飞机结构铆接工作中识别、选择和布置航空铆钉。

（3）能按钻孔、锪窝技术要求制作铆钉孔和沉头铆钉窝。

（4）能按铆接工艺要求选择合适的铆钉长度，进行冲击铆接施工。

（5）能使用测量工具按技术标准检查铆接质量，对不合格铆钉进行更换。

【任务描述】

任务1：铆钉是用于连接两个或两个以上带通孔构件的紧固件。在铆接装配中，其可利用自身形变或过盈连接被铆接的零件。如图2-1所示，完成以下任务：

（1）描述图示各种铆钉所表示的铆钉类型与代号。

（2）说明图示铆钉的选用方法与要求。

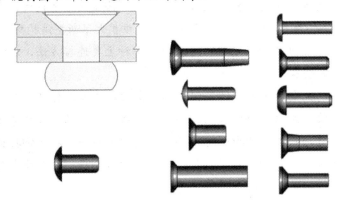

图 2-1 飞机铆接装配常用铆钉

任务2：制作铆钉孔是飞机装配铆接中最基本的工序，普通铆钉制孔一般采用钻孔的方法。如图1-28所示，完成以下任务：

（1）说明图示铆钉孔制作的技术要求、布置要求，以及风钻的使用与维护方法。

（2）在构件上按图示要求画线，使用普通风钻在构件上制作铆钉孔。

任务3：沉头铆钉铆接，需在工件上制沉头铆钉窝，制沉头铆钉窝的主要方法有锪窝法和压窝法。如图2-2所示，完成以下任务：

（1）说明图示铆钉孔沉头窝制作的技术要求，以及常用锪窝工具的使用与维护方法。

（2）在构件上使用锪窝钻或锪窝深度限制器制作沉头铆钉窝，并能排除出现的窝孔缺陷。

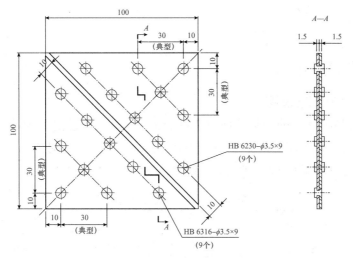

图 2-2 三角对缝修配构件

任务4：冲击铆接是锤铆法的主要铆接形式，是飞机铆装工必须掌握的铆接方法。根据图 2-3 所示，完成以下任务：

（1）说明图示构件铆接的技术要求，选用合适的铆接方法。

（2）使用铆枪和配套工具按技术要求铆接构件，更换不合格的铆钉。

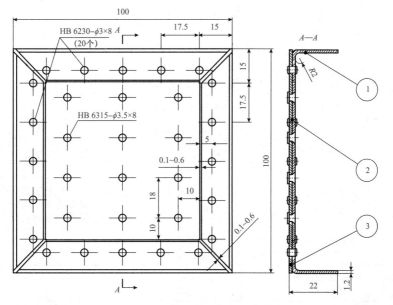

图 2-3 盒形件修配铆接构件

【教学资料】
普通铆接工艺
过程（视频）

一、铆钉的识别与选用

（一）普通铆接工艺过程

普通铆接是指最常用的凸头或埋头铆钉铆接，其铆接工艺过程为：零件的定位与夹紧、确定铆钉孔位置、制作铆钉孔、制作埋头窝（对埋头铆钉而言）、去毛刺和清除切屑、放铆钉、铆接、涂漆保护，见表2-1。

表2-1 普通铆接工艺过程

序号	工艺过程	工序内容	工艺方法	附注
1	零件的定位与夹紧	零件定位	按画线、按装配孔、按基准零件或已装零件、按装配夹具	有些零件需要修合
		零件夹紧	用弓形夹或手虎钳、用定位销、用工艺螺栓、用工艺钉、用夹具压紧件、用橡皮绳等	
2	确定孔位	在铆缝上排铆钉孔	按画线、按导孔、按冲点	
			按专用样板、按钻模	画出位置，直接钻孔
3	制孔	钻孔	用风钻、用台钻、用摇臂钻等。在自动钻铆机上钻孔	
		冲孔	手动冲孔钳、手提式冲孔机、台式冲孔机	
		铰孔	手铰孔、风钻铰孔	
4	制窝	锪窝	钻孔后单独锪窝、钻孔同时锪窝	通过阴、阳压窝模压窝，用铆钉头压窝是以铆钉头作阳模
		压窝	冷压窝：用手打冲窝器、用压窝钳、用压窝机、用压机、用钉头	
			热压窝：用专用热压窝机	
5	去毛刺和清除切屑	去除钻孔产生的毛刺	用大直径钻头、用专用倒角锪钻、用薄金属板	应优先采用分解零件去除零件上孔两边缘的毛刺和清除夹层间的金属切屑
		去除夹层间的切屑	分解零件进行清理、用薄金属板或非金属刮板进行清理	
6	放铆钉	往铆钉孔内安放铆钉		
7	施铆	按一定顺序进行铆接	采用普通铆接方法（拉铆法除外）	
8	涂漆	在铆钉镦头上、镁合金零件孔内涂漆		

（二）铆钉的种类与标记

铆钉是用于连接两个或两个以上带通孔构件的紧固件。在铆接装配中，其可利用自身形变或过盈连接被铆接的零件。

1. 普通铆钉的种类

普通铆钉一般是按头部形状分类，国内航空标准的普通铆钉的种类从形状上分，主要有半圆头铆钉（HB 6229—2002 ～ HB 6238—2002）、平锥头铆钉（HB 6297—2002 ～ HB 6303—2002）、90°沉头铆钉（HB 6304—2002 ～ HB 6313—2002）、120°沉头铆钉（HB 6315—2002 ～ HB 6319—2002）和大扁圆头铆钉（HB 6323—2002 ～ HB 6328—2002）等，如图 2-4 所示。

【教学资料】
普通铆钉的
种类（视频）

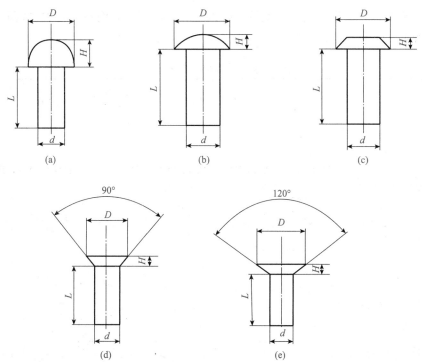

图 2-4　普通铆钉的种类

（a）半圆头铆钉；　（b）大扁圆头铆钉；　（c）平锥头铆钉；　（d）90°沉头铆钉；　（e）120°沉头铆钉

2. 铆钉材料及标记

从材料上区分，国内普通铆钉可分为铝铆钉、钢铆钉和铜铆钉，材料主要有 LY1、LY10、LF10、LF21、ML18、ML20MnA、1Cr18Ni9Ti 等。为了便于从外表来识别铆钉的材料，在铆钉头上做标记。铆钉材料及标记的形式见表 2-2。标记一般是凸点，但半圆头、大扁圆头以及车制铆钉允许是凹点。

表 2-2　国内航空标准普通铆钉材料及标记

材料	LY1	LY10	LF10	LF21	ML20MnA	MLC15	1Cr18Ni9Ti	T3
标志	⊙	○	⊙⊙	⊙⊙⊙	⊙	○	○	○

3. 铆钉的代号

不同形状、不同规格（指铆钉杆的直径和长度）、不同材料的铆钉，可用不同的牌号表示。国内航空普通铆钉的牌号为 HB ××××.$d×L$。其中，HB 为航空标准的代号；×××× 为四位数字序号，表示铆钉的材料；d 为铆钉杆的直径，单位为 mm；L 为铆钉杆的长度，单位为 mm。

例如：牌号为 HB6315.4×10 的铆钉，表示该铆钉为 120° 沉头铆钉，材料为 LY1 硬铝，铆钉杆直径为 4 mm，铆钉杆长度为 10 mm。

4. 国外普通铆钉

（1）国外实心铆钉的种类。国外实心铆钉的头型很多，如通用型、圆头型、平头型、埋头型及扁圆头型等均以铆钉头的截面形状而定。有关铆钉的热处理性质和强度规范，一般以特殊代码标记于铆钉的头上，见表 2-3。

表 2-3 波音标准铆钉的种类及标记

铆钉标识		通用型	改良型	100°埋头	100°抗剪埋头	82°埋头	120°埋头
		标准铆钉号					
材料	标记	BACR15BB	BACR15FT	BACR15BA	BACR15CE	BACR15FH	BACR15FV
2117-T（AD）	凹点						
2017-T（D）	凸起点除外				无标记		
2024-T（DD）	凸起双条						
5056（B）	凸起十字						
1100（A）	平面						
7050（KE）	凸起圆除外						锯齿圆
MONEL（M）NICKEL-COPPER（蒙乃尔）	平面						

（2）实心铆钉的识别。铆钉按尺寸、铆钉头的形状和制作材料分为不同的型号，主要有美国海军（AN）和美国军标（MS20）两个型号体系。波音与空客公司的标准区别，可参照其机型的飞机结构修理手册（STRUCTURAL REPAIR MANUAL）SRM51～40章节。下面是最常用的不同头型铆钉的件号。

AN426 或 MS20426（BA）——100°埋头铆钉；

AN430 或 MS20430——半圆头铆钉；

AN441——平头铆钉；

AN456——扁圆头铆钉；

AN470 或 MS20470（BB）——通用头型铆钉。

件号后的字母代表材料，国外铆钉常用材料编码见表2-4。

表2-4 国外铆钉材料编码

材料	编码	材料	编码
1100、3003	A	7075、7050	KE
2117	AD	蒙奈尔合金	M
2017	D	不锈钢	F
2024	DD	钛合金	T
5056	B	铜合金	C

件号后的数字表示铆钉的直径和长度，第一位数字表示铆钉直径，以 1/32 in^① 为计量单位，如 3 表示 3/32 in 等；第二位数字表示铆钉长度，以 1/16 in 为计量单位，如 3 表示 3/16 in 等。凸头铆钉的长度为铆钉杆的长度，埋头铆钉的长度为铆钉的全长。以波音标准铆钉的件号 BACR15BB4AD8 举例：

基本编码（BACR15BB）表示波音标准的通用头铆钉；

直径编码（4）表示铆钉直径是 1/8 in；

材料编码（AD）表示铆钉材料是铝合金 2117；

长度编码（8）表示铆钉长度是 1/2 in。

（3）铆钉材料。国外航空实心铆钉在热处理性质和强度规范方面的识别分类，铝和铝合金板材所采用的标志规范，都是用数码结合字码来表示不同特性。国外常用铆钉有五种不同规格，即 1100（A）、2017-T（D）、2024-T（DD）、2117-T（AD）及 5056（B），见表2-3。

1100 系列铆钉：一般用于铆接如 1100、3003 和 5052 等不作为结构件的软铝合金件（部件所在的部位对于承载强度没有要求）。如航图盒的铆接，1100 铆钉就足以保证连接强度。

2117-T 系列铆钉：有"外场铆钉"之称，在铆接铝合金结构件上应用最为广泛，具有抗腐蚀性好、即时可用的优点，不需要在施工前进行回火或退火处理。

---

① 1 in=2.54 cm。

2017-T 和 2024-T 系列铆钉：有"冰箱"铆钉之称，应用于需要较高强度的铝合金结构件上，使用前需要退火并置于冰箱内冷藏，到施工时取出铆接。2017-T 铆钉必须在 1 h 内铆接完毕，2024-T 铆钉的施工时间更短，只允许 10~20 min。

5056 系列铆钉：应用于铆接镁合金结构件，与镁金属接合处具有良好的抗腐蚀性。

其他系列铆钉：软钢铆钉、不锈钢铆钉，用来铆接防火墙、排气管夹箍，以及同样材料的结构件等。蒙奈尔镍钢铆钉用来铆接镍钢合金材料，有时可代替不锈钢铆钉使用。

（三）铆钉的选用

1. 铆钉材料的选择

铆钉的材料主要是根据构件的材料和受力情况来决定的。材料强度较高、受力较大的构件，铆接时，一般选用材料强度较高的铆钉；材料强度较低、受力较小的构件，铆接时，一般选用材料强度较低的铆钉。在飞机的结构修理中，通常规定铆钉材料的强度略低于构件材料的强度。

【教学资源】
铆钉头型与尺寸
要求（视频）

2. 铆钉直径的选择

铆接构件受力时，铆钉会同时产生剪切和挤压变形，它所受的剪力和挤压力是相等的。根据构件的厚度来选择铆钉直径，构件越厚，铆钉直径越大；构件越薄，铆钉直径越小。铆钉的直径与铆接构件的厚度成正比。在实际铆接工作中，铆接构件的厚度由几个构件的厚度叠加在一起得出，铆钉的直径 d 可用式（2-1）计算，即

$$d=2\sqrt{\sum\delta} \qquad (2-1)$$

式中　$\sqrt{\sum\delta}$——铆接构件的总厚度。

3. 铆钉长度的选择

（1）国内标准镦头铆钉按式（2-2）计算铆钉长度，如图 2-5 所示。

$$L=\frac{d_0^2}{d_1^2}\times\sum\delta \qquad (2-2)$$

式中　L——铆钉长度（mm）；

　　　d_0——铆钉最小直径（mm）；

　　　d_1——铆钉孔最大直径（mm）；

　　　$\sum\delta$——铆接件夹层厚度（mm）。

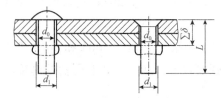

图 2-5　标准镦头铆钉长度示意

国外单面沉头铆钉的长度 $L=E+1.25D_1$。其中，E 为构件夹层的总厚度，D_1 为铆钉的直径，如图 2-6 所示。

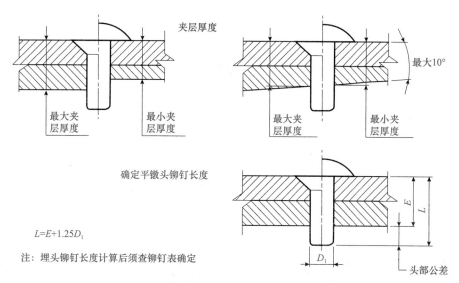

图 2-6 A320 飞机单面沉头铆钉长度确定（A320 SRM 手册）

（2）按经验公式计算，见表 2-5。

表 2-5 铆钉长度计算公式 mm

铆钉直径 d	2.5	3.0	3.5	4.0	5.0	6.0	7.0	8.0
铆钉长度 L	$\Sigma\delta+1.4d$		$\Sigma\delta+1.3d$		$\Sigma\delta+1.2d$		$\Sigma\delta+1.1d$	

（3）按 HB 6444—2002 中铆钉长度表对铆钉长度进行选择，见表 2-6。

表 2-6 铆钉长度的选择

	d	$\Sigma\delta$	1	2	3	4	5	6	7	8	9	10	11	12	13	14	15	16	17	18	19	20	21	22	23	24	25	26	27	28	29	30	31	32	33	34	35	36	37	38	39	40	41	42	43	44	45	46	47	48
mm	10											18	20	22		24		26		28		30		32		34		36		38		40		42		44		46		48		50	52		54		56		58		60
	8									14		16	17	18	19	20		22		24		26		28		30		32		34		36		38		40		42		44		46		48		50					
	7							12		13	14	16	17	18	19	20		22		24		26		28		30		32		34		36		38		40		42		44		46									
	6						10	11	12	13	14	15	16	17	18	20		22		24		26		28		30		32		34		36		38	40																
	5				8		9	10	11	12	13	14	15	16	17	18	19	20		22		24		26		28		30		32		34		36		38		40													
	4			6	7		9	10	11	12	13	14	15	16	17	18	19	20		22		24		26		28		30		32																				
	3.5			7		8	9		10		12		14	15	16		18		20		22		24		26		28																							
	3		5	6	7		8	9	10	11	12	13	14	15	16	17	18		20		22		24																											
	2.5		4	5	6		7		8		10		12	13	14	15	16																																	
	2		4	5	6	7	8	9	10	11	12	13	14	15	16																																			
	d	$\Sigma\delta$	1	2	3	4	5	6	7	8	9	10	11	12	13	14	15	16	17	18	19	20	21	22	23	24	25	26	27	28	29	30	31	32	33	34	35	36	37	38	39	40	41	42	43	44	45	46	47	48

国外飞机铆钉的种类很多，在此只列出 2017A、2024、2117、3.1124 和 3.1324 铆钉的长度选择，其计算方法是铆钉总长 $L=C+T$，如图 2-7 所示，其中 T 代表铆接构件的总厚度。测量方法如图 2-8 所示。

25

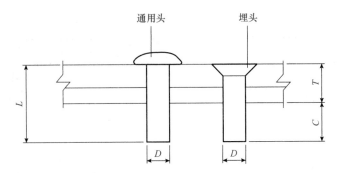

图 2-7　铆钉长度示意（A320 SRM 手册）

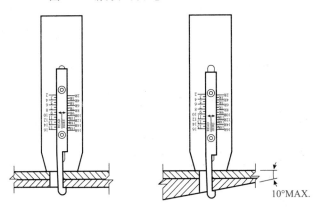

图 2-8　用专用工具测量材料厚度（A320 SRM 手册）

在表 2-7 中根据铆钉的直径 D 查找到铆钉伸出构件以外的长度 C。

表 2-7　铆钉伸出部长度

铆钉直径 D		铆钉凸出量 C	
mm	in	mm	in
2.4	3/32	3.6	0.141
3.2	1/8	4.8	0.189
4.0	5/32	6.0	0.236
4.8	3/16	7.2	0.283
5.6	7/32	7.3	0.287
6.4	1/4	8.3	0.327
8.0	5/16	10.4	0.409

注：摘自 A320 SRM 手册，适用 2017A、2024、2117、3.1124 和 3.1324 铆钉

（4）压窝件标准镦头。铆钉长度如图 2-9 所示，按经验公式（2-3）计算。

$$L = \Sigma \delta + \delta_1 + 1.3d \tag{2-3}$$

（5）双面沉头铆钉。铆钉长度按经验公式（2-4）计算。0.6～0.8 系数值一般情况选择较小值；铆钉材料比被连接件材料的强度高或被连接件厚而铆钉直径较小时选择较大值，如图 2-10 所示。

$$L = \Sigma \delta + (0.6 \sim 0.8)d \tag{2-4}$$

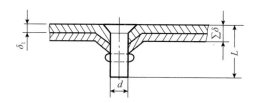 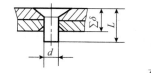

有补加工的铆钉

图 2-9　压窝件标准镦头铆钉长度　　　　图 2-10　双面沉头铆接的铆钉长度

国外双面沉头铆钉的长度如图 2-11 所示，按式（2-5）计算。其中，系数 $x=(0.8 \sim 1.5)D_1$。

$$L=E+xD_1 \qquad\qquad (2-5)$$

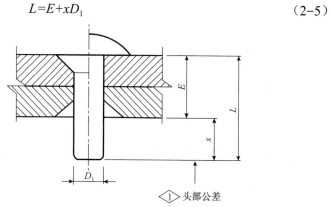

$L=E+xD_1$

① x 的允许值 = $(0.8 \sim 1.5)D_1$

注：在铆接之前应通过测试确定 x，以实现埋头窝的最佳填充。

图 2-11　A320 飞机双面沉头铆钉长度确定（A320 SRM 手册）

■ 二、铆钉孔的制作

（一）铆钉孔制作方法

1. 铆钉孔的技术要求

（1）铆钉孔直径及其极限偏差见表 2-8。

表 2-8　铆钉孔直径及其极限偏差　　　　　　　　　　mm

铆钉直径	2.0	2.5	2.6	3.0	3.5	4.0	5.0	6.0	7.0	8.0	10.0
铆钉孔直径	2.1	2.6	2.7	3.1	3.6	4.1	5.1	6.1	7.1	8.1	10.1
铆钉孔极限偏差	+0.1 0					+0.15 0			+0.2 0		
更换同号铆钉时孔极限偏差	+0.2 0							+0.3 0			

（2）铆钉孔圆度应在铆钉孔直径极限偏差内。

（3）铆钉孔粗糙度 Ra 值不大于 6.3 μm。

（4）铆钉孔轴线应垂直于零件表面。允许由于孔的偏斜而引起铆钉头与零件贴合面的单向间隙不大于 0.05 mm。

（5）不允许铆钉孔有棱角、破边和裂纹，铆钉孔边的毛刺应清除，允许在孔边形成不大于 0.2 mm 的倒角。尽可能分解铆接件，清除贴合面孔边的毛刺。

（6）碳纤维复合材料的孔壁应光滑，不应有分层、划伤、劈裂、毛刺、纤维松散等缺陷存在。

2. 各类工件钻孔的方法

钻孔是制铆钉孔的主要方法，能获得比较光洁的孔壁。影响钻孔质量的主要因素有工件材料、钻头切削部分的几何形状、刃的锋利程度、转速、进给量等。

制作铆钉孔时，必须正确选择钻头直径。由于普通铆钉的直径存在公差，钻头直径必须稍大于铆钉直径 0.1 mm，铆钉才能顺利放入铆钉孔。钻孔时，为了防止两构件的铆孔彼此错开，应用定位销或小螺栓将两构件临时固定。

【教学资料】
各类工件的钻孔
方法（视频）

（1）在边距要求不同的零件上一起钻孔时，应从边距小的一面往大的方向钻。在不同厚度和不同硬度的零件上钻孔时，原则上应从厚到薄（见图 2-12）、从硬到软（见图 2-13）。按骨架上的导孔向蒙皮钻孔时，应先钻初孔，然后从蒙皮一面将初孔扩到最后尺寸，如当铆钉孔直径大于 4 mm 时，也应采用此方法。

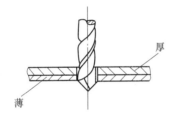

图 2-12　在不同厚度零件上的钻孔方法

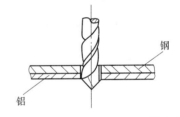

图 2-13　在不同硬度零件上的钻孔方法

（2）在压窝零件上钻沉头铆钉孔时，应按表 2-9 钻与压窝器导销直径相同的初孔，压窝后再将孔径扩到最后尺寸。

表 2-9　压窝器导销直径　　　　　　　　　　　　　　　　mm

铆钉直径	2.0	2.5	2.6	3.0	3.5	4.0	5.0
压窝器导销直径	1.7	2.2		2.5		3.0	

（3）在曲面工件上钻孔时，钻头应垂直于被钻部位的表面，如图 2-14 所示。在楔形件上钻孔时，钻头应垂直于两斜面夹角的平分线，如图 2-15 所示。

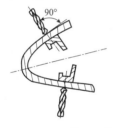

图 2-14　曲面工件上钻孔

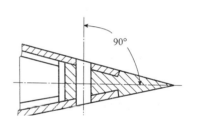

图 2-15　楔形工件上钻孔

（4）在圆柱形工件上钻孔时，钻孔前应在孔位上打冲点，然后将工件放置于V形铁上钻孔，或用手扶紧工件，将钻头垂直于圆柱形的水平轴线进行钻孔，如图2-16所示。在刚性较差的薄壁板工件上钻孔时，工件后面一定要有支撑物，如图2-17所示。

（5）在小零件上钻孔时，可采用手虎钳或克丝钳夹住零件钻孔，如图2-18所示。

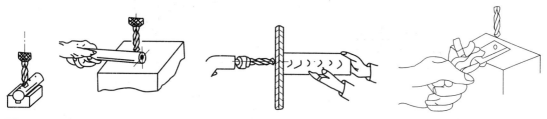

图 2-16　圆柱形工件上钻孔　　图 2-17　薄壁工件上钻孔　　图 2-18　小零件上钻孔

（6）在较厚工件上钻孔时，可采用简易钻孔导套和专用钻孔导套钻孔，如图2-19（a）所示；或使用钻模钻孔，如图2-19（b）所示；还可采用二次钻孔法，先钻初孔，如图2-19（c）所示，然后使用最后直径钻头扩孔，如图2-19（d）所示。

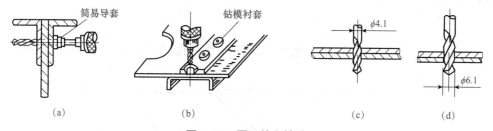

（a）　　　　　（b）　　　　　（c）　　　　　（d）

图 2-19　厚工件上钻孔

（a）使用简易导套钻孔；（b）使用钻模钻孔；（c）先钻初孔；（d）扩钻最后直径孔

（7）在不开敞结构部件钻孔时，采用弯钻钻孔，如图2-20所示；或采用长钻头钻孔，如图2-21所示。在以上两种方法都无法钻孔时，还可采取引孔的方法，即先在长桁、框板或肋上钻出小孔，安装蒙皮后，再用引孔器引孔或画线引孔，引出孔位后，再用 $\phi2.5\,mm$ 钻头钻初孔。

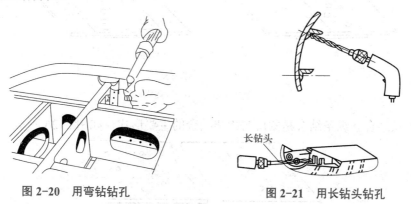

图 2-20　用弯钻钻孔　　　　图 2-21　用长钻头钻孔

3. 钻孔后的毛刺清除

（1）用风钻安装毛刺锪钻去毛刺，如图2-22所示；

（2）用比铆钉孔大2～3级的钻头去毛刺（其顶角为120°～160°），如图2-23所示；

（3）风钻转速不宜太快，压力要适当；

（4）去毛刺允许在孔边形成 0.2 mm 深的倒角。

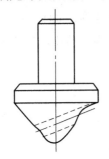

图 2-22　毛刺锪钻

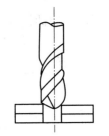

图 2-23　大钻头去毛刺

【教学资料】
铆钉的布置
（视频）

（二）铆钉的布置

要保证铆接构件的强度，除合理地选择铆钉外，还要合理地布置铆钉。通常铆钉的布置是根据构件结构形式和铆接构件的受力情况来决定的。

1.　构件结合形式

（1）搭接。搭接多用于飞机机体结构的内部，如图 2-24 所示。

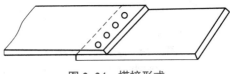

图 2-24　搭接形式

（2）对接（平接）。对接分为单盖板对接和双盖板对接，如图 2-25 所示。单盖板对接多用于机体结构的表面；双盖板对接多用于机体结构的内部构架。

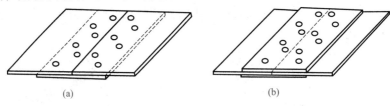

（a）　　　　　　　　　　　　　（b）

图 2-25　对接形式

（a）单盖板对接；（b）双盖板对接

（3）纵条结合。纵条结合是蒙皮与构架结合的主要形式，如图 2-26 所示。

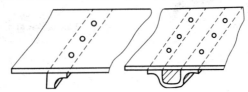

图 2-26　纵条结合形式

2. 铆钉的排列

在各种结合形式中，铆钉的排列方式分为并列式和交错式两种，如图2-27所示。

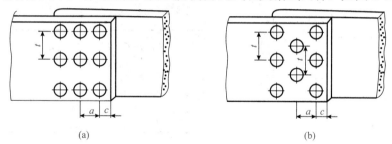

图2-27　铆钉的排列方式

（a）并列式；（b）交错式

（1）边距：靠近边缘的铆钉的中心至构件边缘的垂直距离称为边距，用"c"表示，通常取值范围为（2～2.5）d。

（2）间距：在一排铆钉中，相邻两个铆钉中心之间的距离称为间距，用"t"表示，通常取值范围为（3～8）d。

（3）排距：一排铆钉的中心线与它相邻的另一排铆钉中心线之间的距离称为排距，用"a"表示，通常取值范围为（2.5～3.5）d。

3. 铆钉的布置要求

（1）在国内航空标准中，铆钉布置时应按产品图样上标注的铆钉位置确定，铆钉孔的边距、间距、排距均应符合图样的规定。

（2）如图样上未标注铆钉孔边距时，应不小于直径的2倍。同一排铆钉最后一个间距不允许小于图样上规定间距的50%。此时，将最后两个间距等分，该间距不应小于铆钉直径的3倍。

（3）铆钉间距（t）为（3～8）d，边距（c）为（2～2.5）d，排距（a）为（2.5～3.5）d。中间一排的铆钉应布置得多一些，边缘一排铆钉应布置得少一些。

（4）波音737 SRM手册中铆钉布置要求：边距为（2～2.5）D，推荐使用2.5D；间距为（3～12）D，推荐使用（6～8）D；排距为（2～4）D，推荐使用2.5D，如图2-28所示。

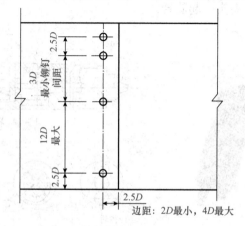

图2-28　波音飞机铆钉的布置（波音737 SRM手册）

空客 A320 SRM 手册中铆钉布置要求：同一排铆钉的间距 P 推荐采用（4～5）D；并列排列时，两排铆钉之间的排距 $P_1 \geqslant P$ 最小值；交错排列时，$P_2 = 0.5P$，如图 2-29 所示。

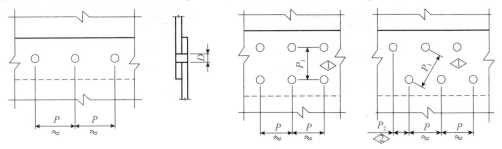

注： P_1 必须大于或等于 P 的最小值
　　 P_2 必须等于 0～5P

图 2-29　空客飞机铆钉的布置（A320 SRM 手册）

（三）制孔工具的使用与维护

铆接常用的制孔工具是风钻（气钻），风钻又分为普通风钻（枪式气钻）、弯头风钻（角向气钻）、万向风钻等。普通风钻是最常用的制孔工具，其通用性较好、功率高，但体积较大，主要用于开敞性好的工作部位。

【教学资料】
普通风钻的使用与维护（视频）

1. 普通风钻的使用与维护

（1）结构组成。普通风钻又称枪式风钻，主要由手柄部分、动力部分（发动机）、减速部分及钻夹头等组成，如图 2-30 所示。当勾压按钮后，阀杆末端与密封垫之间出现环形通道，压缩空气经进气接头、环形通道进入发动机后部腔，再经后盖上的孔分主、次两路进入发动机。次路气体由转子端面进入槽内，将叶片从转子槽内吹出，使之贴住气缸壁。主路气体进入气缸，作用在叶片上（图 2-30 A—A 切面中的压力 "P"），由于作用在叶片上的压力不平衡，产生旋转力矩使转子沿一定方向旋转。叶片在转动时所产生的离心力作用下，更紧贴气缸内壁。废气则沿手柄的另一条气路经消声器排入大气，转子旋转时，转子前端的套齿（图中的主动轮）带动两个行星齿轮沿固定在壳体上的内齿旋转。两个行星齿轮固定在一个齿轮架上，当它们沿内齿轮转动时，就会带动齿轮架、钻夹头一起旋转。

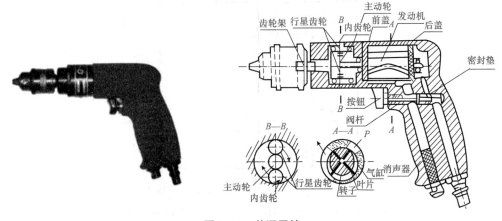

图 2-30　普通风钻

（2）使用方法。

① 保证供气压力为（4～6)×10⁵Pa，气压过低时风钻的工作效率将明显降低。输气
管路要安装油水分离器，以防止水和油污进入风钻。

② 使用前先从进气嘴处注入少量润滑油对高速转动部件润滑，以保证气钻的工作性
能和工作寿命，如图 2-31 所示。

图 2-31　普通风钻使用前的润滑

③ 安装切削工具时要先用风钻钥匙打开钻夹头，并用风钻钥匙夹紧钻头，如图 2-32
所示。在使用前应观察钻头的摆动量是否合格，如图 2-33 所示。

图 2-32　风钻钻头的装夹方法

图 2-33　观察普通风钻钻头的摆动量

④ 右手持握手柄，食指沿着风钻的轴线，中指控制进气按钮，可利用无名指置于按
钮开关下调节转速，保持风钻平稳工作，如图 2-34 所示。

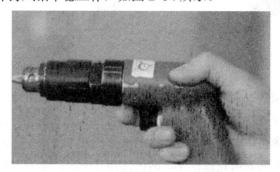

图 2-34　风钻的握持方法

⑤ 风钻不应长时间无负载空转，以避免高速运转时的机件急剧磨损。

（3）维护要求。

① 连续使用的风钻在每日工作前，应从进气口加少量润滑油一次；使用后应用布擦拭干净，放置于比较干燥的地方保存，以免生锈。长期不使用时应油封入库保管。

② 装夹与拆卸钻削工具时要用钻钥匙，不能用铁锤、冲子或长期用手掌捶击钻夹头，以免将主轴损伤或变形，影响使用精度。

③ 减速器部分每次清洗后，要加润滑脂进行润滑，同时可滴入少许机械油与其混合，保证齿轮机构旋转更加灵活；不能只加机械油进行润滑，以免机械油很快自行流失或被余气吹走。

④ 消声器不能随意损坏，更不能拆除消声器后使用。当被杂物堵塞后，应取下后清洗干净，并用压缩空气吹干净，使其畅通无阻。

⑤ 风钻在使用中，操作者不得随意拆卸安装。

⑥ 在正常使用情况下，应按该品牌工具的使用手册进行维修保养或按规定的期限送工具维修部门进行检查维修。长期不使用时，应按规定情况油封，入库保管。其他要求同一般风动工具。

【教学资料】

弯头风钻

（图片）

2. 弯头风钻的使用与维护

弯头风钻又称角向风钻。与普通风钻相比较，弯头风钻的通用性较低，钻夹头只能夹持一种直径的钻头，但其结构小巧紧凑，使用灵便，适用空间狭窄部件的钻孔。

（1）结构组成。弯头风钻区别于普通风钻的地方是将钻夹头换成带弹性夹头的弯头结构。其主体结构部分基本相同；弯头部分是采用特殊结构以适应各种狭窄部位钻孔，主要有 30°、45°、90° 或万向等，根据钻孔部位的空间，采用的弯头角度也不相同，如图 2-35 所示。

图 2-35　各种角度的弯头形式

装夹钻头时需要用两个六角专用扳手操作，分别用两个专用扳手放在弹性夹头和齿轮轴的六角形部位，放在齿轮轴六角形部位的扳手握紧不动，先逆时针扳动弹性夹头六角处的扳手，弹性夹头从齿轮轴中伸出，带沟槽的锥体松开，将钻头插入弹性夹头孔；再顺时针扳动扳手。弹性夹头进入齿轮轴锥体，两锥体相互配合，使带沟槽的锥体收缩，直到夹紧钻头为止。

（2）使用和维护。弯头风钻的使用和维护要求与普通风钻基本相同，区别在于钻头的装夹方法。

3. 钻头

在铆接中应用的钻孔刀具很多，直柄麻花钻是应用最广泛的孔加工刀具。通常采用直径 d 为 0.25 ~ 80 mm 的钻头，飞机铆接制孔时常采用直径 d 为 12 mm 以下的钻头，加工时夹在钻夹头中使用，如图 2-36 所示。

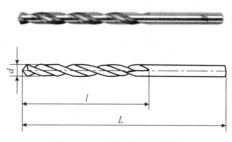

图 2-36　直柄麻花钻示意

麻花钻按其功能的不同，可分为以下三部分：

（1）钻柄。钻头上供装夹用的部分，并用以传递钻孔所需的动力（转矩和轴向力）。

（2）钻颈。位于刀体和钻柄之间的过渡部分，通常用作砂轮退刀用的空刀槽。

（3）钻体。钻头的工作部分，由切削部分（钻尖）和导向部分组成。

4. 铰刀

在铆接装配中，为提高铆孔的加工质量，常采用铰刀来扩孔或修孔，以提高孔的加工精度，降低其表面的粗糙度。铰刀具有一个或多个刀齿，用以切除已加工孔表面薄层金属的旋转刀具，经过铰刀加工后的孔可以获得精确的尺寸和形状。

【教学资料】
铰孔工具——组合
式铰刀（视频）

（四）钻孔的操作

1. 操作技术要点

（1）装夹钻头，一定要用钻夹头钥匙装卸，严禁用手打钻夹头或用其他方法装卸钻头，以免风钻轴偏心，影响孔的精度，如图 2-37 所示。

（2）右手握紧风钻手柄，中指掌握扳机开关并用无名指协调控制进风量，灵活操纵风钻转速，左手托住钻身，始终保持风钻平稳向前推进，如图 2-38（a）所示。

（3）钻孔时要保证风钻轴线和水平方向与被钻工件表面垂直，如图 2-38（b）所示，楔形工件钻孔除外。

【教学资料】
钻孔的操作要点
（视频）

（4）钻孔时风钻转速要先慢后快，当孔快钻透时，转速要慢，压紧力要小，在台钻上钻孔时，要根据工件材质调整转速和进刀量。

（5）使用短钻头钻孔时，根据工件表面开敞情况，在左手托住钻身的情况下，并用拇指和食指，也可用左手肘接触被钻工件作为钻孔支点，以保证钻头钻孔的准确位置，防止钻头打滑钻伤工件，当孔钻穿时，既可防止钻帽碰伤工件表面，还可使风钻连续运转，提高钻孔速度。

图 2-37　用钻夹头钥匙装卸钻头

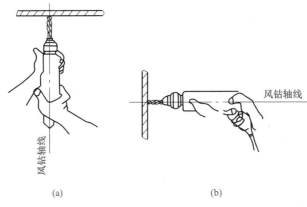

（a）　　　　　　　　　　　　　（b）

图 2-38　正确握钻姿势

（a）俯视；（b）平视

（6）使用长钻头钻孔一定要用手掌握钻头光杆部位，以免钻头抖动，使孔径超差或折断钻头。

（7）使用风钻钻较厚工件时，要用目检或 90°直角尺检验钻孔垂直度（见图 2-39）。钻孔时还要勤退钻头排屑。

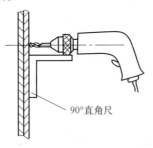

90°直角尺

图 2-39　用 90°直角尺检验钻孔垂直度

2. 钻孔操作的安全技术

（1）严禁戴手套钻孔，防止钻头绞住手套伤人。

（2）仰卧姿势钻孔要戴护目镜，防止钻屑进入眼中。

（3）用手拿住工件钻孔一定要捏紧，手不能置于钻头出口处。

（4）钻孔时工件要夹紧，防止工件松动后旋转伤人，如图 2-40 所示。

（5）在钻孔过程中不准用手拉钻头导出的钻屑，以防伤手。

【教学资料】
各类工件的钻孔
方法（视频）

（6）双人在工件的两面工作，一人在对面钻孔时，要防止钻头伤人，如图2-41所示。

（7）风钻未停止转动，严禁用钥匙装卸钻头。

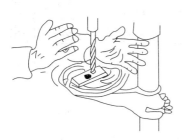
图 2-40　工件松动后旋转伤手

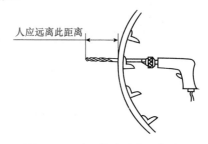
图 2-41　对面钻孔时应远离的距离

3.　钻孔的质量控制

（1）钻孔的质量要求。

① 铆钉孔轴线应垂直于零件表面，允许由于孔的偏斜而引起铆钉头与零件贴合面的单向间隙不大于 0.05 mm，但在铆钉排内不得多于 10%。

② 当产品图样上未给出铆钉边距时，铆钉孔的边距为铆钉直径的2倍，如图2-42所示。

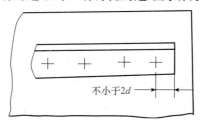
图 2-42　图样未注时铆钉边距

③ 铆钉孔边距、间距、排距偏差见表2-10。

表 2-10　铆钉孔位置尺寸的极限偏差　　　　　　　　　　　　　　　　mm

边距极限偏差	间距极限偏差		排距极限偏差
	间距 ≤ 30	> 30	
+2.0 −1.0	±1.5	±2.0	±1.0

④ 铆钉孔边缘不应进入板弯件和型材件圆角，要保证铆钉头不能搭在圆角上，如图2-43（a）和图2-43（b）所示。A320飞机铆钉和孔的位置在型材位置要求如图2-43（c）所示。

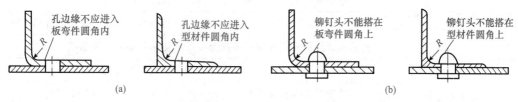

图 2-43　铆钉孔和铆钉头的位置

（a）铆钉孔的位置；（b）铆钉头的位置

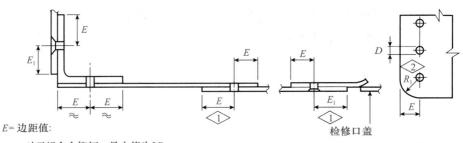

NS6 51 47 00 0 ACMO 00 0

$E=$ 边距值:

- 对于铝合金铆钉,最小值为$2D$
- 对于蒙乃尔和钛铆钉,查询铆钉表后确定
- 对于高锁螺栓,查询铆钉表确定

注: 对于机翼结构

① 对于开口(门、舱口等),最小边距增加1.0 mm(0.039 in)。

② 最大半径$R_1=E$或E_1

③ F最小值$=E+B+R+T$

④ 确保铆钉镦头(蒙乃尔和钛铆钉除外)刚好在半径R之外,铆接过程中要确保铆接工具不会损坏半径R

(c)

图 2-43 铆钉孔和铆钉头的位置(续)

(c)A320 铆钉孔和铆钉的位置要求(A320 SRM 手册)

(2)钻孔故障分析及改进措施。钻孔故障分析及改进措施见表 2-11。

表 2-11 钻孔故障分析及改进措施

序号	故障内容	故障产生原因	改进措施
1	孔歪斜	钻头不垂直钻孔部位	检查好垂直度后再钻孔
		工件放置偏斜	
2	孔径大于规定尺寸	钻头直径选错,钻头弯曲	正确选择钻头直径
		钻头主切削刃不等长	钻头刃磨后仔细检查
		钻夹头偏摆量超差	钻孔前空转检查合格后再用
3	孔径小于规定尺寸	钻头直径磨损	更换合格钻头
		钻头顶角过小	正确刃磨钻头顶角
4	孔形不圆呈多棱形或孔呈8字形	钻头两主切削刃不等长、角度不对称	钻头刃磨好后要认真检查
		钻头主切削刃不光滑	重磨钻头切削刃
		钻头摆动	钻头装夹后检查偏摆,合格再用
		钻初孔和最后扩孔不在同一轴线上	使用导套或钻模钻孔
5	孔径外面大里面小	钻头不锋利	钻头刃磨锋利
		钻较厚工件排屑不畅	钻厚工件时勤退钻头排屑
		长时间钻孔手臂疲劳,握钻不稳致使风钻摇摆	适当休息,用导套或钻模钻孔

序号	故障内容	故障产生原因	改进措施
6	孔边周围有毛刺	钻头主刀刃不锋利，螺旋槽产生积屑瘤	磨锋主刀刃，清除积屑瘤
		孔将要钻透时用力过大	孔将要钻透时减小进给力
7	孔位钻偏或跑钻	钻头横刃太长，定心不准、不牢	先打冲点后钻孔或先用手转动钻夹头，钻头定准位后再钻孔，启动时慢速旋转
		风钻启动时钻速太快	
8	孔钻穿后钻夹头戳伤蒙皮	孔钻穿时用力过猛	孔将要钻穿时控制住进给力
		钻头尾柄处未安放防护物	在钻头尾柄处套上胶垫
9	钻头突然折断	钻头主刀刃磨钝，钻孔时强力推进	磨锋主刀刃适当用力推钻
		孔钻穿时用力过大促使钻夹头摇晃	孔将要钻穿时减小进给力
		钻孔时钻头被卡住，强行用力拽风钻	钻头卡住时用手轻轻反向旋转钻夹头
		钻头钻穿时与后面工件相撞	钻孔前先检查后面有无障碍物
		分解铆钉时任意摇晃风钻	分解铆钉时不要摇晃风钻
10	钻头不切屑（在钢件上易产生）	钻头顶角过小，风钻转速又快	选磨合适顶角，转速要适当
		钻头后刀面高低不一致导致钻头退火、零件硬化	正确刃磨钻头，注意冷却。选用硬质合金钻头
11	工件掉渣（在镁合金件上易产生）	钻头切削刃不光滑	应仔细检查刃磨后的钻头
		工件内部有硬点杂质，钻削时掉渣	遇硬点时立即退钻检查，改变转速
		钻头顶角过大，风钻转速过快	选磨合适顶角，转速适当
12	复合材料脱层	钻头出口处分层	垫支撑物，切削刃进行刃磨

■ 三、沉头铆钉窝的制作

（一）制窝方法

1. 制窝技术要求

（1）窝的角度应与铆钉头角度一致。

（2）窝的表面应光滑洁净，不允许有棱角和划伤，复合材料窝不应有分层和撕裂。

（3）窝的椭圆度允许 0.2 mm，个别可至 0.3 mm，但数量不能超过一排铆钉窝总数的 15%。

（4）窝的深度应比铆钉头最小高度小 0.02～0.05 mm。

（5）双面沉头铆接时，锪窝的镦头窝为 90°，其直径见表 2-12。压窝的镦头窝为 120°，其形式如图 2-44 所示。

表 2-12　90°镦头窝的最小直径　　　　　　　　　　　mm

铆钉直径	2.5	2.6	3.0	3.5	4.0	5.0	6.0	7.0	8.0
镦头窝最小直径	3.50	3.65	4.20	4.95	5.60	7.00	8.20	9.50	10.80

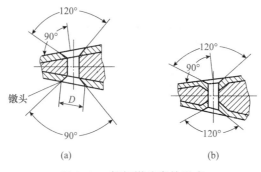

图 2-44 铆钉镦头窝的形式

（a）90° 镦头窝；（b）120° 镦头窝

（6）铆钉窝周围不允许有锪窝限制器造成的工件表面痕迹，凹陷、轻微机械损伤等的深度应不大于材料包覆层的厚度，数量不能超过一排铆钉内窝数的 3%。

【教学资料】
制窝方法的选择
（视频）

（7）压窝扩孔后，窝不能有毛刺、裂纹和破边。压窝件与窝件的套装之间不允许有间隙。

2. 制窝方法的选择

（1）根据蒙皮和骨架的厚度确定制窝方法，见表 2-13。

表 2-13　按零件厚度确定制窝方法

蒙皮厚度 /mm	骨架厚度 /mm	制窝方法	简图
≤ 0.8	≤ 0.8	蒙皮、骨架均压窝	
	> 0.8	蒙皮压窝、骨架锪窝	
> 0.8	不限	蒙皮锪窝	

（2）如果蒙皮厚度不大于 0.8 mm，骨架为两层或两层以上，而每层厚度都不大于 0.8 mm，其总厚度又不小于 1.2 mm，且不能分别压窝，则采用蒙皮压窝、骨架锪窝的方法。

（3）挤压型材不允许压窝，只能采用锪窝法。

（4）多层零件压窝一般应分别进行，当必须一起压窝时，其夹层厚度不大于 1.6 mm。

（5）镁合金、钛及钛合金、超硬铝合金及 1 mm 以上厚度的零件压窝，都要采用热压窝。

（二）制窝工具的使用与维护

在铆接装配时，为使飞机蒙皮表面平整、光滑，具有良好的气动外形，蒙皮与骨架的连接大多采用沉头铆钉铆接，需要在蒙皮上制作沉头窝，如图 2-45 所示。制作沉头窝的工具主要包括锪窝工具和压窝工具两大类。

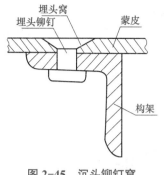

图 2-45　沉头铆钉窝

【教学资料】
锪窝钻介绍
（视频）

1. 锪窝工具的使用

（1）铆钉窝锪钻。铆钉锪钻又分为铆钉窝锪钻、骨架锪窝用锪钻、反切锪钻三种。

铆钉窝锪钻借其带 1：20 锥度的尾杆装在锪窝限制器中。在风钻上使用时则夹持尾杆的圆柱段。导柱有两种形式：一是柱形导柱用于一般部位；二是球形短导柱可用于斜面锪窝。单一式锪窝钻的结构形式如图 2-46 所示。骨架锪窝用锪钻的结构形式与铆钉窝锪钻相同。

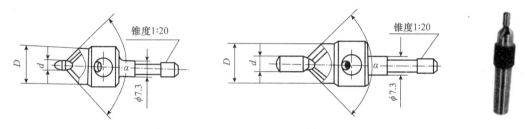

图 2-46　单一式锪窝钻的结构形式

反切锪钻主要用于铆钉孔的反切锪钻，其结构形式如图 2-47 所示。

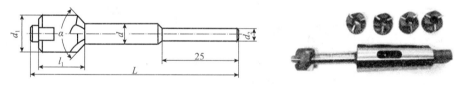

图 2-47　反切锪钻

（2）锪窝限制器。锪窝深度限制器的结构形式如图 2-48（a）所示，限动器 [如图 2-48（b）] 与锪窝钻 [如图 2-48（c）] 配合使用，主要用来控制锪窝的深度，锪窝深度的调节是通过限动器齿状部分的螺纹来进行的。

锪窝限动器的使用和维护要求如下：

①安装锪窝钻。

②通过限动器齿状部分螺纹调整锪窝深度，如图 2-49 所示。调深度时，应在非工件上试锪，沉头窝深度合格后再用于产品锪窝。

【教学资料】
锪窝深度限制器的
组成与使用（微课）

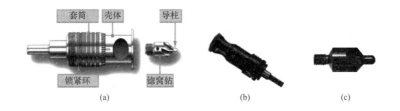

图 2-48 锪窝限动器与配套锪窝钻

（a）锪窝深度限制器；（b）限动器；（c）锪窝钻

图 2-49 锪窝深度限制器的调节

③工作中不得随意拆卸、锤击，保证锪窝套的正常使用。

2. 压窝工具的使用

（1）手用压窝器。飞机薄蒙皮铆接中常采用压窝法制作沉头窝，使用的工具是压窝器（压冲头）。手用压窝器由阴模和阳模组成，安装在手动压窝钳、手提式风动压窝机或手提式风动压铆上使用，如图 2-50 所示。

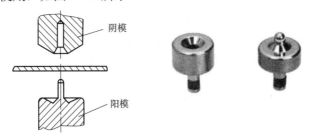

图 2-50 压窝器

（2）手用压窝钳。手用压窝钳主要用于零件部位的压窝，如图 2-51 所示。配备有不同喉深尺寸的弓架，可以根据压窝的位置进行替换，手柄可以锁定。

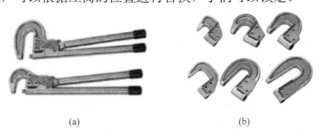

图 2-51 手用压窝钳

（a）压窝钳；（b）弓架

（3）手提式风动压窝机。手提式风动压窝机如图2-52所示，其配备有如图2-50所示的阴模压窝器和阳模压窝器，可在厚度为 0.6～0.8 mm 的材料上压制直径为 2.6～4 mm 铆钉的埋头窝。

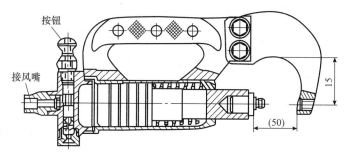

图 2-52　手提式风动压窝机

（三）锪制铆钉沉头窝

1. 锪窝钻的选择

（1）根据孔径的大小、沉头窝的角度及部件结构，选择锪窝钻的大小、规格。

（2）首选带限制器的锪窝钻锪窝，确保锪窝的深度和锪窝的垂直度。

（3）当锪窝处结构件影响限制器锪窝时，允许单独使用锪窝钻锪窝，如图2-53所示。若锪窝钻长度不够，可安装在保证同轴度的长套管上进行锪窝，如图2-54所示。

（4）在斜面上锪窝应使用带球形短导杆锪窝钻，如图2-55所示。

（5）当工件锪窝面用普通锪窝钻无法锪窝时可以使用反锪窝钻锪窝，如图2-56所示。

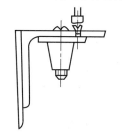

图 2-53　用锪窝钻头锪窝

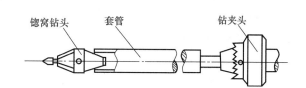

图 2-54　安装长套管的锪窝钻头

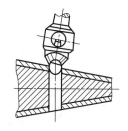

图 2-55　球形短导杆锪窝钻锪窝

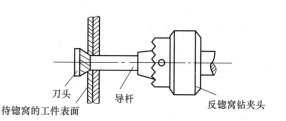

图 2-56　反锪窝钻锪窝

（6）可采用复合钻，使钻孔锪窝一次完成，生产效率高。复合钻可以安装在限制器上或直接夹在风钻上使用，也可以安装在自动钻铆机上使用。

2. 锪窝操作技术要点

（1）锪窝前先检查锪窝钻导销的直径与铆钉孔直径是否相同。调整限制器锪窝钻锪窝的深度再在试件上进行试锪，用铆钉或标准铆钉窝检验窝的深度，最少要检验 5 个窝，合格后，再在工件上锪窝。

（2）使用带限制器的锪窝钻锪窝时，一手扶住限制器，防止导套旋转，磨伤工件表面；另一手握紧风钻。为防止在蒙皮表面产生划痕，可以在蒙皮表面涂防锈油或用专用垫圈保护，如图 2-57 所示。

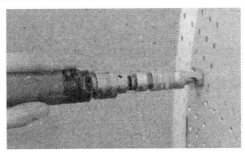

图 2-57 锪窝限制器锪窝

（3）在锪窝过程中，风钻不能抖动，风钻的进给力要均匀，不要忽大忽小，否则会使锪窝深度不一致。

（4）锪窝钻要垂直工件表面，在楔形件上锪窝应使用带球形短导销的锪窝钻，限制器前端面应与工件锪窝表面相贴合。

（5）在薄壁零件或刚性较差的结构件上锪窝时，要防止进给压力作用，使工件反弹，影响锪窝质量。对钢质零件和钛合金件锪窝，风钻转速要低。

（6）在使用不带限制器的锪窝钻锪窝时，进给力要小，勤退锪钻检查窝孔深度。

（7）工件上锪窝也要先检验合格后才能继续锪窝。在锪窝过程中，每锪 50～100 个窝必须自检一次窝的质量。

（8）在复合材料上锪窝，应先启动风钻，再进行工件锪窝，防止表层拉毛。

3. 窝孔故障缺陷分析及改进措施

窝孔故障缺陷分析及改进措施见表 2-14。

表 2-14 窝孔故障缺陷分析及改进措施

序号	故障内容	故障缺陷产生原因	改进措施
1	窝孔浅	锪窝钻调整不合格或推钻压力小	重新调整锪窝钻，锪窝时压力到极限位置
		锪窝钻头切削刃槽被堵塞	经常检查，注意清除积屑瘤
2	窝孔锪大锪深	锪窝钻用错或调整不合格	更换锪窝钻，调整后一定要进行试锪窝
		固定锪窝钻头及其导销的螺钉松动	调整好的锪窝螺钉一定要紧固，锪窝一定数量后要认真检查紧固情况
		固定限动螺母的螺钉松动，引起移位	

序号	故障内容	故障缺陷产生原因	改进措施
3	窝孔椭圆	孔直径大，锪窝钻导销在孔中窜动	锪窝前检查锪窝钻导销与孔是否一致，更换过短导销，锪窝时导销不能在孔中窜动
		锪窝钻头导销过短	
4	窝孔锥角不对	锪窝钻头用错	锪窝前要认真检查锪窝钻锥角
5	窝孔锥角尺寸不匀，一边大一边小	锪窝钻壳体端面未全部贴合锪窝面	锪窝钻壳体端面要贴合锪窝面，孔一定要垂直工件钻孔面
		孔歪斜	
6	窝孔不光，呈多棱形	锪窝钻未压紧，进给力不匀	压紧锪窝钻，保持匀速进给，风钻速度要适当，更换风钻
		风钻转速太慢	
		风钻摆头	
7	窝孔边缘产生毛刺、划痕或锪窝时不产生切屑	锪钻切削刃钝或损坏	更换新锪窝钻头，锪窝时经常检查排屑槽；及时清除积屑瘤
		锪钻排屑槽被切屑粘住堵塞	
8	锪窝钻导销折断或脱落	孔直径小，孔歪斜，锪窝钻导销强行插入孔中强行锪窝。切屑研入孔与导销之间，强行拽锪窝钻	保证孔的垂直度及孔径正确，采用长度适合的导销，注意锪窝时勤排切屑
9	窝孔周围蒙皮有磨伤圆圈	锪窝时限制器转动	用手扶住限制器防止旋转

四、冲击铆接的施工

（一）铆接技术要求

1. 铆钉头的技术要求

（1）铆钉头应贴紧零件表面，允许不贴合的单向间隙为 0.05 mm，但这种钉的数量应不大于铆钉排总钉数的 10%。

（2）铆钉头不允许有切痕、下陷、裂纹及其他机械损伤，沉头铆钉头相对蒙皮的凸出量应符合技术条件要求。

（3）内部结构（非气动外缘）沉头铆钉头相对零件表面的凹凸量为 ±0.1 mm。

2. 铆钉镦头的技术要求

（1）镦头形状要求。铆钉镦头一般应为标准镦头，标准镦头呈鼓形，如图 2-58 所示。

【教学资料】
普通铆接工艺过程
（微课）

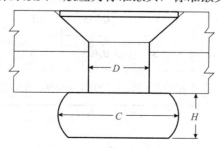

图 2-58　标准铆钉镦头形状与尺寸标注

不允许呈"喇叭形""马蹄形"或其他形状，如图 2-59 所示。

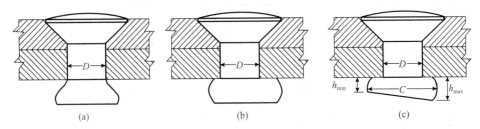

图 2-59　铆钉镦头不规则形状示例

（a）"喇叭形"镦头；（b）"马蹄形"镦头；（c）"斜面形"镦头

（2）标准镦头尺寸要求。国内航空铆钉标准镦头尺寸按式（2-6）确定：

$$h_{min}=0.4d \tag{2-6}$$

当 $d \leqslant 5$ 时，$D=（1.5\pm0.1）d$；

当 $d > 5$ 时，$D=（1.45\pm0.1）d$；

式中　h_{min}——镦头最小高度（mm）；

　　　　d——铆钉直径（mm）；

　　　　D——镦头直径（mm）。

国外航空铆钉标准镦头尺寸标注如图 2-58 所示，尺寸要求见表 2-15。

表 2-15　A320 飞机铆钉镦头外形尺寸

铆钉直径 D		铆钉镦头直径 C		铆钉镦头高度 H			
		最小值		最大值		最小值	
mm	in	mm	in	mm	in	mm	in
2.4	3/32（0.094）	3.8	0.150	1.6	0.063	1.0	0.039
3.2	1/8（0.126）	5.0	0.197	2.0	0.079	1.3	0.051
4.0	5/32（0.157）	6.0	0.236	2.4	0.094	1.6	0.063
4.8	3/16（0.189）	7.3	0.287	2.9	0.114	1.9	0.075
5.6	7/32（0.219）	8.4	0.331	3.2	0.126	2.2	0.087
6.4	1/4（0.252）	9.6	0.378	3.8	0.150	2.6	0.102
8.0	5/16（0.312）	11.8	0.465	4.6	0.181	3.1	0.122
注：摘自 A320 SRM 手册，适用 2017A、2024、2117、7050、3.1124 和 3.1324 铆钉							

铆钉标准镦头尺寸和极限偏差见表 2-16。

表 2-16　铆钉标准镦头尺寸及其极限偏差　　　　　　　　mm

铆钉直径 d	2.0	2.5	2.6	3.0	3.5	4.0	5.0	6.0	7.0	8.0	10.0
镦头直径 D	3.0	3.8	3.9	4.5	5.2	6.0	7.5	8.7	10.2	11.6	14.5
镦头直径极限偏差	±0.2	±0.25		±0.3		±0.4	±0.5	±0.6	±0.7	±0.8	±1.0
镦头最小高度 h_{min}	0.3	1.0	1.1	1.2	1.4	1.6	2.0	2.4	2.8	3.2	4.0
镦头对钉杆轴线同轴度	$\phi0.4$					$\phi0.6$		$\phi0.8$	$\phi1.0$	$\phi1.2$	$\phi1.4$
镦头圆度	在铆钉镦头直径极限偏差内										

（3）镦头不允许有切痕、下陷、裂纹和其他机械损伤。

（4）双面沉头铆钉的镦头直径与镦头窝直径相同，凸出量应符合铆钉头的凸出量规定。

（5）在未锪端面窝的斜面零件上铆接的铆钉，其镦头应置于斜面上，如图 2-60 所示。

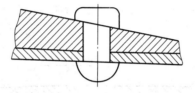

图 2-60　斜面零件上的铆钉镦头位置

（6）一般将镦头安排在较厚的板材和较硬的金属件一面。

3. 铆接件的技术要求

（1）铆钉周围的蒙皮和两个铆钉之间的蒙皮，允许有下凹量 Δ 见表 2-17，下凹示意如图 2-61 所示。

表 2-17　蒙皮的允许下凹量　　　　　　　　mm

测量单元	部位	下凹量 Δ
一个铆钉间距 t_1	一般结构	≤ 0.2
	进气道内部结构	≤ 0.4
	难铆接处	≤ 0.3
两个铆钉间距 t_2	一般结构	≤ 0.2
	多排铆钉，间距小于 30 mm，弯曲半径 300 mm 以下处	≤ 0.3

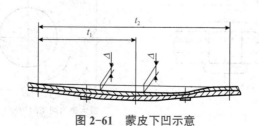

图 2-61　蒙皮下凹示意

（2）夹层厚度大于 10 mm、蒙皮厚度小于 1 mm 的多排铆钉，允许其周围的蒙皮下凹至 0.35 mm，但这种铆钉数应不大于铆钉排总钉数的 50%。

（3）铆接后，铆钉处被连接件之间不允许有间隙，但在两个铆钉之间允许有局部间隙 S，如图 2-62（a）所示，其数值见表 2-18。A320 飞机构件铆接后夹层间隙要求如图 2-62（b）所示。

表 2-18　铆接件在两个铆钉之间允许的局部间隙　　　　　　　　　　　　　　　mm

蒙皮厚度	铆钉间距	允许间隙 S
≤ 1.5	> 40	≤ 0.5
1.6 ～ 2.0	≤ 40	≤ 0.3
> 2.0	20 ～ 40	≤ 0.2

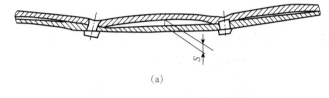

（a）

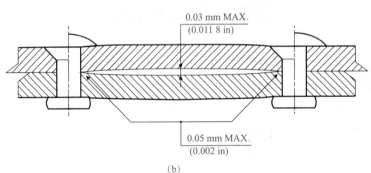

（b）

图 2-62　铆接件在两个铆钉之间的缝隙
（a）国内航空铆接构件间隙要求；（b）A320 飞机构件间隙要求（A320 SRM 手册）

（4）铆接件不允许有被工具打出的凹坑、碰伤及划伤。但在难铆接处允许铆钉头周边有不大于 1/2 圆周、深度不大于 0.1 mm 的冲头痕迹。A320 飞机铆接后蒙皮铆接压痕的要求如图 2-63 所示，允许有长度最大不超过圆周的 30%、深度最大不超过蒙皮厚度的 5%、宽度不大于 0.3 mm（0.012 in）的窝头痕迹。

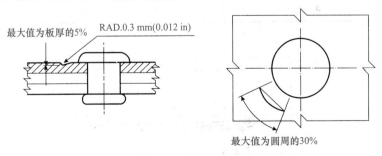

图 2-63　A320 飞机蒙皮铆接凹坑及限值要求（A320 SRM 手册）

（二）冲击铆接方法

1. 冲击铆接的分类

冲击铆接是借助于铆枪冲击力作用在铆钉上的不同部位，与顶铁产生撞击作用而形成镦头。飞机铆接施工不能采用压铆时，一般采用冲击铆接。按铆枪的冲击方向不同，冲击铆接又可分为正铆法和反铆法。

（1）正铆法是将顶铁顶住铆钉头，铆枪的冲击力直接作用在铆钉杆上形成镦头，如图2-64（a）所示。

（2）反铆法是将铆枪的冲击力作用在铆钉头上，用顶铁顶住铆钉杆形成镦头，如图2-64（b）所示。

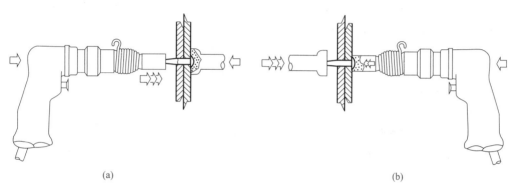

(a)   (b)

图 2-64　冲击铆接的方法
（a）正铆法；（b）反铆法

2. 其他铆接方法

（1）手铆法。采用顶铁顶住铆钉头，冲头顶住铆钉杆，用手锤沿铆钉轴线方向敲击冲头，使铆钉杆形成镦头，如图2-65所示。

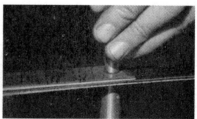

图 2-65　手铆成形过程

在允许的情况下，应将顶铁夹在工作台的虎钳上进行铆接，如果用手握顶铁，则应按正铆法的要求选择顶铁重量。手铆凸头铆钉时，应在顶铁上按铆钉头尺寸制窝，也可以把铆枪冲头夹在虎钳上代替顶铁进行铆接，如图2-66所示。

（2）压铆法。用压铆设备的静压力，通过上、下铆模挤压铆钉杆而形成镦头的方法。压铆法使用固定压铆设备和手提压铆设备，钉杆能均匀地镦粗填埋钉孔，铆接质量稳定、表面质量好、效率高、劳动条件好，但应用范围受产品结构限制，用于开敞性好（如肋、

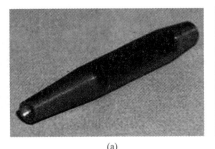

（a）　　　　　　　　　（b）

图 2-66　冲头夹持在虎钳上使用

（a）手用冲头；（b）铆枪冲头

框、梁、壁板等）的平头铆钉、沉头铆钉的铆接。

在实际操作中，只要结构工艺性允许，就优先选用压铆法。通常用压铆系数反映装配件中压铆铆钉数与铆钉总数的比例，如式（2-7）所示，即

$$压铆系数 = \frac{压铆铆钉数}{铆钉总数} \tag{2-7}$$

压铆变形抵抗力按式（2-8）计算：

$$P = 4\sigma_b \cdot d^2 \tag{2-8}$$

式中　P——压铆变形抵抗力（N）；

　　　σ_b——铆钉材料的强度极限 (N/mm^2)；

　　　d——铆钉直径（mm）。

压铆形成镦头所需的压铆力与铆钉材料和直径有关，标准镦头所需压铆力见表 2-19。半圆形镦头所需的压铆力为表 2-19 中压铆力的 2.2 倍。

表 2-19　压铆标准镦头的压铆力

铆钉直径 /mm		2.0	2.5	2.6	3.0	3.5	4.0	5.0	6.0	7.0	8.0
压铆力 /kN	铝合金铆钉	5	7	8	9.5	15	20	30	50	57	80
	钢铆钉	6.5	10	11	13	22	25	50	60	75	100

安装在压铆机上的冲模尾部的直径公差带一般为 f7，压铆斜面上的铆钉，允许在铆模工作面上刻有 0.2 mm 深的花纹。

采用压铆时，可以用平锥头铆钉代替半圆头铆钉。

压铆典型工艺过程与普通铆接的工艺过程基本相同，需要根据压铆件的结构和铆钉的直径、数量与材料来选用合适压铆机的型号及压铆模。当铆接半圆头铆钉时，用铆钉头作为定位基准，采用正铆法进行铆接，如图 2-67（a）所示。

当铆接沉头铆钉时，若铆接件为冲窝，则以冲窝作为定位基准，采用反铆法进行铆接，如图 2-67（b）所示。

当铆接平头铆钉时，一般采用反铆法进行铆接，如图 2-67（c）所示。也可用正铆法，但所选冲头的窝必须与铆钉头的形状相一致。

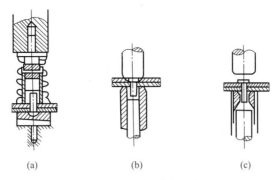

图 2-67 用压铆模定位方法

（a）半圆头铆钉定中心；（b）沉头铆钉按冲窝定中心；（c）平头铆钉定中心

（三）铆接工具的使用与维护

在铆接装配过程中，需要使用铆接工具来产生一定的锤击力或静压力，使铆钉产生一定的变形后形成镦头，从而固定构件。不同的铆接方法有相应的铆接工具，以下主要介绍普通铆接常用铆接工具。

1. 铆枪的使用与维护

铆枪是铆接工作中的主要工具，其种类很多，下面以常用的 $\phi 3$ 型、$\phi 5$ 型铆枪为例进行说明。

（1）结构组成。铆枪的结构如图 2-68 所示，铆枪工作时，利用气压力推动铆枪中的活塞多次往复运动来冲击冲头，并通过冲头锤击铆钉形成镦头。图 2-68 中标注尺寸"22"代表冲头的插入长度为 22 mm。

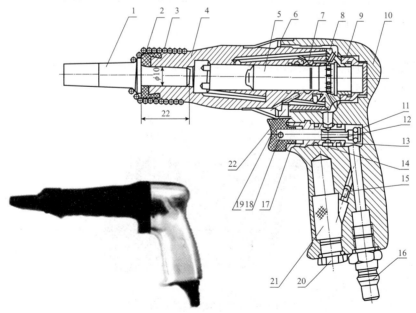

图 2-68 $\phi 3$ 型、$\phi 5$ 型铆枪结构

1—冲头；2—缓冲胶垫；3—防护弹簧；4—气缸；5—活塞；6—导气圈；7—活动阀；8—导气块；9—导气块盖；
10—手柄；11—密封垫；12—阀杆；13—阀套；14—O 形密封圈；15—油嘴；16—风接嘴；17—锁紧垫片；
18—弹性圆柱销；19—按钮；20—油堵；21—润滑油腔；22—锁紧销

（2）使用方法。

① 使用前要安装好防护弹簧，利用防护弹簧将冲头与枪身连接牢靠，避免冲头飞出，损伤人或产品。

② 使用时应保持规定的进气压力。进气压力过小，会降低铆锤的功率，不仅铆接效率低，铆钉镦头也可能因锤击次数过多而出现裂纹。

③ 使用时应"先顶紧，后开枪"，即冲头顶紧铆钉后才按压按钮。否则活塞产生往返运动会消耗一部分能量，活塞撞击壳体会使铆枪损坏。

④ 右手持握手柄，食指（或中指）按下按钮，启动铆枪，可利用按钮调节压缩空气大小，保证铆枪平稳工作。锤击铆钉时按"轻—重—轻"的规律按压按钮。铆接刚开始，由于铆钉杆较长，铆钉杆与铆孔之间的间隙较大，受锤击时铆钉杆容易弯曲。因此，应轻压按钮，使铆枪功率小一些，待铆钉杆填满铆孔后，再重压按钮，增大铆钉功率，以迅速形成镦头。当镦头接近完成时，再逐渐放松按钮，防止镦头打得过低。

⑤ 冲头尾部按不同铆枪型号配制，不应串用，避免损伤机件，降低效率。

⑥ 使用中不应随意打空枪，以免损坏机件。

（3）维护要求。

① 使用前先从进气嘴处注入少量润滑油，保证铆枪的工作性能和工作寿命。

② 铆枪使用中操作者不得随意拆卸安装。

③ 在正常使用情况下，应按该品牌工具的使用手册进行维修保养或按规定的期限送工具维修部门进行检查维修。长期不使用时，应按规定情况油封，入库保管。

④ 其他要求同一般风动工具。

2. 冲头的选择

冲头（型杆）的作用是保持铆钉头（或镦头）的形状和传递锤击时的荷载。常用冲头的形状如图 2-69 所示。

图 2-69　常用冲头的形状

为了保持铆钉头（或镦头）形状正确，应根据铆钉头（镦头）的形状来选择冲头和窝子的形状。窝子的作用是限制镦头的直径和高度。铆钉头（或镦头）为半圆头或大扁圆头时，冲头应带有圆坑形的窝子，如图 2-70（a）所示；铆钉头（或镦头）为平头时，冲头的工作面为平面，如图 2-70（b）所示；对于平头形的镦头，冲头工作面还可以带有圆柱形的窝子，如图 2-70（c）所示。铆接时，冲头窝子的尺寸要根据工具手册要求来选择。窝子过小会压伤铆钉；窝子太深、太大将在构件表面形成压痕。

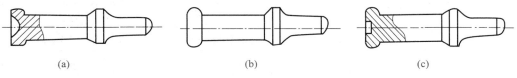

图 2-70　冲头示意

（a）圆形窝冲头；（b）平冲头；（c）圆柱形窝冲头

铆接埋头铆钉时，为了防止损伤蒙皮表面，可以采用带钢片或橡皮圈的冲头，如图 2-71 所示。带橡皮圈的冲头，橡皮圈凸出冲头工作面约 0.5 mm，防止冲头边缘棱角划伤蒙皮。

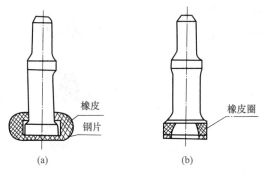

图 2-71　带钢片和橡皮圈的冲头

（a）带钢片；（b）带橡皮圈

用于铆枪的冲头安装在铆枪的前端，因此要注意冲头尾部的直径和长度。如直径过小，就会增大铆枪气缸和冲头之间的间隙，使铆枪的漏气量增加，降低铆枪的功率。通常，冲头尾部与铆枪气缸的间隙为 0.05 ～ 0.1 mm。如冲头尾部的长度过长，会缩短活塞的行程，降低铆枪的功率；如冲头尾部的长度过短，容易使活塞撞伤壳体。因此，通常冲头与铆枪是配套的，工作中不得随便更改其质量和尺寸。

3. 顶铁的使用

在铆接装配过程中，顶铁的作用是支撑在铆钉的一端，使铆钉杆在锤击力的作用下受到较大的压力而产生变形。顶铁在锤击力的作用下将产生移动，消耗铆枪的功率，减少铆枪作用于铆钉杆的锤击力。

（1）选择合适的顶铁是保证铆接质量的一个重要因素，如顶铁形状不合适，会使铆钉头歪斜；顶铁太轻，不能提供必要的顶持力，材料会朝向镦头凸出；顶铁质量太大，质量和顶撞力可能引起材料反向镦头凸出。与各种直径铆钉配合使用的顶铁质量见表 2-20。

【教学资料】
顶铁的选择
（视频）

表 2-20　顶铁质量参数选择

铆钉材料	铆接方法	铆钉直径 /mm						
		2.5	3.0	3.5	4.0	5.0	6.0	8.0
		顶铁质量 /kg						
硬铝	反铆	0.5～1.0	0.6～1.2	0.7～1.4	0.8～1.6	1.0～2.0	1.2～2.4	1.6～3.2
	正铆	1.2～1.7	1.5～2.1	1.7～2.4	2.0～2.8	2.5～3.5	3.0～4.2	4.0～5.6
钢	反铆	1.0～1.5	1.2～1.8	1.4～2.1	1.6～2.4	2.0～3.0	2.4～3.6	3.2～4.8
	正铆	2.0～2.5	2.4～3.0	2.8～3.5	3.2～4.0	4.0～5.0	4.8～6.0	6.4～8.0

（2）顶铁的形状要根据铆接部位的结构特点确定，应容易接近铆钉、握持方便、不易碰伤附近零件。顶铁的工作面的表面粗糙度 Ra 值应不大于 0.8 μm。

（3）国外通用型普通顶铁如图 2-72 所示，形状简单的顶铁用于易接近铆钉的地方，形状较复杂的顶铁用于不易接近铆钉的地方。使用顶铁时其质量应集中在铆钉轴线附近，使其充分发挥作用。

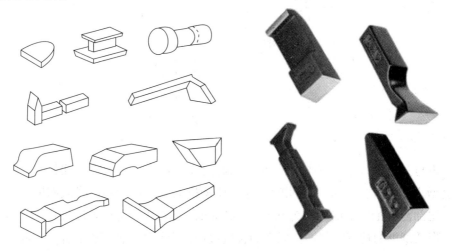

图 2-72　普通顶铁

4. 手用压铆钳的使用

手用压铆钳适用构件边缘部位铆接，图 2-73 所示为直柄式手用压铆钳。压铆时，铆钉是在固定座和活动座之间，合拢手柄，活动座向上移动，使铆钉杆受压而变形，形成镦头。手动压铆钳构造简单，但使用费力，通常用来压铆直径为 2.6～3 mm 的铝铆钉。

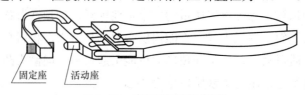

固定座　活动座

图 2-73　直柄式手用压铆钳

5. 气动手提压铆机的使用与维护

气动手提压铆机可分为拉式和推式两种。

（1）结构组成。推式气动手提压铆机如图 2-74 所示，拉式气动手提压铆机如图 2-75 所示。

图 2-74　推式气动手提压铆机

图 2-75　拉式手提式压铆机

气动手提压铆机的钳口主要有标准型、直角型、弯角型和深钳口型，如图 2-76 所示。

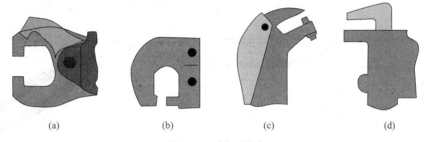

图 2-76　钳口形式

（a）标准型；（b）直角型；（c）弯角型；（d）深钳口型

（2）使用和维护。下面以推式气动压铆机为例说明使用方法和维护要求。

①压铆前必须根据铆钉长度来调整下压铆头相对上压铆头（处于返回行程）的距离。上、下压铆头之间的距离必须大于铆钉长度，但不宜过长。

②活塞上的密封圈安装在气缸中的压缩量以 0.2 ～ 0.5 mm 为宜，密封圈的安装槽内应涂 2 号低温润脂油。

③销轴只是在活塞回位时用以将上压铆头拉回原位，并不担负传递压铆力的任务。摇臂与上压铆头后端面接触的圆弧面才是传递压铆力的部位。其他要求同一般风动工具。

（四）铆接辅助工具的使用

1. 铆接配套工具的使用

（1）定位销。定位销用于零件与零件之间的定位和夹紧。一般定位销有螺纹式和弹簧式两类。螺纹式定位销夹紧力大；弹簧式定位销使用方便。按定位销杆的结构又可分为偏心和楔形两大类，其结构形式如图 2-77 所示。图 2-77（a）和图 2-77（b）所示为螺纹式偏心销杆；图 2-77（c）～图 2-77（e）所示为弹簧式偏心销杆；图 2-77（f）所示为弹簧式楔形销杆。

（2）定位销钳。如图 2-78（a）所示的定位销钳用于图 2-77（c）和图 2-77（d）所示定位销，图 2-78（b）所示的定位销钳用于图 2-77（e）所示定位销。

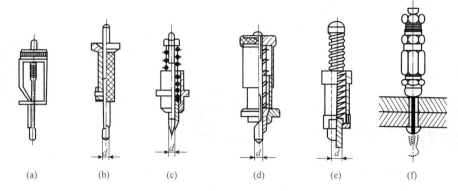

图 2-77　常用定位销的类型

（a），（b）螺纹式偏心销杆；（c）~（e）弹簧式偏心销杆；（f）弹簧式楔形销杆

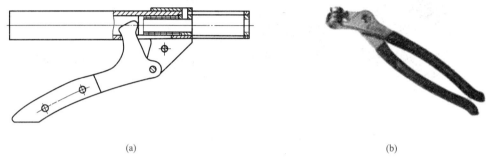

（a）　　　　　　　　　　　　　　　　　　（b）

图 2-78　定位销钳

（a）套筒式；（b）夹持式

（3）接风嘴。接风嘴结构如图 2-79 所示，其主要作用是连接风动工具和气源接风嘴，常用规格有 M12×1.25、M14×1.5 和 M16×1.5 等。

（4）快换接头。快换接头的典型结构如图 2-80 所示。向快换接头内插入接风嘴时，只要用食指、拇指向后拉动快换接头的卡套，将接风嘴插到位并松开两指，接风嘴即能被牢固地固定在快换接头内。取下风动工具时，只向后拉动卡套，借助管中的压缩空气即可将接风嘴顶出。

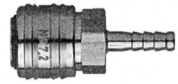

图 2-79　接风嘴　　　　　　　　　　图 2-80　快换接头

（5）引孔器。引孔器是将内部零件上的孔引到外部零件上的一种工具，如图 2-81 所示，其主要用于飞机蒙皮上铆钉孔的定位。

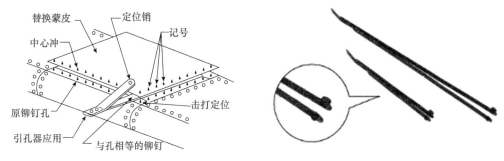

图 2-81　引孔器及使用方法

（6）去毛刺工具。如图 2-82 所示，去毛刺工具的工作特点是能一次性快速除净孔径两面的毛刺，仅需从一面工作。如图 2-83 所示，修边倒角器只能从一面进行去毛刺修边，刀片可以更换。

图 2-82　去毛刺工具

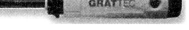

图 2-83　修边倒角器

2. 铆接测量工具的使用

（1）塞尺。塞尺主要用于间隙间距的测量，是由一组具有不同厚度级差的薄钢片组成的量规，如图 2-84（a）所示，主要用来测量间隙值；锥形塞尺（斜尺）主要用于现场测量深度间隙或深度孔径、内径，如图 2-84（b）所示；楔形塞尺在其中斜的一面上有刻度，主要用于测量构件表面的平整度和间隙缝隙等，如图 2-84（c）所示。

（a）　　　　　　　　　　　（b）　　　　　　　　　　　（c）

图 2-84　常用塞尺类型
（a）塞尺；（b）锥形塞尺；（c）楔形塞尺

规格：最薄的为 0.02 mm，最厚的为 3 mm。自 0.02 ~ 0.1 mm，各钢片厚度级差为 0.01 mm；自 0.1 ~ 1 mm，各钢片的厚度级差一般为 0.05 mm；自 1 mm 以上，钢片的厚度级差为 1 mm。除公制外，也有英制的塞尺。使用方法如下：

①使用前擦拭干净，不能在沾有油污或金属屑末的情况下进行测量，否则将影响测量结果的准确性。

②将塞尺插入被测间隙，来回拉动塞尺，感到稍有阻力，说明该间隙值接近塞尺上所标出的数值；如果拉动时阻力过大或过小，则说明该间隙值小于或大于塞尺上所标出的数值。

使用注意事项如下：

①不允许在测量过程中剧烈弯折塞尺，或用较大的力硬将塞尺插入被检测间隙，否则将损坏塞尺的测量表面或零件表面的精度。

②使用完毕后，应将塞尺擦拭干净，并涂油保护，然后将塞尺片放回夹框内，以防锈蚀、弯曲变形。

③存放时，不能将塞尺放在重物下，以免损坏塞尺。

（2）夹层厚度测量尺。夹层厚度测量尺主要用来测量连接孔处的夹层厚度，并根据量得的厚度选择紧固件的长度，其典型结构如图2-85所示。测量尺的刻度有以下两种形式：

①a型，在尺钩与尺面均用英制或公制尺寸等距刻划。使用时，用尺量得的夹层厚度来计算紧固件长度，然后用尺面来选择长度合适的紧固件。

②b型，在尺钩与尺面上每一格值间的关系按钉长计算公式来确定。使用时，用尺钩量得夹层厚度的读数（如8），然后用尺面上的同一读数8来选择紧固件的长度。

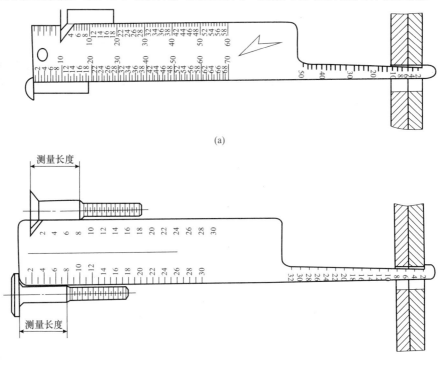

(a)

(b)

图 2-85　夹层厚度测量尺

（a）a 型；（b）b 型

（3）铆钉测量尺。铆钉长度尺如图2-86所示。在表面标注有铆钉的尺寸编号，通过对比的方法快速确定铆钉长度的工具。铆钉头尺组如图2-87所示，用于快速确认铆钉头的最小直径和最小高度，适合通用铆钉和平头铆钉。

图 2-86　铆钉长度尺

图 2-87　铆钉头尺组

（五）飞机结构冲击铆接

1. 普通铆接形式

（1）凸头铆钉铆接。搭接铆缝、纵条结合铆缝绝大部分使用凸头铆钉进行铆接。凸头铆钉铆接一般适用于飞机结构内部连接件铆接及低速飞机的外表面铆接。

（2）沉头铆钉铆接。

①单面沉头铆钉铆接（沉头铆接）。沉头铆接的工艺过程仅比凸头铆接多一道制窝工序，根据制窝方法的不同，可分为4种沉头铆接形式，即A、B、C、D。

A种沉头铆接工艺过程如图2-88所示。铆接件上的沉头铆钉窝均用压窝模压制，一般当外蒙皮厚度和骨架厚度分别等于或小于0.8 mm或铆件总厚度不超过1.6 mm时，采用此种形式。

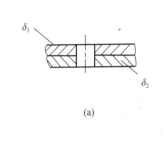

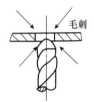

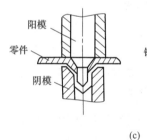
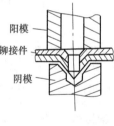

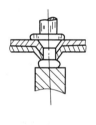

图2-88　A种沉头铆接工艺过程

（a）先钻出比最后孔径小一级直径的孔；（b）拆开蒙皮去孔边缘毛刺；
（c）用阳模和阴模在零件上冲窝或铆接件一起冲窝；（d）扩孔后放铆钉；（e）铆接

B种沉头铆接工艺过程如图2-89所示。铆接件上沉头铆钉窝均是利用沉头铆钉头的钉头锥度直接压制成形。一般蒙皮和骨架厚度均不得超过0.8 mm，当其铆件总厚度等于或小于1.2 mm时，采用此种形式。

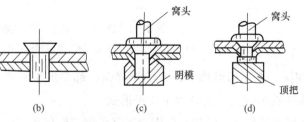

图2-89　B种沉头铆接工艺过程

（a）钻初孔并去毛刺；（b）放铆钉；（c）冲窝；（d）铆接

C种沉头铆接工艺过程如图2-90所示。外表面蒙皮压窝，内部骨架锪窝。一般蒙皮厚度小于0.8 mm、骨架厚度大于沉头铆钉头高度时，采用此种形式。骨架锪窝时，窝的深度应比铆钉窝略深一点，即在骨架上锪90°窝时，应比铆钉头深0.4δ，锪120°窝时应比铆钉头深0.15δ，其中δ（mm）为压窝层的总厚度。这样，锪窝是为了保证蒙皮压窝后装配时与骨架窝孔贴合，否则将会产生套合间隙，影响铆接质量。

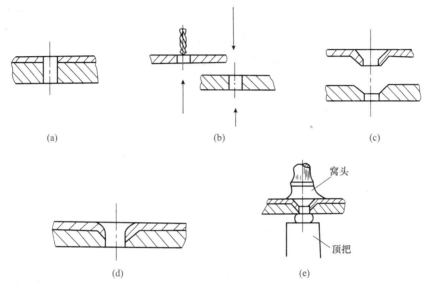

图2-90　C种沉头铆接工艺过程

（a）蒙皮和骨架一起钻初孔；（b）分解蒙皮、骨架，去毛刺；（c）蒙皮压窝、骨架锪窝；

（d）固定蒙皮和骨架，扩所有铆钉孔；（e）放铆钉铆接

D种沉头铆接工艺过程如图2-91所示。铆接件上的沉头铆钉窝均采用锪窝法。蒙皮厚度大于0.8 mm，骨架厚度不限，均可采用此种形式。D种铆接形式应用广泛，高速飞机的外表面铆接绝大多数采用D种铆接形式。

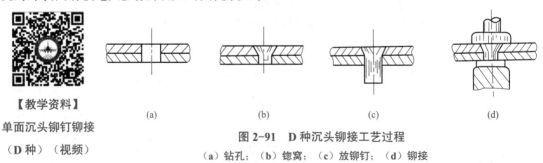

图2-91　D种沉头铆接工艺过程

（a）钻孔；（b）锪窝；（c）放铆钉；（d）铆接

②双面沉头铆接。在飞机结构中，有的铆缝两面都要求平滑的表面，在这种情况下，一般采用双面沉头铆接形式，主要有以下3种形式。

在上部蒙皮和底层蒙皮（或骨架）分别锪制沉头铆钉头窝和沉头镦头窝，如图2-92（a）

所示，这种形式适合蒙皮厚度大于 0.8 mm 以上的结构件连接。其铆接工艺过程与 D 种沉头铆接工艺过程相似。

【教学资料】
冲击铆接（视频）

在较厚的骨架上锪制沉头钉窝，而在上蒙皮和下蒙皮上分别采用冲击铆钉头和钉杆镦粗成形直接压制成沉头钉窝及沉头镦头窝，如图 2-92（b）所示，此种形式适合较薄的蒙皮（一般在 0.8 mm 以下）结构的连接件铆接。

上下蒙皮冲窝，在骨架上锪制比铆钉头深 0.15δ 的窝，如图 2-92（c）所示，其铆接工艺过程与 C 种铆接工艺过程相同。

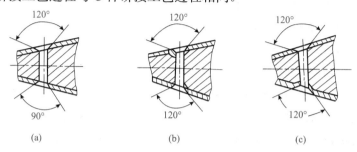

图 2-92　双面沉头铆接形式

（a）> 0.8 mm 结构件连接；（b）< 0.8 mm 结构件连接；（c）上下蒙皮冲窝

2.　冲击铆接操作要领及技巧

冲击铆接一般由双人配合完成，在结构允许的条件下，可单人进行铆接，如图 2-93 所示。

（1）铆接前，安装好冲头，在木板上进行试枪，检查铆枪冲击是否正常，如图 2-94 所示。

图 2-93　单人铆接

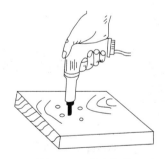

图 2-94　空击铆枪试验

（2）双人铆接开始时，握枪人要先轻按铆枪扳机点铆一下，根据声响确认对方顶好后，方可连续冲击铆接。铆接时，握枪人要掌握铆钉锤击成形时间的长短规律，使铆钉镦头形成一致的合格高度。

（3）在铆接过程中，冲头中心线和顶铁工作面应始终保持与铆钉中心线相一致（楔形件铆接例外），冲头不能在铆钉头上跳动或上下左右滑动，以免影响铆接质量，如图 2-95 所示。

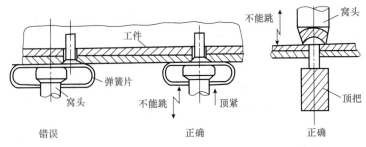

图 2-95　冲头、顶铁在铆接过程中的位置

（4）铆接时，右手握住铆枪手柄，在使用大型铆枪时一般都采用双手握枪，如图 2-96 所示，给冲头一定的压紧力和平衡力，防止冲头跳动，保持铆枪平稳；中指扳住进气按钮，无名指放在按钮下面，两个手指相互配合，根据所需冲击力控制进气量，此种方法比利用调气阀门调节进气量更方便、灵活、快捷；施铆时，用左手向铆钉孔内插入铆钉，两手相互配合，快速高效地完成铆接过程。

（5）顶铆钉时手握顶铁的顶紧力开始不要用力过大，待铆钉钉杆略微镦粗后，再向顶铁加顶紧力，促进铆钉镦头成型，防止铆缝凹下。另外，还要避免顶铁碰伤结构件。

（6）在结构件不开敞的薄蒙皮铆接中，若看不到顶铁是否顶住铆钉杆，则一定要在铆钉孔内看到顶铁工作面，顶持人和握枪人都确定已顶好，方可插入铆钉铆接，并要一次成型，才能移动顶铁，不开敞的薄蒙皮铆接的冲击铆接时间要采用短冲时间，多次冲击成型镦头，其目的主要是防止冲击铆接振动大，产生顶铁位移，顶在钉杆周围，发生打凹、打裂现象，如图 2-97 所示。

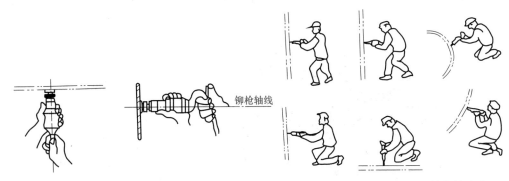

图 2-96　握铆枪的方法　　　　图 2-97　各种不同的铆接姿态

（7）排除连接件之间的间隙时，要先轻轻点铆，待铆钉杆略微镦粗后，再用顶铁顶在钉杆周围，如图 2-98 所示，或把钉杆套在空心冲内，使空心冲紧贴钉杆根部零件表面，用顶铁顶住空心冲，轻轻点铆；还可以用冲头或顶铁顶住铆钉头，把钉杆套在空心冲内，敲打空心冲，消除间隙，保证平整的铆缝外形。

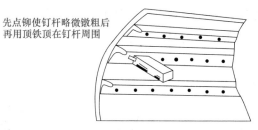
先点铆使钉杆略微镦粗后
再用顶铁顶在钉杆周围

图 2-98　消除连接件间隙的方法

（8）采用反铆法铆接厚度大的连接件，在结构空间小，且只能放置质量小于 0.5 kg 的顶铁的情况下，铆钉镦头很难成型，需要冲击时间长，铆接变形增大。为了加快镦头成型速度，可在铆钉杆稍镦粗后轻晃动顶铁，待镦头最后成型前，顶铁工作面必须垂直于钉杆轴心线，形成合格镦头，如图 2-99 所示。

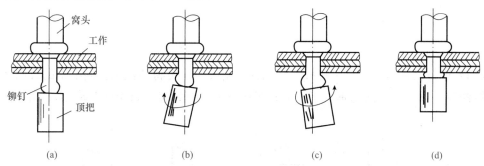

图 2-99　镦头形成困难时顶铁的工作情形

（a）初镦钉杆；（b）向左旋转顶把；（c）向右旋转顶把；（d）顶把垂直钉杆最后形成镦头

（9）采用反铆法铆接较薄的连接件时，尽量使用大面凸头钉冲头。

（10）反铆时，应尽量使用带防护胶皮的冲头或采取在冲头和铆钉头之间垫上玻璃纸的方法，以获取较好的表面质量。

（11）曲面连接件的沉头铆钉铆接应注意使沉头铆钉锥度紧密地贴合于窝孔锥角。铆接开始时，冲头应轻轻地沿沉头铆钉头周围晃动或点铆，使其沉头铆钉头贴紧钉窝后再加大铆枪功率进行铆接，如图 2-100 所示。

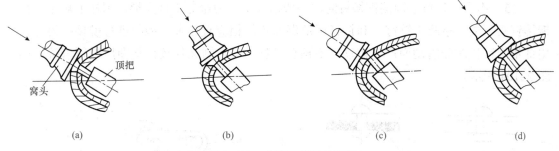

图 2-100　曲面连接件的铆接

（a）开始点铆；（b）冲头向上晃动；（c）冲头向下晃动；（d）垂直铆接

（12）楔形连接件的沉头铆钉铆接，冲头要垂直于工件表面，顶铁工作面向楔形的张开方向倾斜 2°～3°，作用于铆钉杆上，镦头稍成型后，再把顶铁垂直于铆钉杆端面，如图 2-101 所示。

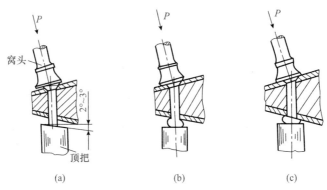

图 2-101　楔形连接件的铆接
（a）开始点铆；（b）钉杆镦粗；（c）镦头最后成形

（13）铆钉杆初镦时，发生钉杆有轻微顶歪情况时，可将顶铁工作面沿歪的方向逆顶，矫正钉杆后，顶铁工作面仍垂直于（或轻轻摇晃）钉杆铆接，直至镦头成型，如图 2-102 所示。

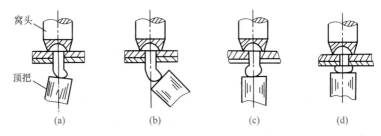

图 2-102　矫正铆钉杆铆歪的方法
（a）初铆钉杆歪了；（b）顶铁沿歪方向逆顶；（c）顶铁垂直钉杆；（d）镦头成形

（14）当铆接两种不同材料的连接件或铆接材料相同而厚度不同的两个连接件时，为防止铆接变形，应尽量将镦头形成在较硬材料那面或材料较厚的那面，如图 2-103 所示。

（15）铝合金材料上铆接钢铆钉时，一般情况下，为避免工件变形，图样上规定，在钢铆钉头下面（指凸头铆钉）和钉杆尾部那面置放相应直径金属垫圈进行铆接。为防止尾部垫圈铆接时受震动而产生窜动，不贴合工件，可自制叉片按住垫圈后进行铆接，如图 2-104 所示。

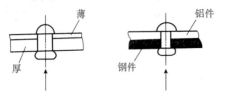 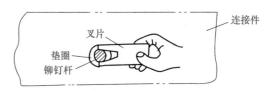

图 2-103　不同材料、厚度连接件铆接时镦头位置　　图 2-104　叉片按住钉杆根部垫圈

（16）在结构件通路较差，用手指直接无法向铆钉孔放铆钉时，可使用放钉器，如图 2-105 所示。

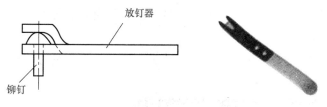

图 2-105　铆钉放钉器

（17）为提高铆接构件的表面质量，应尽量采用正铆法。

（18）双人配合铆接时，握枪人和顶持人要商定各种铆接过程中的配合协商信号，如开始锤击、镦头高、镦头扁、镦头歪、更换铆钉、镦头成型合格，都要用信号通知对方，以掌握铆接情况，及时排除故障，或继续铆接。

（19）为了防止蒙皮铆接后产生鼓动或波纹，要采用中心法铆接，如图 2-106 所示；或采用边缘法铆接，如图 2-107 所示。

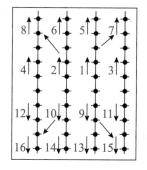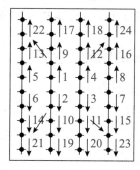

图 2-106　中心法铆接顺序示意

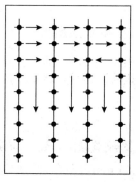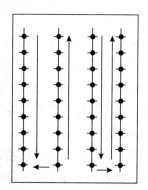

图 2-107　边缘法铆接顺序示意

3. 铆接安全技术

（1）铆接前应检查冲头和顶铁，不得有裂纹和毛刺。

（2）冲头安装在铆枪上应安装保护弹簧，如图 2-108 所示。冲头安装好后，铆枪不准对着人，以免失手扣动扳机，发生意外事故，铆接完毕后应立即取下冲头。

（3）铆接时，握枪人和顶持人均应戴好护耳器或耳塞，减少噪声刺激。

（4）在高层型架和工作梯上工作时，必须把工具放置在牢靠位置上，防止工具等物体坠落；在型架底层和在工作梯底下工作的人员，必要时应戴上防护帽，防止高层物体坠落伤人。

（5）使用手铆法时，要防止打伤手指，冲头、冲子毛边要及时在砂轮机上磨掉，以免敲打时毛边崩出伤人，如图 2-109 所示。

图 2-108　冲头安装保护弹簧

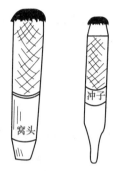

图 2-109　锤打产生的毛边

■ 五、铆接质量的检查与控制

（一）铆接质量检查

铆接的质量直接关系到结构强度和疲劳寿命，在装配过程中检查和控制铆接各工序的质量，需要合理选择检查方法和正确使用检查工具。

1. 铆接质量提高的方法

（1）严格按照图样、工艺文件、装配指令、铆接操作技术要求等进行铆接。

（2）铆接前，应提高零部件安装的准确度、钉孔和沉头窝的质量。在铆接过程中，应严格按技术文件要求操作。

（3）注意选用正确的铆接方法，优先考虑使用正铆法铆接，尽量采用压铆代替锤铆。

（4）采用先进工具，正确使用与保养工具。

2. 铆接质量检验

（1）铆接后，铆钉头表面不准有伤痕、压坑、裂纹等缺陷，钉头与铆接件的表面应贴合，允许有范围不超过铆钉头 1/2 圆周的间隙 ≤ 0.05 mm，但在铆缝中这种铆钉的数量应不超过 10%，且不允许连续出现，如图 2-110 所示。

（2）所有外形的沉头铆钉均不得下沉，沉头铆钉头凸出蒙皮的高度值应尽量为 0.02 ~ 0.05 mm，如图 2-111 所示。

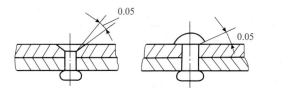

图 2-110 铆钉产生的单面间隙

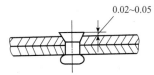

图 2-111 沉头铆钉凸出值

A320 飞机的铆钉单面间隙的要求是铆钉头与表面之间的贴合面应不少于圆周方向 60%，如图 2-112 所示。

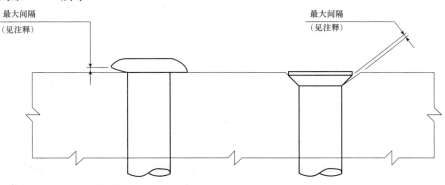

注：对于最大直径不超过4.8 mm（0.189 in）的铆钉，使用厚度为0.4 mm（0.001 in）的塞尺测量时，不得接触到铆钉杆部。

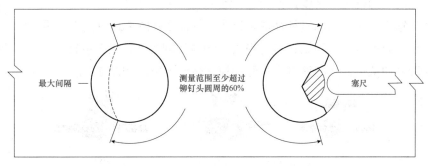

图 2-112 铆钉产生的单面间隙（A320 SRM 手册）

（3）铆钉周围的蒙皮和两个铆钉之间的蒙皮，允许有下凹量，应按照铆接技术要求执行。

（4）按图 2-113 所示用检验样板按铆接技术要求检查铆钉镦头的高度、直径。

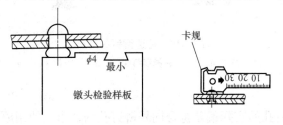

图 2-113 检验镦头用样板

（5）双面沉头铆钉的镦头直径与铆钉头直径相同，铆钉头凸出量按表 2-21 确定，测量方式如图 2-114 所示。

67

表 2-21　双面沉头铆钉的铆钉头凸出量　　　　　　　　　　　　　　　mm

部 位	一般结构	局部 20% 允许值	双面沉头铆钉镦头
翼面类 I 区	$0 < \Delta \leqslant 0.10$	$0.10 \leqslant \Delta \leqslant 0.15$	+0.3
翼面类 II 区	$0 < \Delta \leqslant 0.15$	$0.15 \leqslant \Delta \leqslant 0.20$	

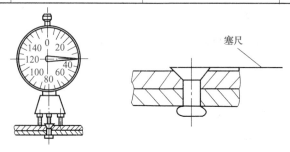

图 2-114　铆钉头凸出量测量

（二）铆钉的分解与更换

1. 铆钉的分解

（1）分解铆钉时，半圆头铆钉应用锉刀将钉头上锉修出平面，如图 2-115（a）所示。然后在铆钉头中心处打冲点，以避免钻头打滑伤及蒙皮，如图 2-115（b）所示。

（2）用小于铆钉孔直径为 0.2 mm（0.008 in）的钻头钻掉铆钉头，钻孔深度不应超过铆钉头的高度，如图 2-115（c）所示。

【教学资料】
铆钉的分解与重铆
（视频）

（3）用与钻头大小相同的直杆冲撬掉钉头，如图 2-115（d）所示。

（4）铆钉头分解时，用顶铁在铆钉镦头一侧顶住铆接件，用于铆钉直径相同的铆钉冲从被分解的铆钉头一侧冲掉剩余的铆钉，如图 2-115（e）所示。

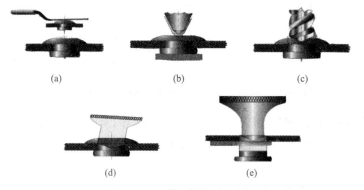

（a）　　　　　　　　（b）　　　　　　　　（c）

（d）　　　　　　　　（e）

图 2-115　普通铆钉的分解

（a）锉修出平面；（b）打冲点；（c）钻掉铆钉头；（d）撬掉钉头；（e）冲掉剩余的铆钉

2. 铆钉的更换

铆钉分解后，铆钉孔的实际偏差符合同号铆钉孔的要求，使用原直径的铆钉铆接。如果分解后，铆钉孔直径超差，则应该用直径大一号的铆钉铆接，加大铆钉的数量要在规定数量范围之内，加大铆钉不得连续分布。更换后铆钉的铆接方法按原有铆接方法施工。

扫描以下二维码，认真阅读项目拓展教学案例，了解飞机制造、维修工作中普通铆接装配的新工艺、新技术，有效积聚学习资源，促进自主学习和个性化学习。

1. 压制铆钉沉头窝的方法

【项目拓展】

压制铆钉沉头窝（文档）

【教学资料】

压窝工艺过程（视频）

2. 麻花钻的刃磨方法与技巧

【教学资料】

钻头的刃磨方法及技巧（视频）

【项目拓展】

麻花钻头的刃磨（文档）

3. 先进自动钻铆技术介绍

【项目拓展】

自动钻铆技术（文档）

【教学资料】

自动钻铆机工作过程（视频）

4. 钣金加工技术简介

【项目拓展】

钣金加工技术（文档）

【教学资源】

钣金成型工艺（视频）

【思政案例】

扫描以下二维码，阅读相关教学案例，从航空报国理想信念、航空工匠精神、职业素养、团队意识和工作作风等方面，分析案例中所蕴含的德育、劳育、安全文明生产、质量意识等职业素养要求。

【思政教育】

大飞机，航空梦

（视频）

【航空事故】

日航 123 航班事故调查（二）

（视频）

【航空工匠】

薛莹 小小铆钉诠释工匠精神

（视频）

【技能训练】

工作手册 2-1：常用铆接工具的使用

任务编号	2-1	实训工卡				工卡编号	GK001
任务类型	单项技能					版本号	01
机型	N/A	计划工时		6 h	工位	页码	第　页 共　页
标题			常用铆接工具的使用				
参考技术文件		飞机铆接安装通用技术条件、铆装钳工技能					
注意事项		1. 坚持安全、文明生产规范，严格遵守实训室制度和劳动纪律； 2. 穿戴好劳动保护用品，不携带与实训工作无关的物品； 3. 铆枪严禁指向人或非铆接零件时打空枪； 4. 使用剪板机、砂轮机，须在教师指导下进行，应遵守安全操作规程					

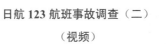

教学资源							

【教学资料】 普通风钻的使用与维护（视频）　　**【教学资料】** 锪窝深度限制器的组成与使用（视频）　　**【教学资料】** 铆枪的使用（视频）

工具 / 设备 / 材料 / 防护							
类别	名称	型号 / 规格	单位	数量	工作者	检查者	
工具	风钻	前哨 Z0601	把	1			
	铆枪	前哨 M0501	把	1			
	铆钉锪钻	前哨 QT902	个	1			
	锪窝限动器	前哨 CMS1-4	个	1			
设备	工作钳台	标准	台	1			
	剪板机	1.5 m	台	1			
耗材	LF21CZ 铝板	$\delta=1.5\,\text{mm}$	块	按需			
防护用品	棉布	N/A	块	1			
	耳罩 / 耳塞	符合个人防护标准	副	1			

备注:

编写		审核		批准	
		完工签署			
检查者		完工日期			

项目	工作内容	工作者	检查者
一	准备工作		
1	技术资料:查询资料,找到与任务相关的知识内容		
2	工作场地 / 设备:检查工作现场和设备的运行安全		
3	工具 / 材料:按工具清单清点工量具,准备实训材料		
4	劳动防护:按实训要求穿戴劳保用品,做好个人安全防护		
二	普通风钻的使用与维护		
1	使用前先从进气嘴处注入少许润滑油,保证风钻的工作性能和工作寿命		
2	用风钻钥匙打开钻夹头,安装好钻头,并用风钻钥匙夹紧,不准用锤击钻夹头的方法夹紧切削工具		
3	右手持握手柄,食指按下按钮启动风钻。可利用按钮调节转速,保持风钻平稳工作。风钻不应长时间空转,以避免机件急速磨损		
4	在练习板料上画线,打上铆钉孔的定位点		
5	按操作要求在板料上钻孔直至能熟练地控制好风钻转速		
6	练习结束后,按操作要求进行正确的维护		
三	铆枪的使用与维护		
1	使用前先从进气嘴处注入少量润滑油,保证铆枪的工作性能和工作寿命		
2	利用保护弹簧将冲头与枪身连接牢靠,避免冲头飞出伤人		
3	右手持握手柄,食指按下按钮,启动铆枪,可利用按钮调节压缩空气进气量的大小,保证铆枪平稳工作		
4	冲头尾部按不同铆枪型号配备,且不同型号之间不能串用,以避免损伤铆枪。使用中不应随意打空枪,避免损坏铆枪		
5	在板料上安装铆钉进行试铆		
6	练习结束后,按操作要求正确进行维护		
四	沉头铆钉锪窝钻的使用		
1	用钻钥匙打开钻夹头,安装好锪钻		

项目	工作内容	工作者	检查者
四	沉头铆钉锪窝钻的使用		
2	用钻钥匙夹紧，不准用锤击钻夹头的方法夹紧		
3	右手持握手柄，食指按下按钮，启动铆钉锪钻。可利用按钮调节转速，保持铆钉锪钻平稳工作。铆钉锪钻不应长时间空转，以避免机件急速磨损		
4	在非加工工件（废料）上试锪窝，较熟练掌握锪窝钻的使用方法		
5	按锪窝的技术要求检查沉头铆钉窝的质量		
五	锪窝深度限动器（锪窝钻套）的使用		
1	在钻套内先安装锪窝钻		
2	通过限动器齿状部分螺纹调整锪窝深度		
3	调整锪窝深度时应在非加工工件（废料）上试锪，深度合格后才能在工件上锪窝		
4	工作中不得随意拆卸、撞击，保证锪窝套的正常工作使用		
六	结束工作		
1	用记号笔或钢印做好标记（学号），提交工件和工卡		
2	清点工具和量具，按要求维护后摆放规范整齐		
3	清扫工作现场，保持工位干净整洁，符合安全文明生产要求		

工作手册2-2：单面铆接（初级工）

任务编号	2-2	实训工卡		工卡编号	GK002
任务类型	单项技能			版本号	01
机型	N/A	计划工时	4 h　工位	页码	第　　页 共　　页

标题	单面铆接
参考技术文件	飞机铆接安装通用技术条件、铆装钳工技能
注意事项	1. 坚持安全、文明生产规范，严格遵守实训室制度和劳动纪律； 2. 穿戴好劳动保护用品，不携带与实训工作无关的物品； 3. 不同型号的铆钉分开存放，检查计量器具检验日期； 4. 铆枪严禁指向人或非铆接零件时打空枪； 5. 使用剪板机、砂轮机等，须在教师指导下进行，应遵守安全操作规程
教学资源	【教学资料】 普通铆接工艺过程 （视频）　　　　　【教学资源】 铆钉的选择与铆接操作训练 （视频）

工具/设备/材料/防护						
类别	名称	型号/规格	单位	数量	工作者	检查者
工具	气钻	Z0601	把	1		
	中心冲	标准	把	1		
	钻头	ϕ2.1 mm、ϕ3.1 mm、ϕ3.6 mm	把	各1		
	铆枪	M0501	把	1		
	顶铁	2#	把	1		
	铁榔头	1.25P	把	1		
	橡胶榔头	标准	把	1		
	螺纹式定位销	ϕ3.5 mm	个	4		
	平锉刀	8″	把	1		
	刮边器	标准	个	1		
	金属铅笔	2B	支	1		
	毛刷	2″	把	1		
	直杆冲	ϕ3.0 mm	把	1		
	划窝钻	ϕ3.5 mm×120°	个	1		
	锪窝深度限制器	标准（选用）	套	1		
	钢字码	标准	套	1		
	钢板尺	300 mm	把	1		
	卡尺	0.02 mm	把	1		
	孔量规	ϕ3.5 mm	个	1		
	铆钉卡规	标准	把	1		
	塞尺	0.05 mm	把	1		
	直角尺	标准	把	1		
设备	工作钳台	标准	台	1		
	剪板机	1.5 m	台	1		
耗材	LF21CZ 铝板	δ=1.5 mm	块	按图样		
	半圆头铆钉	HB6231–3.5×8	个	按图样		
	沉头铆钉	HB6316–3.5×8	个	按图样		
	清洁剂	酒精	瓶	1		
防护用品	棉布	N/A	块	1		
	耳罩/耳塞	符合个人防护标准	副	1		
	防护手套	符合航空使用标准	副	1		

备注：

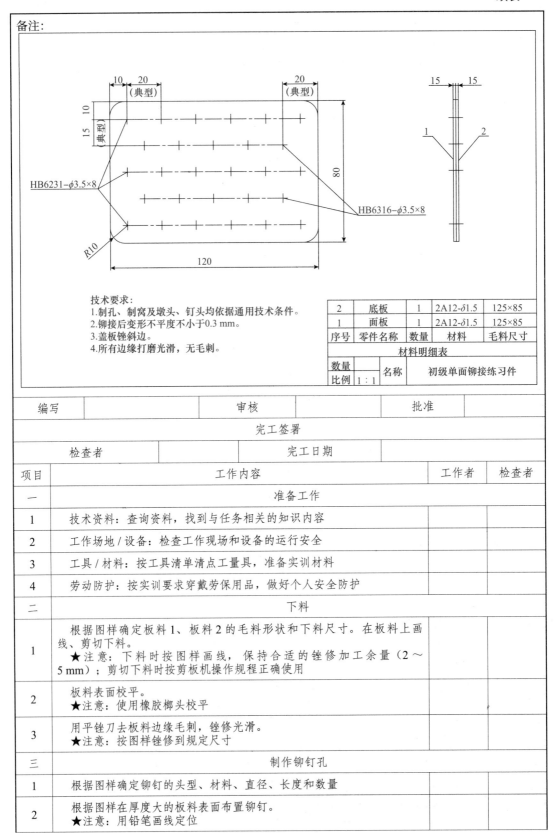

技术要求：
1.制孔、制窝及墩头、钉头均依据通用技术条件。
2.铆接后变形不平度不小于0.3 mm。
3.盖板锉斜边。
4.所有边缘打磨光滑，无毛刺。

2	底板	1	2A12-δ1.5	125×85
1	面板	1	2A12-δ1.5	125×85
序号	零件名称	数量	材料	毛料尺寸
材料明细表				
数量		名称	初级单面铆接练习件	
比例	1:1			

编写		审核		批准	
完工签署					
检查者			完工日期		

项目		工作内容	工作者	检查者
一		准备工作		
	1	技术资料：查询资料，找到与任务相关的知识内容		
	2	工作场地/设备：检查工作现场和设备的运行安全		
	3	工具/材料：按工具清单清点工量具，准备实训材料		
	4	劳动防护：按实训要求穿戴劳保用品，做好个人安全防护		
二		下料		
	1	根据图样确定板料1、板料2的毛料形状和下料尺寸。在板料上画线、剪切下料。 ★注意：下料时按图样画线，保持合适的锉修加工余量（2～5 mm）；剪切下料按剪板机操作规程正确使用		
	2	板料表面校平。 ★注意：使用橡胶榔头校平		
	3	用平锉刀去板料边缘毛刺，锉修光滑。 ★注意：按图样锉修到规定尺寸		
三		制作铆钉孔		
	1	根据图样确定铆钉的头型、材料、直径、长度和数量		
	2	根据图样在厚度大的板料表面布置铆钉。 ★注意：用铅笔画线定位		

项目	工作内容	工作者	检查者
三	制作铆钉孔		
3	在铆钉孔位置用中心冲打上定位点。 ★注意：定位点的深度不大于 0.5 mm		
4	在钳台上夹紧板料，用风钻在四角铆钉定位点上打定位孔。 ★注意：在钳台上要用软钳口装夹板料；选用合适规格钻头按钻孔技术要求打铆钉孔		
5	在对角线上安装定位销，钻其余铆钉孔，在钻孔时先钻初孔，然后用比铆钉直径大 0.1 mm 钻头扩孔。 ★注意：按钻孔技术要求打铆钉孔，初孔直径 =（0.6～0.8）铆钉直径。工件在垫木上操作时应保护表面		
6	钻孔完毕后卸下定位销，铆钉孔边缘用刮边器（或 10 mm 钻头）倒角0.2 mm，清除毛刺。 ★注意：两块板料上、下表面的铆钉孔边缘都需要去毛刺（埋头窝正面不需去毛刺）		
7	按钻孔的技术要求检查铆钉孔加工质量		
四	制作沉头窝		
1	沉头铆钉的孔分别用划窝钻和深度限制器锪窝。 ★注意：按制窝的技术要求锪窝，加工中勤用标准钉对比窝的深度和形状		
2	按锪窝的技术要求检查沉头铆钉窝的质量		
五	铆接施工		
1	按图样要求选择合适铆枪冲头和顶铁，安装铆钉施铆。 ★注意：按铆接技术要求施工；半圆头钉采用反铆法铆接，埋头钉采用正铆法铆接；正铆法铆接需要消除板料间隙		
2	检查铆接施工质量应符合技术要求。 ★注意：检查蒙皮、钉头表面质量、铆钉镦头直径和镦头高度		
3	如检查发现有不合格铆钉按以下步骤拆除与重铆。 ★注意：如全部合格则不需以下工序		
4	在蒙皮表面标记出不合格铆钉，在铆钉头部用中心冲打上定位点。 ★注意：定位点深度大于 0.5 mm		
5	选择与铆钉同直径（或小 0.5 mm）的钻头钻在铆钉头上打孔。 ★注意：钻钉头时应找准铆钉中心，如偏斜应及时纠偏，钻孔深度为钉头与钉杆的结合部位		
6	钻到所需深度后用直杆冲撬除钉头		
7	用顶铁在铆钉镦头旁边顶住蒙皮，在另一边用稍比铆钉杆直径小0.5 mm 的直杆冲打出铆钉杆		
8	检查铆钉孔实际偏差符合同号铆钉孔的要求，用原直径铆钉铆接。 ★注意：铆钉孔如有超差时则需加大一级铆钉（用比原孔大 0.5 mm的钻头），并重新钻孔、制作沉头窝		
9	放入铆钉重新铆接，按技术要求检查重铆质量		
六	结束工作		
1	用记号笔或钢印做好标记（学号），提交工件和工卡		
2	清点工具和量具，按要求维护后摆放规范整齐		
3	清扫工作现场，保持工位干净整洁，符合安全文明生产要求		

《双层蒙皮铆接》技能训练考核评价表

序号	项目 /mm	容差 / mm	工、量具	配分	评分标准与得分			扣分
					$S \leq T$ $C < 5\%$	$T < S \leq 1.5T$ $5\% < C < 60\%$	$S \geq 2T$ $C > 90\%$	
1	零件外形 80	±0.6	卡尺	5				
2	零件外形 120	±0.6	卡尺	5				
3	四角垂直度 90°	±30′	角度尺	5				
4	外形圆角 R10	±0.2	R 规	5				
5	锐边倒角	≤ 0.2	目测	5				
6	孔位间距 20	±0.5	钢板尺	5				
7	孔位排距 15	±0.5	钢板尺	5				
8	孔位边距 10	±0.4	钢板尺	5				
9	孔精度 φ3.6	±0.1	孔量规	5				
10	孔垂直度	±0.2	垂直度量规	5				
11	沉头铆钉头突出量	0 ~ 0.1	标准钉	10				
12	窝棱角、毛刺、损伤	±0.4	目测	10				
13	铆钉镦头变形和机械损伤		目测	5				
14	铆钉头的机械损伤		目测	5				
15	单向间隙	0.05	塞尺	5				
16	铆钉镦头尺寸		铆钉卡规	5				
17	夹层间隙	≤ 0.3	塞尺	5				
18	工件表面变形和轻微机械损伤		目测	5				
19	未列尺寸或项目				每处不合格扣 1 分			
20	安全文明生产				按轻重程度，酌情扣 2~10 分			
	得分							
注：S—制作工时；T—标准工时；C—尺寸超差值								

工作手册 2-3：三角对缝修配铆接（中级工）

任务编号	2-3	实训工卡		工卡编号	GK003
任务类型	综合技能			版本号	01

机型	N/A	计划工时	6 h	工位		页码		第　　页 共　　页

标题	三角对缝修配铆接
参考技术文件	飞机铆接安装通用技术条件、铆装钳工技能
注意事项	1. 坚持安全、文明生产规范，严格遵守实训室制度和劳动纪律； 2. 穿戴好劳动保护用品，不携带与实训工作无关的物品； 3. 不同型号的铆钉分开存放，检查计量器具校验日期； 4. 铆枪严禁指向人或非铆接零件时打空枪； 5. 使用剪板机、砂轮机等设备时，须在教师指导下进行，应遵守安全操作规程
教学资源	 【教学资料】 三角形对缝修合铆接 （视频）

		工具 / 设备 / 材料 / 防护					
类别	名称	型号 / 规格	单位	数量	工作者	检查者
工具	气钻	Z0601	把	1		
	中心冲	标准	把	1		
	钻头	ϕ2.1 mm、ϕ3.1 mm、ϕ3.6 mm	把	各1		
	铆枪	M0501	把	1		
	顶铁	2#	把	1		
	铁榔头	1.25P	把	1		
	橡胶榔头	标准	把	1		
	螺纹式定位销	ϕ3.5 mm	个	4		
	平锉刀	8″	把	1		
	刮边器	标准	个	1		
	金属铅笔	2B	支	1		
	毛刷	2″	把	1		
	直杆冲	ϕ3.0 mm	把	1		
	划窝钻	ϕ3.5 mm×120°	个	1		
	锪窝深度限制器	标准（选用）	套	1		
	钢字码	标准	套	1		
	钢板尺	300 mm	把	1		
	卡尺	0.02 mm	把	1		
	孔量规	ϕ3.5 mm	个	1		
	铆钉卡规	标准	把	1		
	塞尺	0.05 mm	把	1		
	直角尺	标准	把	1		

	工具 / 设备 / 材料 / 防护					
类别	名称	型号 / 规格	单位	数量	工作者	检查者
设备	工作钳台	标准	台	1		
	剪板机	1.5 m	台	1		
耗材	LF21CZ 铝板	δ=1.2 mm、1.5 mm	块	按图样		
	半圆头铆钉	HB6230-3.5×8	个	按图样		
	沉头铆钉	HB6315-3.5×8	个	按图样		
	清洁剂	酒精	瓶	1		
防护用品	棉布	N/A	块	1		
	耳罩 / 耳塞	符合个人防护标准	副	1		
	防护手套	符合航空使用标准	副	1		

备注：

编写		审核			批准	

	完工签署				
检查者		完工日期			

项目		工作内容	工作者	检查者
一		准备工作		
	1	技术资料：查询资料，找到与任务相关的知识内容		
	2	工作场地 / 设备：检查工作现场和设备的运行安全		
	3	工具 / 材料：按工具清单清点工量具，准备实训材料		
	4	劳动防护：按实训要求穿戴劳保用品，做好个人安全防护		
二		下料		
	1	根据图样确定面板、底板的毛料形状和下料尺寸。在板料上画线、剪切下料。 ★注意：下料时按图样画线，保持合适的锉修加工余量（2～5 mm）；剪切下料时按剪板机操作规程正确使用		

项目	工作内容	工作者	检查者
二	下料		
2	板料表面校平。 ★注意：使用橡胶榔头校平		
3	用平锉刀去板料边缘毛刺，锉修光滑。 ★注意：按图样锉修到规定尺寸		
三	间隙修配		
1	在面板上在对角上画对缝加工线，并按加工线剪切		
2	三角面板对缝间隙锉修至 0.1 ～ 0.6 mm，边缘光滑无毛刺。 注意：将两个三角面板叠放在一起同时锉修，要边锉边对		
3	按图样要求检查对缝间隙应合格		
四	制作铆钉孔		
1	根据图样确定铆钉的头型、材料、直径、长度和数量		
2	在面板上画铆钉定位线，打定位点。 ★注意：图样上未注尺寸时，铆钉位置应均布；定位点的深度不大于 0.5 mm		
3	在钳台上夹紧面板和底板，用风钻打定位孔。 ★注意：在钳台上要用软钳口装夹板料；选用合适规格钻头按钻孔技术要求打铆钉孔；保持对缝间隙在规定值		
4	在定位孔上装上定位销，钻其余铆钉孔，在钻孔时先钻初孔，然后用比铆钉直径大 0.1 mm 的钻头扩孔。 ★注意：按钻孔技术要求打铆钉孔，初孔直径 =（0.6 ～ 0.8）铆钉直径。工件在垫木上操作时应保护表面		
5	钻孔完毕后卸下定位销，铆钉孔边缘用刮边器（或 10 mm 钻头）倒角 0.2 mm，清除毛刺。 ★注意：两块板料上、下表面的铆钉孔边缘都需要去毛刺（埋头窝正面不需去毛刺）		
6	按钻孔的技术要求检查铆钉孔加工质量		
五	制作沉头窝		
1	沉头铆钉的孔分别用划窝钻和深度限制器锪窝。 ★注意：按制窝的技术要求锪窝，加工中勤用标准钉对比窝的深度和形状		
2	按锪窝的技术要求检查沉头铆钉的质量		
六	铆接施工		
1	按图样要求选择合适铆枪冲头和顶铁，安装铆钉施铆。 ★注意：按铆接技术要求施工；半圆头钉采用反铆法铆接，埋头钉采用正铆法铆接；正铆法铆接需要消除板料间隙		
2	检查铆接施工质量应符合技术要求。 ★注意：检查蒙皮、钉头表面质量，以及铆钉镦头直径和镦头高度		
3	如检查发现有不合格铆钉按以下步骤拆除与重铆。 ★注意：如全部合格则不需以下工序		
4	在蒙皮表面标记出不合格铆钉，在铆钉头部用中心冲打上定位点。 ★注意：定位点深度大于 0.5 mm		
5	选择与铆钉同直径（或小 0.5 mm）的钻头钻在铆钉头上打孔。 ★注意：钻钉头时应找准铆钉中心，如偏斜应及时纠偏，钻孔深度为钉头与钉杆的结合部位		
6	钻到所需深度后用直杆冲撬除钉头		
7	用顶铁在铆钉镦头旁边顶住蒙皮，在另一边用稍比铆钉杆直径小 0.5 mm 的直杆冲打出铆钉杆		
8	检查铆钉孔实际偏差符合合同号铆钉孔的要求，用原直径铆钉铆接。 ★注意：铆钉孔如有超差时则需加大一级铆钉（用比原孔大 0.5 mm 的钻头），并重新钻孔、制作沉头窝		

项目	工作内容	工作者	检查者
六	铆接施工		
9	放入铆钉重新铆接，按技术要求检查重铆质量		
七	结束工作		
1	用记号笔或钢印做好标记（学号），提交工件和工卡		
2	清点工具和量具，按要求维护后摆放规范整齐		
3	清扫工作现场，保持工位干净整洁，符合安全文明生产要求		

《三角对缝修配铆接》考核评价表

序号	项目/mm	容差/mm	工、量具	配分	评分标准与得分 $S \leq T$ $C < 5\%$	$T < S \leq 1.5T$ $5\% < C < 60\%$	$S \geq 2T$ $C > 90\%$	扣分
1	底板外形尺寸	±0.6	卡尺	5				
2	三角板外形尺寸	±0.5	卡尺	5				
3	四角垂直度90°	±30′	角度尺	5				
4	三角板对缝间隙	0.1～0.8	塞尺	10				
5	锐边倒角	≤0.2	目测	5				
6	孔位间距20	±0.5	钢板尺	5				
7	孔位排距15	±0.5	钢板尺	5				
8	孔位边距10	±0.4	钢板尺	5				
9	孔精度ϕ3.6	±0.1	孔量规	5				
10	孔垂直度	±0.2	垂直度量规	5				
11	沉头铆钉头突出量	0～0.1	标准钉	10				
12	窝棱角、毛刺、损伤	±0.4	目测	5				
13	铆钉镦头变形和机械损伤		目测	5				
14	铆钉头的机械损伤		目测	5				
15	单向间隙	0.05	塞尺	5				
16	铆钉镦头尺寸		铆钉卡规	5				
17	夹层间隙	≤0.3	塞尺	5				
18	工件表面变形和轻微机械损伤		目测	5				
19	未列尺寸或项目				每处不合格扣1分			
20	安全文明生产				按轻重程度，酌情扣2~10分			
	得分							

注：S—制作工时；T—标准工时；C—尺寸超差值

工作手册 2-4：盒形件修配铆接（高级工）

任务编号	2-4	实训工卡		工卡编号	GK004
任务类型	综合技能			版本号	01
机型	N/A	计划工时	8 h	工位		页码	第　页 共　页

标题	盒形件修配铆接
参考技术文件	飞机铆接安装通用技术条件、铆装钳工技能
注意事项	1. 坚持安全、文明生产规范，严格遵守实训室制度和劳动纪律； 2. 穿戴好劳动保护用品，不携带与实训工作无关的物品； 3. 不同型号的铆钉分开存放，检查计量器具校验日期； 4. 铆枪严禁指向人或非铆接零件时打空枪； 5. 使用剪板机、砂轮机等设备时，须在教师指导下进行，应遵守安全操作规程
教学资源	【教学资源】 薄蒙皮盒形件的制作 （视频）

工具 / 设备 / 材料 / 防护

类别	名称	型号 / 规格	单位	数量	工作者	检查者
工具	气钻	Z0601	把	1		
	中心冲	标准	把	1		
	钻头	ϕ2.1 mm、ϕ3.1 mm、ϕ3.6 mm	把	各1		
	铆枪	M0501	把	1		
	顶铁	2#	把	1		
	铁榔头	1.25P	把	1		
	橡胶榔头	标准	把	1		
	螺纹式定位销	ϕ3.5 mm	个	4		
	平锉刀	8″	把	1		
	刮边器	标准	个	1		
	金属铅笔	2B	支	1		
	毛刷	2″	把	1		
	直杆冲	ϕ3.0 mm	把	1		
	划窝钻	ϕ3.5 mm×120°	个	1		
	锪窝深度限制器	标准（选用）	套	1		
	钢字码	标准	套	1		
	钢板尺	300 mm	把	1		
	卡尺	0.02 mm	把	1		
	孔量规	ϕ3.5 mm	个	1		
	铆钉卡规	标准	把	1		
	塞尺	0.05 mm	把	1		
	千分表	0.001 mm	把	1		
	直角尺	标准	把	1		

工具 / 设备 / 材料 / 防护						
类别	名称	型号 / 规格	单位	数量	工作者	检查者
设备	工作钳台	标准	台	1		
	剪板机	1.5 m	台	1		
	折边机	1.2 m	台	1		
耗材	LF21CZ 铝板	δ=1.2 mm	块	按图样		
	半圆头铆钉	HB6230-3×8	个	按图样		
	沉头铆钉	HB6315-3.5×8	个	按图样		
	清洁剂	酒精	瓶	1		
防护用品	棉布	N/A	块	1		
	耳罩 / 耳塞	符合个人防护标准	副	1		
	防护手套	符合航空使用标准	副	1		

备注:

编写		审核		批准	

完工签署					
检查者		完工日期			
项目	工作内容				工作者	检查者

项目	工作内容	工作者	检查者
一	准备工作		
1	技术资料:查询资料,找到与任务相关的知识内容		
2	工作场地 / 设备:检查工作现场和设备的运行安全		
3	工具 / 材料:按工具清单清点工量具,准备实训材料		
4	劳动防护:按实训要求穿戴劳保用品,做好个人安全防护		

项目	工作内容	工作者	检查者
二	下料		
1	根据图样确定内板、底板和角材的毛料外形形状和下料尺寸。 ★注意：下料尺寸：内板 76 mm×76 mm， 底板 102 mm×102 mm，角材 35 mm×102 mm		
2	在板料上画线、剪切下料。 ★注意：下料时按图样画线，保持合适的锉修加工余量。剪切下料时按剪板机操作规程正确使用		
3	板料表面校平。 ★注意：使用橡胶榔头校平		
4	用平锉刀去板料边缘毛刺，锉修光滑。 ★注意：按图样锉修到规定尺寸		
三	钣金件制作与修配		
1	按图样尺寸要求在角材板料上画折边线，并切角45°，锉修光滑。 ★注意：剪切时按剪板机操作规程正确使用		
2	用折边机按加工线弯曲角材板料。 ★注意：折边时要装夹软钳口；四边角材同时折边；弯折时用力均匀；弯折角度要超过直角5°～6°		
3	四边角材按图样要求对缝锉修0.2～0.6 mm。 ★注意：锉修时要边锉边对，用塞尺检查对缝间隙		
4	按图样要求检查钣金件制作质量与对缝间隙的修配应合格		
四	制作铆钉孔		
1	根据图样确定铆钉的头型、材料、直径、长度和数量		
2	在角材上表面布置铆钉位置，打定位点。 ★注意：用铅笔画线定位；定位点的深度不大于0.5 mm		
3	在钳台上夹紧底板和角材，用风钻打定位孔。 ★注意：在钳台上要用软钳口夹紧板料；选用合适规格钻头按钻孔技术要求打铆钉孔；保持对缝间隙在规定值		
4	在定位孔上装上定位销，钻其余铆钉孔，在钻孔时先钻初孔，然后用比铆钉直径大0.1 mm钻头扩。 ★注意：按钻孔技术要求打铆钉孔，初孔直径＝（0.6～0.8）铆钉直径。工件在垫木上操作时应保护表面		
5	钻孔完毕后卸下定位销，铆钉孔边缘用刮边器（或10 mm钻头）倒角0.2 mm，清除毛刺。 ★注意：两块板料上、下表面的铆钉孔边缘都需要去毛刺（埋头窝正面不需去毛刺）		
6	按钻孔的技术要求检查铆钉孔加工质量		
五	间隙修配及铆接施工		
1	按图样要求选择合适铆枪冲头和顶铁，安装半圆头铆钉施铆。 ★注意：按铆接技术要求施工；单人操作，反铆法铆接		
2	内板画线锉修，保持内板与角材的对缝间隙0.2～0.6 mm		
3	在内板上画线、定位铆钉并打冲点		

项目	工作内容	工作者	检查者
五	间隙修配及铆接施工		
4	按技术要求在内板上钻孔、锪窝、去毛刺。 ★注意：内板上钻孔时要装夹定位销保证对缝间隙；勤用标准钉对比窝的深度和形状		
5	选用沉头铆钉，采用正铆法铆接内板。 ★注意：保证阶差 ±0.3 mm；对缝间隙为 0.2～0.6 mm		
6	检查铆接施工质量和内板对缝间隙应符合技术要求。 ★注意：检查板件、钉头表面质量、铆钉镦头直径和镦头高度		
7	如检查发现有不合格铆钉，按以下步骤拆除与重铆。 ★注意：如全部合格，则不需以下工序		
8	在蒙皮表面标记出不合格铆钉，在铆钉头部用中心冲打上定位点。 ★注意：定位点深度大于 0.5 mm		
9	选择与铆钉同直径（或小 0.5 mm）的钻头钻在铆钉头上打孔，钻到所需深度后用直杆冲撬除钉头。 ★注意：钻钉头时应找准铆钉中心，如偏斜应及时纠偏，钻孔深度为钉头与钉杆的结合部位		
10	用顶铁在铆钉镦头旁边顶住蒙皮，在另一边用稍比铆钉杆直径小 0.5 mm 的直杆冲打出铆钉杆		
11	检查铆钉孔实际偏差符合同号铆钉孔的要求，用原直径铆钉铆接 ★注意：铆钉孔如有超差时则需加大一级铆钉（用比原孔大 0.5 mm 的钻头），并重新钻孔、制作沉头窝		
12	放入铆钉重新铆接，按技术要求检查重铆质量		
六	结束工作		
1	用记号笔或钢印做好标记（学号），提交工件和工卡		
2	清点工具和量具，按要求维护后摆放规范整齐		
3	清扫工作现场，保持工位干净整洁，符合安全文明生产要求		

《盒形件修配铆接》考核评价表

序号	项目	容差 /mm	工、量具	配分	评分标准与得分			扣分
					$S \le T$ $C < 5\%$	$T < S \le 1.5T$ $5\% < C \le 60\%$	$S \ge 2T$ $C > 90\%$	
1	外形尺寸 100 mm	±1	卡尺	5				
2	外形尺寸 100 mm	±1	卡尺	5				
3	四角垂直度 90°	±30′	角度尺	5				
4	型材与面板定位齐平		目测	5				
5	铆钉间距	±1	钢板尺	5				
6	铆钉边距	±0.5	钢板尺	5				

序号	项目	容差 /mm	工、量具	配分	评分标准与得分			扣分
					$S \leqslant T$ $C < 5\%$	$T < S \leqslant 1.5T$ $5\% < C < 60\%$	$S \geqslant 2T$ $C > 90\%$	
7	铆钉孔径	±0.1	孔量规	5				
8	铆钉窝质量		标准钉	10				
9	铆钉头变形和机械损伤		目测	5				
10	铆钉头凸出表面	< 0.1	千分表	5				
11	铆钉镦头变形及损伤		目测	5				
12	铆钉镦头尺寸		铆钉卡规	10				
13	型材对缝间隙	0.1～0.6	塞尺	5				
14	型材与蒙皮之间的间隙	< 0.05	塞尺	5				
15	蒙皮表面机械损伤及变形		目测	5				
16	平面波纹度	< 0.3	直尺	5				
17	板件表面鼓动		手感	10				
18	未列尺寸或项目				每处不合格扣 1 分			
19	安全文明生产				按轻重程度，酌情扣 2~10 分			
得分								

注：S—制作工时；T—标准工时；C—尺寸超差值

项目三 03 飞机结构特种铆接

【项目导入】

在飞机结构件连接技术中，应用特种铆接技术是为了提高飞机结构的强度和疲劳寿命，增强密封结构的可靠性，解决单面通路区的连接问题。特种铆接主要应用在结构有特殊要求的部位，其具有效率高、操作简单，能适应结构特殊要求的特点，还可用于飞机结构损伤的快速修理和故障排除。但由于特种铆钉结构比较复杂，因而制造成本较高，铆接故障不易排除，应用范围受到一些限制。

本项目以航空企业飞机铆装钳工职业岗位的特种铆接典型工作任务为载体，融合企业生产案例编写环槽铆钉、抽芯铆钉、螺纹空心铆钉和高抗剪铆钉等特种铆接技术训练任务工卡。重点掌握飞机特种铆接工作中的常用铆接工具的使用与维护，特种铆接施工的主要工艺过程和操作技能。

【学习目标】

【素质目标】

（1）树立航空产品质量第一、团队合作的生产意识。

（2）养成安全文明生产、爱护工具设备、规范操作的职业素养。

（3）培养爱岗敬业的劳动精神和精益求精的航空工匠精神。

【知识目标】

（1）了解环槽铆钉、抽芯铆钉、螺纹空心铆钉和高抗剪铆钉铆接的技术要求。

（2）掌握环槽铆钉、抽芯铆钉、螺纹空心铆钉和高抗剪铆钉铆接的工艺步骤、常见故障及排除方法。

（3）熟悉环槽铆钉、抽芯铆钉、螺纹空心铆钉和高抗剪铆钉铆接质量控制与检查的方法。

【能力目标】

（1）能识别环槽铆钉、抽芯铆钉、螺纹空心铆钉和高抗剪铆钉的种类，计算铆钉的长度。

（2）能按照环槽铆钉、抽芯铆钉、螺纹空心铆钉和高抗剪铆钉铆接技

86

术要求与工艺过程进行铆接施工。

（3）能进行环槽铆钉、抽芯铆钉、螺纹空心铆钉和高抗剪铆钉铆接的质量检查，会排除常见铆接故障。

【任务描述】

特种铆接是指在结构主要受力或不开敞或封闭等部位，采用不同于普通铆钉形状或铆接方法的环槽铆钉、抽芯铆钉、螺纹空心铆钉、高抗剪铆钉等的铆钉连接形式。如图 3-1 所示，完成以下任务：

任务 1：说明图示构件铆钉的种类与规格，以及铆钉孔制作的技术要求。

任务 2：按照图示要求选用合适的工具设备制作铆钉孔。

任务 3：在构件上根据特种铆钉的铆接技术要求进行铆接施工。

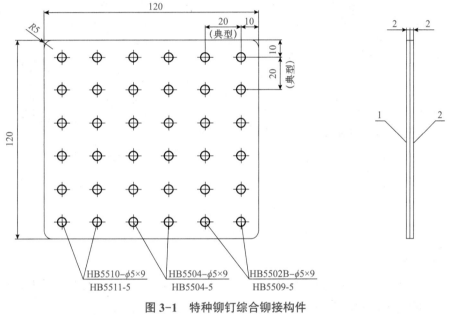

图 3-1　特种铆钉综合铆接构件

1—底板；2—面板

【任务知识】

■ 一、环槽铆钉的铆接

环槽铆钉的铆接特点是操作方便、效率高、抗震性好，在飞机结构连接中得到广泛应用。

（一）环槽铆钉的识别

1. 环槽铆钉的类型

国内航空标准的环槽铆钉由带环槽的铆钉和钉套组成，按受力形式分为抗拉型和抗剪型环槽钉；按铆接方法分为拉铆型（A 型）和镦铆型（B 型）环槽钉，如图 3-2 所示。

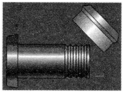

图 3-2　国内环槽铆钉

（a）拉铆型（A 型）；（b）镦铆型（B 型）

国外常用环槽铆钉的主要类型有平头环槽铆钉和沉头环槽铆钉等，如图 3-3 所示。

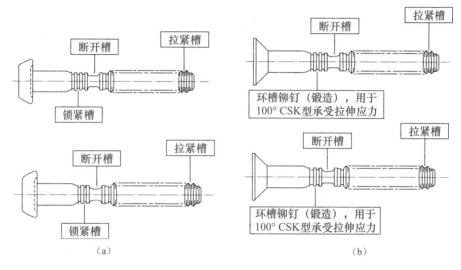

图 3-3　国外环槽铆钉类型

（a）平头环槽铆钉；（b）沉头环槽铆钉

2. 技术要求

（1）铆钉孔的直径与铆钉直径相同，公差带为 H10，表面粗糙度不大于 1.6 μm。

（2）孔的间距极限偏差为 ±1.0 mm，边距极限偏差为 $^{+1}_{-0.5}$ mm。

（3）倒角的形状和尺寸见表 3-1。

表 3-1　环槽铆钉孔倒角的形状和尺寸　　　　　　　　　　　mm

铆钉直径	4	5	6
HB5501—1983 ～ HB5504—1983	0.3	0.3	0.3
HB5505—1983	0.4	0.5	0.5
HB5506—1983	0.4	0.4	0.4

（4）沉头窝的角度和深度与铆钉头一致，钉头高出零件表面的量应符合设计技术要求。

（5）钉套成型后不得松动，表面应光滑，钉套与结构之间不允许有间隙。

（6）允许铆钉头与结构件之间不完全贴合，其单向间隙应不大于 0.08 mm。

（二）环槽铆钉的选用

1. 铆钉长度的选择

（1）环槽铆钉光杆长度的选择。光杆长度按式（3-1）确定。

$$\Sigma\delta \leq L \leq \Sigma\delta+1 \tag{3-1}$$

式中　$\Sigma\delta$——夹层厚度（包括垫圈厚度）（mm）；

　　L——环槽铆钉光杆长度（mm）。

（2）铆钉长度计算。在铆钉光杆长度确定后，根据铆钉类型来计算铆钉长度。

拉铆型环槽铆钉的长度按式（3-2）选取。

$$L_1=L+T+30 \tag{3-2}$$

镦铆型环槽铆钉的长度按式（3-3）选取。

$$L_2=L+T \tag{3-3}$$

式中　L——环槽铆钉光杆长度（mm）；

　　T——环槽铆钉环槽部分长度（mm）。

由于夹层误差而使铆钉光杆露出夹层的长度超过 1 mm 时，应加装厚度为 0.5～1 mm 的垫圈，放置的位置如图 3-4 所示。

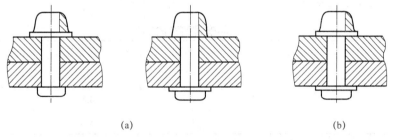

（a）　　　　　　　　　　　　（b）

图 3-4　环槽铆钉铆接时垫圈安装位置

（a）合格；（b）不合格

2. 国外环槽铆钉长度选择

国外环槽铆钉长度是根据制造或维修手册的要求进行选择，采用铆钉长度尺测量铆钉的长度，如图 3-5 所示。

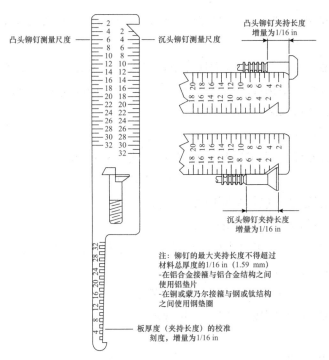

图 3-5　国外环槽铆钉长度选择

（三）环槽铆钉的铆接施工

1. 制作铆钉孔

制孔方法与工艺过程见表 3-2。

表 3-2　环槽铆钉孔的加工　　　　　　　　　　　　　　　　　　mm

环槽铆钉直径	钻初孔直径	钻孔直径	扩孔直径	铰孔（H10）直径
4		3	3.8	4
5	2.5	4	4.8	5
6		5	5.8	6

2. 拉铆成形

（1）拉铆过程。

① 放入铆钉套上钉套。钉杆从工件的一侧插入，将钉套套入伸出的铆钉尾杆上，注意钉套的套入方向，不可装反。

② 将装在拉铆枪上的拉头套在尾杆上，拉头中的夹头卡爪自动啮住尾杆拉槽，如图 3-6 所示。

【教学资源】

拉铆型环槽铆钉铆

接动画演示（动画）

图 3-6　气动拉铆枪

③ 扣动扳机，此时拉铆枪产生一个作用在钉杆上的拉力，其反作用力通过型模顶住钉套，将钉杆拉入钉孔，并消除夹层之间的结构间隙。当拉力增大时，拉铆枪的砧座沿钉套移动，迫使钉套的材料挤到钉杆的锁紧环槽内，形成镦头。

④ 继续扣动扳机，当拉铆枪的拉力达到预定拉力时，在环槽铆钉的断槽处被拉断，尾杆自动抛出。

⑤ 形成镦头后检查镦头质量，并按要求进行防腐处理。铆接施工过程如图 3-7 所示。

【教学资源】
镦铆型环槽铆钉的
铆接（视频）

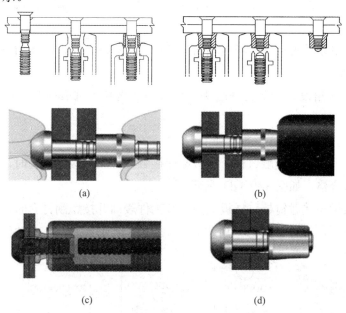

(a)

(b)

(c)

(d)

图 3-7　拉铆型环槽铆钉施铆过程
（a）放钉入钉套；（b）对准拉铆枪；
（c）拉铆成形；（d）拉断尾杆，退出拉铆枪完成拉铆

（2）镦铆过程。铆接镦铆型环槽铆钉应优先选用压铆机压铆，其次选用拉铆枪进行镦铆，如图 3-8 所示。

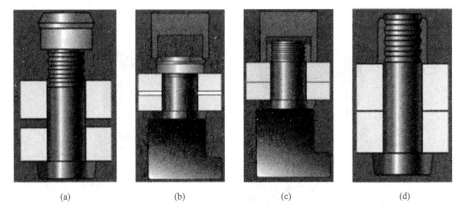

图 3-8 镦铆型环槽铆钉的镦铆过程

（a）放钉入钉套；（b）冲头和顶把对准铆钉；（c）形成镦头；（d）完成镦铆

① 放入铆钉套上钉套。如是干涉配合，则选用榔头或铆枪将铆钉打入孔中。

② 用顶把顶紧铆钉头，冲头模腔套在钉套上。

③ 启动铆枪，借冲头的锤击力将套环材料挤入铆钉镦头端的环槽，并靠冲头的特定窝型将套环成形为要求的形状，以形成牢固的镦头。镦铆时冲头切勿触及钉杆，以防钉杆松动；模腔的倾斜角度不得超过3°。

④ 完成铆接后按要求进行防腐处理。

（四）质量检测与铆钉的分解

如图 3-9 所示，用镦头检验样板 [图 3-9（a）] 的过端与止端来检测钉杆和镦头的质量。

1. 用样板的过端检查钉杆

（1）当样板触角接触钉杆、样板端面与工作表面有间隙时，选择的钉杆长度合适，如图 3-9（b）所示。

（2）当样板触角没有接触钉杆端头，样板端面接触工件表面时，钉杆短，镦头不合适，如图 3-9（c）所示。

2. 用样板的止端检查钉套和钉杆

（1）当样板触角没有接触钉杆，样板端面接触工件而不接触钉套时，选择的钉杆长度合适，钉套成形合格，如图 3-9（d）所示。

（2）当样板触角接触钉杆，样板端面离开工件表面并接触到钉套时，钉杆太长，钉套镦头不够，不合格，如图 3-9（e）所示。

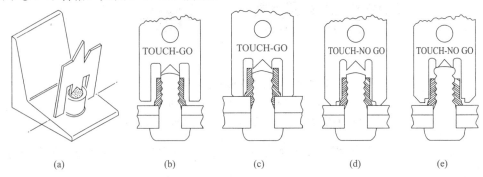

图 3-9　用镦头检验样板过端检查钉杆和止端检查镦头质量

（a）镦头检验样板；（b），（d）合格；（c），（e）不合格

3. 环槽铆钉的分解

环槽铆钉的分解工具如图 3-10 所示。

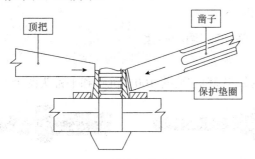

图 3-10　环槽铆钉的分解工具

分解过程：拆钉套→用锉刀锉掉钉杆上因拆套而产生的毛刺→用钉冲将钉杆从孔中冲出，如图 3-11 所示。

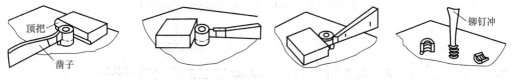

图 3-11　环槽铆钉的分解过程

拆钉套时，还可以用手动拆套钳将钉套剪开，如图 3-12 所示；或用空心铣刀将钉套铣掉，如图 3-13 所示。

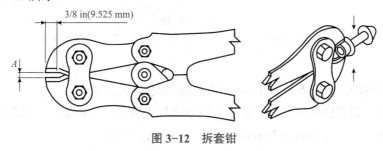

图 3-12　拆套钳

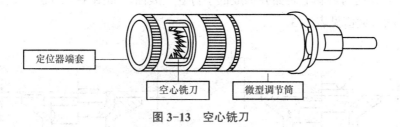

图 3-13　空心铣刀

二、抽芯铆钉的铆接

抽芯铆钉的铆接属单面铆接。铆钉的种类较多，目前常用的国产抽芯铆钉有拉丝型 HB5844—1996 ~ HB5893—1996 抽芯铆钉，主要由钉套、芯杆和锁环组成，使用双动拉铆枪进行铆接。国外的抽芯铆钉常用的有鼓包型，如美国 CHERRY 系列抽芯铆钉，由钉、芯杆、锁环和垫圈组成，芯杆上带有一个剪切环，以利于形成镦头，该系列铆钉使用单动拉铆枪即可完成铆接工作。

（一）拉丝型抽芯铆钉的选用与铆接

1. 拉丝型抽芯铆钉的种类

国内航空用拉丝型抽芯铆钉主要有 100° 沉头和平锥头两个类型，如图 3-14 所示。

（a）

（b）

图 3-14　拉丝型抽芯铆钉

（a）100° 沉头；（b）平锥头

国外拉丝型抽芯铆钉的典型代表是 HUCK 抽芯铆钉，如图 3-15 所示。

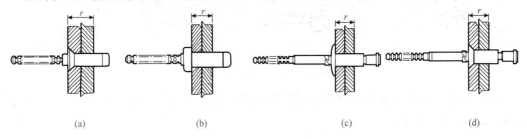

（a）　　　　　　（b）　　　　　　（c）　　　　　　（d）

图 3-15　HUCK 抽芯铆钉

（a）MS21140；（b）MS90354；（c）NAS1919；（d）NAS1921

2. 技术要求

（1）孔的间距极限偏差为 ±1 mm，边距极限偏差为 $^{+1}_{-0.5}$ mm。

（2）铆接后的芯杆和锁环应平整，芯杆断槽处光滑台肩（B 面）不得高于钉套上表面 0.5 mm 和不低于钉套上表面 0.25 mm，如图 3-16（a）所示。

（3）芯杆断槽处光滑台肩（B 面）高出钉套上表面时，锁环不得高于钉套上表面 0.5 mm；如果 B 面与钉套上表面齐平或低于钉套上表面，如图 3-16（b）所示，那么锁环的凸出量 A 的最大值见表 3-3。

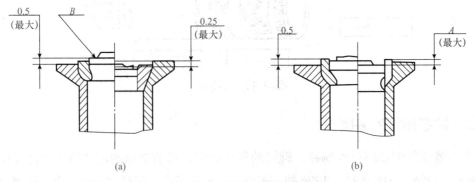

（a）　　　　　　　　　　　　　　（b）

图 3-16　芯杆和锁环位置

（a）铆接后芯杆断槽处光滑台肩的位置；（b）铆接后锁环的位置

表 3-3　锁环铆接位置的凸出量
mm

抽钉基本直径	4	5
A（最大）	0.5	0.6

（4）位于气动外缘表面的芯杆按设计技术要求铣平高出钉套的凸出量，位于非气动外表面的芯杆拉断面不需要铣平。

（5）镦头最小直径见表 3-4。钉套不允许有开裂和裂纹，锁环不允许有松动现象。

表 3-4　拉丝型抽芯铆钉镦头的最小直径
mm

抽钉基本直径	4	5
镦头最小直径	4.55	5.60

3. 铆钉长度的选择

根据抽芯铆钉基本直径和夹层厚度确定铆钉的长度。用夹层厚度尺测量结构的夹层厚度，如图 3-17 所示，当结构为变厚度时，其测量基准应选在孔的最浅处，如图 3-18 所示。依据夹层厚度尺上的读数确定夹层号，按抽芯铆钉基本直径和夹层型号选取钉套和芯杆的长度，见表 3-5。

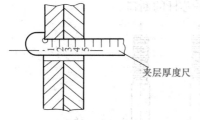
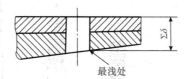

图 3-17　测量夹层厚度　　　　图 3-18　变厚度夹层测量基准

表 3-5　夹层厚度与拉丝型抽芯铆钉钉套长度的选择
mm

夹层号			1	2	3	4	5	6	7	8	9	10	11	12
抽芯铆钉基本直径 d_0	4	钉套长度 L	5①	6.5	8	9.5	11	12.5	14	15.5	—	—	—	—
	5		5①	6.5	8	9.5	11	12.5	14	15.5	17	18.5	20	21.5
① 仅适用平锥头抽芯铆钉														

4. 铆接工艺过程

（1）铆钉孔的加工采用钻孔、扩孔方法，优先选用钻扩一体的复合钻加工。

（2）按铆钉种类和直径的大小选用合适的拉铆枪，并根据产品结构的可达性选用不同形式的拉头或转接器。

（3）施铆时抽钉拉枪头部应垂直贴紧工作表面，如图 3-19 所示。

【教学资源】
拉丝型抽芯铆钉的
铆接（动画）

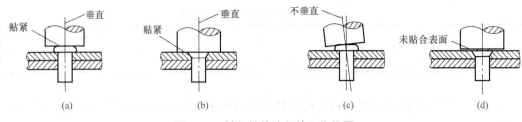

图 3-19　抽钉拉枪头部的工作位置

（a），（b）正确位置；（c），（d）不正确位置

（4）施铆的工艺过程，如图 3-20 所示。

①将铆钉塞入拉铆枪的拉头，拉头内的卡爪将铆钉夹住。将铆钉放入孔内，使拉铆枪垂直于结构件表面并压紧，以消除结构件之间的间隙。

②将芯杆拉入钉套，扣动扳机，芯杆被拉向上，使芯杆尾端较粗部分进入钉套，将钉套由下而上地逐渐胀粗，钉套填满钉孔。当拉铆枪继续抽拉芯杆到一定位置时，结构件被紧紧地贴靠在一起，消除了结构件之间的间隙。

③继续拉抽芯杆，产生了形似拉丝的动作，并完成了孔的填充动作，形成镦头。此时芯杆的断口处已停留在与钉头面齐平处。

④压入锁环，拉铆枪的第二个动作是将锁环推入芯杆与钉套的锁紧环槽。

⑤芯杆被拉断，完成拉铆，用铣平器铣平芯杆的断口。

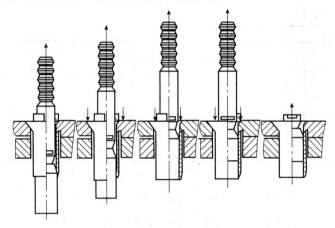

图 3-20　拉丝型抽芯铆钉施铆工艺过程

5. 铆钉的分解

（1）不合格的铆钉，用工作部分与芯杆直径相同的铆钉冲冲出芯杆。

（2）用与铆钉直径相同的钻头钻掉铆钉头，此时的钻孔深度不应超过铆钉头高度。

（3）铆接夹层较厚时，用工作部分与钉套外径相同的铆钉冲冲出钉套；夹层较薄时，用与钉套直径相同的钻头钻出钉套。

（4）清除结构内部的多余物。

（二）鼓包型抽芯铆钉的选用与铆接

1. 铆钉的结构

鼓包型抽芯铆钉由芯杆、钉套和锁环组成，如图 3-21 所示。

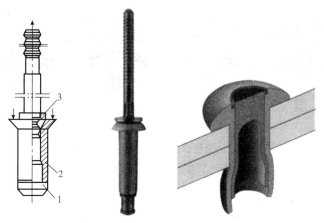

图 3-21　鼓包型抽芯铆钉的结构

1—芯杆；2—钉套；3—锁环

2. 技术要求

沉头铆钉窝与钉孔的中心应同轴，窝的直径应符合要求。铆接后的芯杆和锁环应平整。芯杆断层处光滑台肩与钉套的凸凹量如图 3-22 所示。铆接后，钉套不允许裂纹，锁环锁紧要牢靠，且不允许松动。

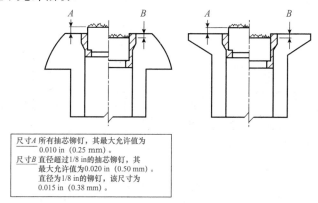

尺寸 A 所有抽芯铆钉，其最大允许值为
0.010 in (0.25 mm)。
尺寸 B 直径超过 1/8 in 的抽芯铆钉，其
最大允许值为 0.020 in (0.50 mm)。
直径为 1/8 in 的铆钉，该尺寸为
0.015 in (0.38 mm)。

图 3-22　芯杆断槽台肩相对钉套的凸凹量（A320 SRM 手册）

3. 铆接工艺过程

根据铆钉孔精度一般采用钻、扩的方法制作铆钉孔，可优先选用钻扩为一体的复合钻。施铆的工艺过程如图 3-23 所示。

（1）将铆钉塞入拉铆枪的拉头，拉头端面应与钉套上的垫圈相贴合，拉头内的卡爪将铆钉夹住（注意此时的铆钉不可从拉头内退出，若要退出，必须分解拉头）。将铆钉放入孔内，使拉铆枪垂直于结构件表面并压紧，以消除结构件之间的间隙。

【教学资源】
单鼓包型抽芯铆钉
的铆接（动画）

（2）将芯杆拉入钉套，扣动扳机，拉头紧顶住垫圈，芯杆被向上抽拉。

（3）芯杆继续向上抽拉，芯杆上剪切环被剪切并留在镦头内，开始压入锁环。

（4）锁环填满芯杆的凹槽中形成镦头，当拉铆枪的拉铆力达到一定值后，芯杆在断槽处断裂，被拉断的残尾杆从拉铆枪中自动弹出。

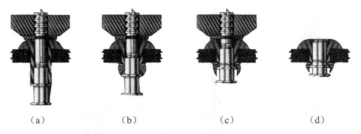

（a）　　　　　（b）　　　　　（c）　　　　　（d）

图 3-23　鼓包型抽芯铆钉铆接工艺过程

（a）放入铆钉；（b）将芯杆拉入钉套；（c）剪切环被剪切；（d）压入锁环形成镦头

4. 铆钉的分解

鼓包型抽芯铆钉由于结构较为复杂，芯杆和钉套的材料不相同，干涉量较小，分解铆钉的难度较大。其分解的程序如图 3-24 所示。

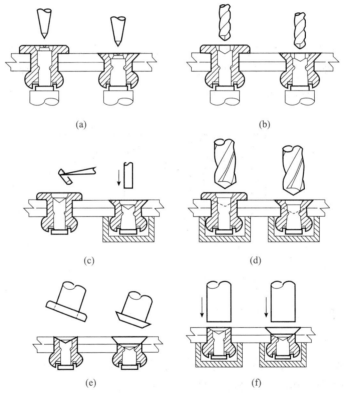

（a）　　　　　　　　　　　　　　　（b）

（c）　　　　　　　　　　　　　　　（d）

（e）　　　　　　　　　　　　　　　（f）

图 3-24　鼓包型抽芯铆钉的分解（A320 SRM 手册）

（a）用冲头打出中心孔；（b）用与芯杆直径相同的钻头钻削芯杆；（c）取出锁环，冲出芯杆；
（d）用与钉套直径相同的钻头钻钉头；（e）撬掉钉头；（f）冲出钉套

首先，用中心冲在钉头上打出中心点。用与芯杆直径相同的钻头钻芯杆至锁环深度，将锁环取掉，并用冲头冲出芯杆；其次，用与钉套直径相同的钻头钻钉套的钉头，其深度不能超过钉套的高度，用冲头冲掉钉套头；最后，用销冲打出钉套。

■ 三、螺纹空心铆钉的铆接

螺纹空心铆钉主要由钉套和配套螺栓组成，用于单面通路和受力较小结构部位的铆接。

（一）螺纹空心铆钉孔铆接技术要求

（1）螺纹空心铆钉孔的直径及其极限偏差见表3-6。制作铆钉孔的其他要求应按照普通铆钉孔的规定执行。

表3-6　螺纹空心铆钉孔的直径及其极限偏差　　　　　　　　　　　　　mm

铆钉直径	4	5	6
铆钉孔直径	4.1	5.1	6.1
孔径极限偏差	$+0.2$ 0		

（2）用于安装凸头铆钉的孔，应在铆钉头一侧制出深为0.2 mm的45°倒角。

（3）镦头鼓包位置的直径见表3-7。

表3-7　螺纹空心铆钉的镦头直径　　　　　　　　　　　　　　　mm

	d	4	5	6
	D_{min}	5.5	6.5	8

（4）铆钉长度的选择。根据夹层厚度选择合适的铆钉长度。可按式（3-4）确定：

$$L=\Sigma\delta+9^{+0.15}_{-0.4} \tag{3-4}$$

盲孔螺纹空心铆钉的长度可按式（3-5）确定：

$$L=\Sigma\delta+12^{+0.15}_{-0.4} \tag{3-5}$$

式中　L——所需要的铆钉长度（mm）；

　　　$\Sigma\delta$——连接夹层的总厚度（mm）。

（二）螺纹空心铆钉铆接工艺过程

螺纹空心铆钉铆接的典型工艺过程：定位与夹紧→确定孔位→制孔→制窝（仅用于沉头铆钉）→放钉→施铆→在螺纹空心铆钉上安装螺栓（螺钉），如图3-25所示。

【教学资料】
螺纹空心铆钉的
铆接（微课）

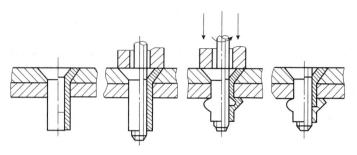

图 3-25　螺纹空心铆钉的施铆过程

（1）采用钻孔的方法制铆钉孔。

（2）施铆前，根据铆钉的形状、直径和长度选择所需要的工具，如抽钉枪和抽钉钳等。然后在试片上进行试铆，检查工具并调整工具参数，直至合格为止，如图 3-26 所示。

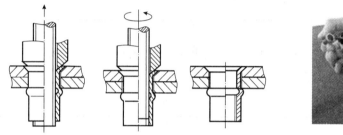

图 3-26　调整工具参数

（3）将铆钉安装于抽钉工具上。安装通孔螺纹空心铆钉时，抽钉工具中抽拉芯杆的螺纹头部应露出铆钉的尾部，如图 3-27（a）所示。安装盲孔螺纹空心铆钉时，抽钉工具中的抽拉芯杆螺纹头部应旋到铆钉的底部，如图 3-27（b）所示。

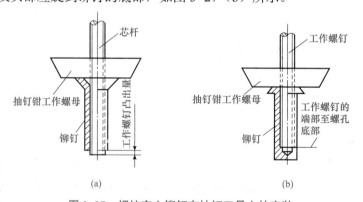

(a)　　　　　　　　　　　　(b)

图 3-27　螺纹空心铆钉在抽钉工具上的安装

（a）通孔螺纹空心铆钉的安装；（b）盲孔螺纹空心铆钉的安装

（4）使用抽钉钳抽铆螺纹空心铆钉时，如图 3-28（a）所示，用调节制孔螺母和止动块距离来控制抽拉芯杆的行程。使用长柄抽钉钳时，用调节工作头的螺母来控制抽拉芯杆的行程，如图 3-28（b）所示。

（5）将铆钉穿入孔中，抽钉工具的工作头应垂直且紧贴结构件的表面，如图 3-29 所示。若铆钉松动，则应继续调整抽钉工具中的螺母，进行二次抽拉，直至拉紧为止。

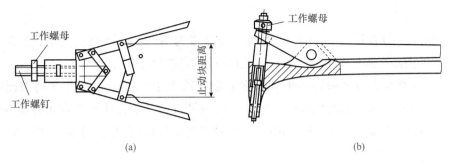

(a) (b)

图 3-28　螺纹空心铆钉抽钉钳

（a）抽钉钳；（b）长柄抽钉钳

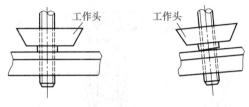

图 3-29　抽钉工具工作头的工作位置

（6）在铆钉孔内安装螺栓，一般要在孔内或螺栓的螺纹上涂厌氧胶粘接，以防止螺栓松脱。安装的螺栓的头部相对铆钉平锥头端面的凸出量 h 应不大于 0.4 mm，如图 3-30 所示。

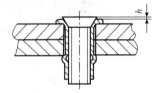

图 3-30　螺纹空心铆钉螺栓安装凸出量

四、高抗剪铆钉的铆接

高抗剪铆钉铆接按铆接方法可分为拉铆型螺纹抽芯高抗剪铆钉和镦铆型高抗剪铆钉。

（一）螺纹抽芯高抗剪铆钉的选用

螺纹抽芯高抗剪铆钉有六角头和 120°沉头两种类型，由铆钉、螺钉和锁圈组成。国外 Bolt-Blind 螺纹抽芯高抗剪铆钉的组成如图 3-31 所示。

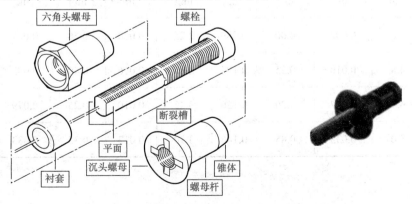

图 3-31　Bolt-Blind 螺纹抽芯高抗剪铆钉的组成

1. 技术要求

（1）铆钉孔的直径与铆钉直径相同，公差带为 H11，表面粗糙度 Ra 值应不大于 6.3 μm。孔的间距极限偏差为 ±1.0 mm，边距极限偏差为 $^{+1.0}_{-0.5}$mm。

（2）国内铆接后凸出铆钉体头部表面的量不得大于 0.2 mm，在非气动表面的部位不得大于 0.5 mm。航空标准螺纹螺钉抽芯高抗剪铆钉凹进铆钉体头部表面的量不得大于 0.5 mm，如图 3-32（a）所示。Bolt-Blind 螺纹抽芯高抗剪铆钉铆接后表面凸凹量如图 3-32（b）所示，具体要求见表 3-8。

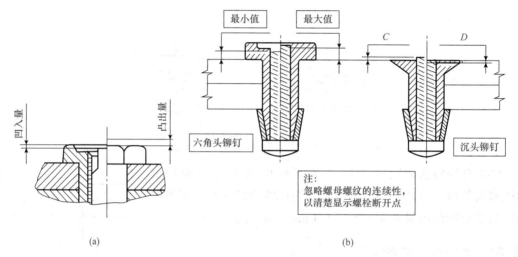

图 3-32　螺纹抽芯高抗剪铆钉铆接后螺钉断面凹凸量

（a）HB 铆钉断面要求；（b）Bolt-Blind 铆钉断面要求（A320 SRM 手册）

表 3-8　Bolt-Blind 螺纹抽芯高抗剪铆钉铆接后断面凸凹量

铆钉直径		DIM.A（MIN）		DIM.B（MAX）		DIM.C（MIN）		DIM.D（MAX）	
in	mm	in	mm	in	mm	in	mm	in	mm
0.15	4.0	0.000	0.00	0.089	2.25	0.020	0.50	0.067	1.70
0.18	4.8	0.010	0.25	0.104	2.65	0.016	0.40	0.083	2.10
0.25	6.4	0.047	1.20	0.136	3.45	0.010	0.25	0.079	2.00
0.31	8.0	0.033	0.85	0.146	3.70	0.012	0.30	0.083	2.10

（3）铆接后镦头的环圈应呈喇叭形。允许呈双喇叭形，但不得超过铆钉排总数的10%；不允许环圈未形成喇叭形、偏喇叭形或呈反喇叭形，如图 3-33 所示。

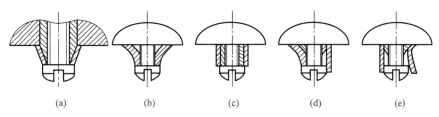

图 3-33　螺纹抽芯高抗剪铆钉铆接后镦头环圈的形状

（a）喇叭形；（b）双喇叭形；（c）未形成喇叭形；（d）偏喇叭形；（e）反喇叭形

（4）按铆钉总数的 10% 抽检铆钉的铆紧程度。按表 3-9 所示的扭矩值，用扭矩扳手顺时针方向转动检查，铆钉不应转动。注意：不允许逆时针方向转动。

表 3-9　螺纹抽芯高抗剪铆钉铆紧程度检查的扭矩值

铆钉直径 /mm	5	6	7	8
力矩值 /（N·cm）	115	166	217	266
力矩允许误差 /（N·cm）	±10			

2. 铆钉长度的选择

按被连接件的夹层厚度选择铆钉的长度，其铆钉体的光杆部分应露出夹层量不大于 1.0 mm，不允许凹入，如图 3-34 所示。

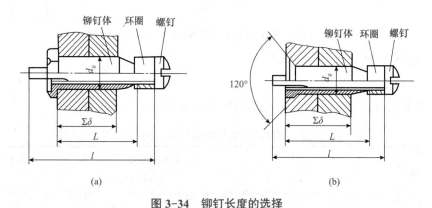

图 3-34　铆钉长度的选择

（a）六角头高抗剪强度铆钉；（b）120° 沉头高抗剪强度铆钉

Bolt-Blind 螺纹抽芯高抗剪铆钉的长度选择可使用专用钩尺测量，如图 3-35 所示。其中示例 A、B、C 为 3 种不同情况下的读数方法。

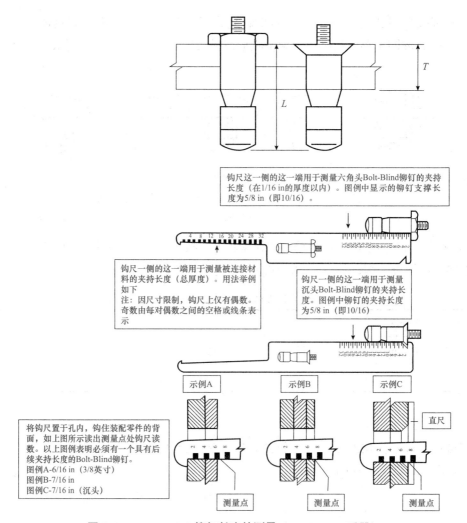

图 3-35　Bolt-Blind 铆钉长度的测量（A320 SRM 手册）

（二）螺纹抽芯高抗剪铆钉的铆接

1. 制孔的方法

制孔的方法及过程见表 3-10，孔的精加工优先采用风钻铰孔方法。

表 3-10　螺纹抽芯高抗剪铆钉孔的加工　　　　　　　　　　　mm

铆钉直径	钻孔	扩孔钻扩孔	铰孔 H11
	孔径		
5	4	4.8	5
6	5	5.8	6
7	6	6.8	7
8	7	7.8	8

2. 铆接工具

螺纹抽芯高抗剪铆钉铆接所使用的工具有手动和风动两类。其原理是将铆钉体固定不动，同时拧螺钉抽拉。手动工具是使用手动螺纹抽铆扳手，如图 3-36 所示。风动工具常用的是专用气扳机，如图 3-37 所示。

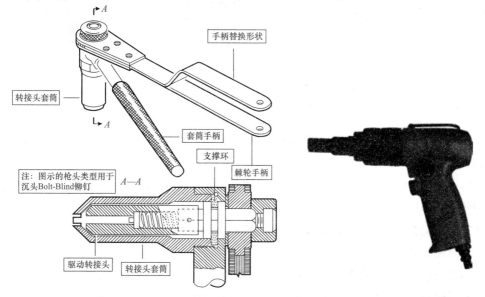

图 3-36　手动抽铆扳手（A320 SRM 手册）　　　　　图 3-37　高抗剪气扳机

3. 施铆

（1）正式铆接前应先进行试铆。检查铆钉型号是否与铆接件厚度相符合，在试件上试铆的数量不少于 5 个。

（2）组合高抗剪铆钉时，应在螺钉上涂润滑脂。为保证环圈与铆钉、螺钉头在径向无阶差，铆钉体与螺钉间要有预紧力。

（3）六角头铆钉施铆时应使转接接头六角方孔套在铆钉体头上；120°沉头铆钉施铆时应使转接头解锥对准铆钉体头部的一字槽，如图 3-38 所示。

【教学资源】
螺纹抽芯高抗剪铆钉的铆接（动画）

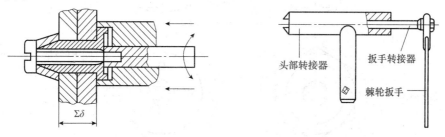

图 3-38　手动螺纹抽铆扳手成形螺纹抽芯高抗剪铆钉

（4）铆接工具的转接头应垂直且贴紧工件表面，采用抽铆方法铆接，如图3-39所示。

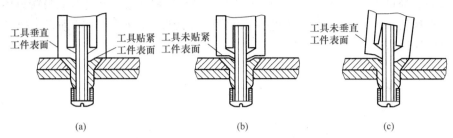

图3-39　螺纹抽芯高抗剪铆钉铆接工具转接头位置
（a）正确；（b），（c）不正确

（5）若尾杆未扭断，则用夹钳或其他工具将尾杆剪断，但不允许铆钉松动。将螺钉尾杆凸出部分铣平或打磨掉。

（6）用定力扳手或定力解锥按规定扭矩值抽检铆接连接力。顺时针方向扭转铆钉体头，铆钉不转动为合格。

（7）在铆钉体和螺钉端头间冲三点保险后，在螺钉断面涂漆保护。

4．拉铆注意事项

（1）制孔应保证孔的垂直度，孔与窝壁光洁，无毛刺和其他缺陷。

（2）螺钉尾杆的断裂口应露出钉套面，不允许凹入。

（3）铆钉头与铆接件之间的单面间隙应符合有关技术文件的要求。Bolt-Blind铆钉铆接后质量检查要求如图3-40所示。

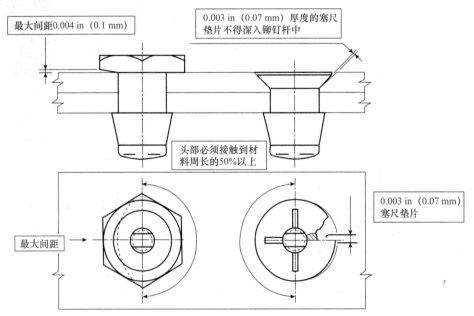

图3-40　Bolt-Blind铆钉铆接后质量检查（A320 SRM手册）

【项目拓展】

扫描以下二维码，认真阅读项目拓展教学案例，了解飞机制造、维修工作中特种铆接的新工艺、新技术，有效积聚学习资源，促进自主学习和个性化学习。

【项目拓展】	【教学资源】
镦铆型高抗剪铆钉的选用与铆接	高抗剪铆钉环圈的拆除
（文档）	（动画）

【思政案例】

扫描以下二维码，阅读相关教学案例，从航空报国理想信念、航空工匠精神、职业素养、团队意识和工作作风等方面，分析案例中所蕴含的德育、劳育、安全文明生产、质量意识等职业素养要求。

【思政教育】	【航空工匠】	【航空事故】
大国重器 高温材料	胡双钱 航空技艺高手	违章操作，撞飞机损失重大
（视频）	（视频）	（文档）

【技能训练】

工作手册 3-1：特种铆钉组合铆接（初、中级工）

任务编号	3-1	实训工卡				工卡编号	GK-005
任务类型	综合技能					版本号	01
机型	N/A	计划工时	6 h（初级） 4 h（中级）	工位		页码	第　　页 共　　页
标题		特种铆钉组合铆接					
参考技术文件		飞机铆接安装通用技术条件、铆装钳工技能					
注意事项		1. 坚持安全、文明生产规范，严格遵守实训室制度和劳动纪律； 2. 穿戴好劳动保护用品，不携带与实训工作无关的物品； 3. 不同型号的铆钉分开存放，检查计量器具校验日期； 4. 拉铆枪按工具使用手册操作； 5. 使用剪板机、砂轮机，须在教师指导下进行，应遵守安全操作规程					

学习资源	【教学资源】 拉铆型环槽铆钉铆接 （动画）	【教学资源】 拉丝型抽芯铆钉的铆接 （动画）	【教学资源】 螺纹抽芯高抗剪铆钉的铆接 （动画）

工具/设备/材料/防护						
类别	名称	型号/规格	单位	数量	工作者	检查者
工具	气钻	Z0601	把	1		
	中心冲	标准	把	1		
	钻头	$\phi3.1$ mm、$\phi3.8$ mm、$\phi4.1$ mm、$\phi4.8$ mm	把	各1		
	拉铆枪	ML501（国产）	把	1		
	拉枪头	按铆钉配套	把	1		
	铰刀	$\phi4$ H10、$\phi5$H10	把	各1		
	环槽铆钉拉枪	G85D（进口）	把	1		
	环槽铆钉卡规	$\phi5$ mm	把	1		
	铁榔头	1.25P	把	1		
	橡胶榔头	标准	把	1		
	螺纹式定位销	$\phi4$ mm、$\phi5$ mm	个	各4		
	平锉刀	8″	把	1		
	刮边器	标准	个	1		
	金属铅笔	2B	支	1		
	毛刷	2″	把	1		
	钢字码	标准	套	1		
	钢板尺	300 mm	把	1		
	卡尺	0.02 mm	把	1		
	孔量规	$\phi4$ mm、$\phi5$ mm	个	各1		
	铆钉卡规	标准	把	1		
	塞尺	0.05 mm	把	1		
	直角尺	标准	把	1		
设备	工作钳台	标准	台	1		
	剪板机	1.5 m	台	1		

108

	工具 / 设备 / 材料 / 防护					
类别	名称	型号 / 规格	单位	数量	工作者	检查者
耗材	LF21CZ 铝板	δ=2.0 mm	块	按图样		
	环槽铆钉	平头 HB5501−4×4 钉套 HB5508−5	个	按图样		
	抽芯铆钉	拉丝型平锥头, HB5845−4	个	按图样		
	螺纹空心铆钉	平锥头 HB1−601− 4×8,配套螺钉 HB1− 152−3×8	个	按图样		
	高抗剪铆钉	铆钉体:HB1−604− 5×10,螺钉:HB1− 605−5×10,环圈: HB1−606−5×4	个	按图样		
防护 用品	棉布	N/A	块	1		
	防护手套	符合航空使用标准	副	1		

备注:

技术要求:
1.制孔、制窝及墩头、钉头均依据通用技术条件。
2.铆接后变形不平度不大于0.3 mm。
3.盖板锉斜边。
4.所有边缘打磨光滑,无毛刺。

编写		审核		批准	

完工签署					
检查者			完工日期		

项目	工作内容		工作者	检查者
一	准备工作			
1	技术资料:查询资料,找到与任务相关的知识内容			

	检查者		完工日期			
项目		工作内容			工作者	检查者
2	工作场地／设备：检查工作现场和设备的运行安全					
3	工具／材料：按工具清单清点工量具，准备实训材料					
4	劳动防护：按实训要求穿戴劳保用品，做好个人安全防护					
二	下料					
1	根据图样确定板料1、板料2的毛料形状和下料尺寸。在板料上画线，剪切下料					
2	板料表面校平					
3	用平锉刀去板料边缘毛刺，锉修光滑					
三	制作铆钉孔					
1	根据图样确定铆钉的头型、材料、直径、长度和数量					
2	用钢板尺和铅笔在板料2夹板上画出铆钉位置线					
3	钻初孔 $\phi 3.0$ mm。以板料2为基准件，将板料1与板料2定位，用弓形夹夹紧，并按板料2上的初孔钻出板料1上的 $\phi 3.0$ mm初孔					
4	用 $\phi 3$ mm定位销夹紧固定，松开弓形夹					
5	环槽钉的制孔工艺过程为：钻初孔 $\phi 3.0$ mm，钻孔 $\phi 4.0$ mm，扩孔 $\phi 4.8$ mm。 按已定位的工件上初孔，用 $\phi 4.0$ mm的钻头钻孔 $\phi 4.0$ mm（保证垂直度）。用环槽钉专用扩孔钻扩孔 $\phi 4.8$ mm					
6	用专用铰刀铰孔 $\phi 5H10$					
7	按钻孔和铰孔的技术要求检查铆钉孔加工质量					
四	铆接施工					
1	在工件上做好标记，拆掉定位销，清洗工件上杂物后重新将工件定位，用定位销夹紧					
2	按图纸和标准施工要求安装环槽铆钉					
3	按图纸和标准施工要求安装抽芯铆钉					
4	按图纸和标准施工要求安装螺纹空心铆钉					
5	按图纸和标准施工要求安装高抗剪铆钉					
6	按要求在钉套一边涂专用胶					
7	检查铆接施工质量应符合技术要求。如检查发现有不合格铆钉，则按特种铆接技术要求拆除与重铆					
五	结束工作					
1	用记号笔或钢印做好标记（学号），提交工件和工卡					
2	清点工具和量具，按要求维护后摆放规范整齐					
3	清扫工作现场，保持工位干净整洁，符合安全文明生产要求					

特种铆钉组合铆接考核评价表

序号	项目 /mm	容差 /mm	工、量具	配分	评分标准与得分			扣分
					$S \leq T$ $C < 5\%$	$T < S \leq 1.5T$ $5\% < C < 60\%$	$S \geq 2T$ $C > 90\%$	
1	外廓尺寸	±1	卡尺	10				
2	四角垂直度 90°	±30′	角度尺	10				
3	铆钉间距	±0.5	钢板尺	10				
4	铆钉边距	±0.4	钢板尺	10				
5	铆钉孔径	H10	孔量规	15				
6	沉头窝的质量		标准钉	15				
7	沉头铆钉头高出表面	< 0.3	千分表	10				
8	环槽钉头与表面间隙	< 0.05	塞尺	10				
9	孔径的垂直度	< 0.02	垂直度量规	10				
10	未列尺寸或项目				每处不合格扣 1 分			
11	安全文明生产				按轻重程度，酌情扣 2~10 分			
得分								

注：S—制作工时；T—标准工时；C—尺寸超差值

飞机结构密封铆接

【项目导入】

　　飞机结构铆接常采用密封铆接技术。密封铆接与普通铆接的不同之处是堵塞渗漏通道，使结构具有密封性，是一项技术要求高、施工难度大、环境控制严格、各工序较为烦琐和细致的工作。按铆钉用途分类，密封铆接主要包括在铆缝贴合面处附加密封剂的铆接、在铆钉处附加密封剂或密封元件的铆接，以及干涉配合铆接等。

【学习目标】

【素质目标】

　　（1）树立航空产品质量第一、团队合作生产意识。

　　（2）养成安全文明生产、爱护工具设备、规范操作的职业素养。

　　（3）培养爱岗敬业的劳动精神和精益求精的航空工匠精神。

【知识目标】

　　（1）了解密封剂的类型、牌号、工艺性能及使用要求。

　　（2）掌握密封剂的涂敷工艺要求。

　　（3）熟悉密封铆接施工工艺过程。

【能力目标】

　　（1）能按照密封剂的使用要求调配与涂敷施工。

　　（2）能按照密封铆接技术要求与工艺过程进行铆接施工与质量检查。

【任务描述】

　　密封铆接是一种防止气体或液体在铆接容器中泄漏的铆接方法，如图 4-1 所示，完成以下任务：

　　任务 1：说明图示构件，选用合适的密封剂进行密封铆接。

　　任务 2：按照图示要求选用合适的工具设备制作铆钉孔、涂敷密封胶。

　　任务 3：根据密封铆钉铆接的技术要求进行铆接施工。

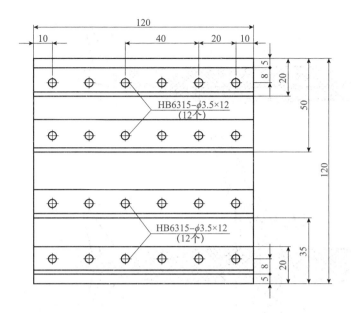
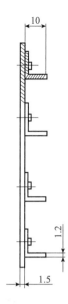

图 4-1   纵条接合密封铆接构件

【任务知识】

■ 一、飞机结构密封剂的使用

在飞机结构要求防漏气、漏油、漏水和防腐的部位，通常采用在铆接夹层中涂敷密封剂，或者在铆钉处、铆缝贴合面处涂密封剂，以及安装密封元件等方法，防止气体或液体从铆接件内部泄漏。

（一）飞机结构的密封形式

1. 飞机密封措施

密封结构是一种飞机常见的结构装配方式，密封铆接是现代飞机制造过程中必不可少的工序。飞机上要求密封的结构，主要是气密舱、整体油箱等，为了防止渗漏，需要在结构上采用各种密封形式，以便获得良好的密封性能。如图 4-2 所示的增压区域和油箱区域为 A320 飞机的密封结构部位。

【教学资料】
密封胶的施工
（视频）

通常，把飞机的密封措施分为密封胶密封和封严件密封两大类。密封胶密封主要用于飞机结构的密封，是维持座舱气密条件、防止整体油箱漏油及结构腐蚀的主要方法。整体油箱属于绝对级密封，其密封部位不允许有任何轻微的渗漏发生。为了达到结构的密封性要求，需要合理选择密封剂、密封元件、密封形式和试验检查方法等，还应正确制定密封剂混炼、使用的要求和程序。

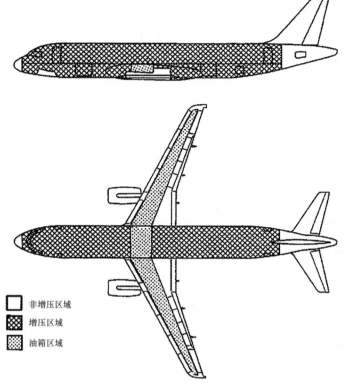

图 4-2　A320 飞机密封区域

非增压区域
增压区域
油箱区域

气体和燃油的泄漏途径如图 4-3 所示，一是沿着铆钉与钉孔之间的缝隙泄漏；二是沿着零件之间的缝隙泄漏。

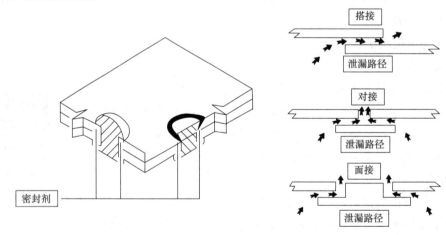

密封剂

搭接
泄漏路径

对接
泄漏路径

面接
泄漏路径

图 4-3　密封结构泄漏形式（A320 SRM 手册）

2. 飞机密封的形式与特点

（1）密封形式的类型。结构的密封程度与在连接处所采用的密封形式有着密切的关系，按密封结构是否使用密封材料，可将密封形式分为有密封材料（含密封元件）密封和干涉配合紧固件连接密封两大类。按密封面在结构上的位置，又可将密封形式分为缝内密封、缝外密封、表面密封、紧固件密封和混合密封。常见密封形式如图 4-4 所示。

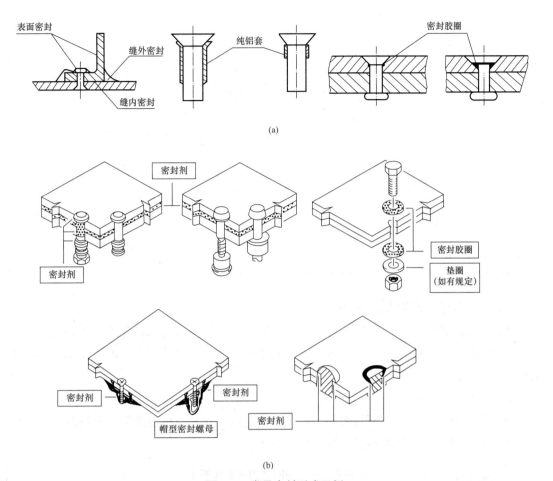

(a)

(b)

图 4-4　常见密封形式示例

（a）国内飞机常见的密封形式；（b）A320 飞机常见的密封形式

（2）基本密封形式的特点见表 4-1。

表 4-1　基本密封形式的特点

基本密封形式	密封形式	特点
缝内密封	1. 贴合面涂胶密封。 2. 贴合面铺胶膜密封。 3. 贴合面铺腻子密封。 4. 贴合面铺密封带密封。 5. 沟槽注胶密封。 6. 沟槽注腻子密封	1. 在两个零件贴合面之间敷设密封材料。 2. 对缝隙密封效果较好。其中，铺胶膜密封与涂胶密封的可靠性相似，而且显著地改善了劳动条件；铺密封腻子没有施工期的限制，使用方便。 3. 工艺过程复杂，劳动条件较差。其中涂胶密封的工序烦琐，工作量大；铺密封腻子密封的耐热性和耐油性都较差。 4. 缝内密封能堵住零件之间缝隙的泄漏，以及堵住铆钉、螺栓与孔之间缝隙的泄漏
紧固件密封	1. 涂胶密封。 2. 干涉配合铆接密封。 3. 干涉配合螺接密封。 4. 加胶圈的密封铆接和密封螺接。 5. 加纯铝套铆接密封	1. 在铆钉、螺栓等紧固件上附加密封剂、密封元件，或者自身能起密封作用。 2. 采用干涉配合铆接的密封效果最好，同时它还能提高疲劳强度。干涉配合铆接对孔的要求比普通铆接高。 3. 涂胶密封效果比较好，但施工复杂，劳动条件差。 4. 加胶圈等密封原件的密封比较方便。纯铝套的制造困难。 5. 能堵住铆钉、螺栓与孔之间缝隙的泄漏

115

基本密封形式	密封形式	特点
缝外密封	1. 缝外涂胶密封。 2. 缝外铺腻子密封。 3. 空洞、嵌缝堆胶密封	1. 在两个相连零件的接缝处涂敷密封剂。 2. 密封效果较差，一般与缝内密封同时采用。 3. 工序简单，便于修补和排除故障，对气动外缘还起整流作用。 4. 能堵住零件之间缝隙的泄漏，多起补充密封作用
表面密封	表面涂胶密封	1. 将稀释的密封剂涂在密封区的全部表面上。 2. 不但有密封作用，而且有防腐作用，便于修补和排除故障。 3. 用胶量较大，增加飞机质量。 4. 对缝外密封有补充密封和保护作用，是一种辅助密封方法
混合密封		两种或两种以上的基本密封形式搭配使用，增加密封的可靠性

（二）飞机结构密封剂的选用

密封剂能够阻止飞机结构中流体泄漏和阻隔不同材料界面接触，起到密封和防腐的作用。密封剂具有密封性能好、适用范围广、成本低、使用方便等特点，因而在飞机结构装配中有广泛使用。

1. 密封剂的类型

密封剂一般分为硫化型密封剂和不硫化型密封剂。通常，将前者称为密封胶，后者称为密封腻子。密封剂的分类和主要特点见表4-2。

表 4-2　密封剂的分类和主要特点

密封剂类型	种类	特点
硫化型密封剂	膏状密封胶 稀胶 胶膜	1. 聚硫橡胶密封剂具有良好的耐油性、耐水性、耐老化性、不透气性、低温曲挠性，对其他材料具有粘接性，大部分能室温硫化。 2. 硅橡胶密封剂是一种高耐热性密封剂，具有较大的动作温度范围，能在 $-70\ ℃\sim+230\ ℃$ 下长期使用，大部分能室温硫化
不硫化型密封剂	腻子 腻子布	1. 没有施工期限制。 2. 与金属粘结力不强，耐油性差，而且工作温度范围小

2. 密封剂的工艺性能

飞机结构中应用的密封剂应具有良好的密封性、弹性和塑性，耐温、耐油、耐水、耐气候以及良好的黏结力；无腐蚀作用，毒性小，对人体的健康影响较小。其主要工艺性如下：

（1）流淌性：指密封剂涂敷后保持自身形状、自动流淌和充填的能力。

（2）堆砌性：指密封剂施工后的定型（维持形状）能力。

（3）可刮涂型：指密封剂用刮板刮涂的性能。

（4）可注射型：指密封剂用注射枪在 0.5 MPa 压力下的注射能力。

（5）可喷涂性：指密封剂经有机溶剂稀释后可喷涂的性能。

（6）活性期：指密封剂能保持适用涂敷的稠度的时间。

（7）施工期：指密封剂自配制后算起，保持适用铆接装配要求塑性的最长时间。

（8）硫化期：指密封剂自配制后算起，达到一定硬度所需要的时间，它不同于正硫化点，仅相对表征密封剂硫化程度。

（9）贮存期：指在规定环境条件下，密封剂各组分所能存放的期限。

（三）密封剂的使用要求

1. 对环境和人员的要求

（1）密封剂的混炼与施工应在清洁的环境中进行，否则会影响密封剂的机械性能。要求环境中无灰尘、无油污，所使用的压缩空气应经过去油、去水处理。

【教学资源】
常用航空密封剂的
使用（视频）

（2）密封胶混炼温度一般为（23±5）℃，施工温度为 15 ℃～30 ℃。温度过低，会使其活性期延长且影响其黏附力；温度过高，密封胶的活性期缩短，影响施工。

（3）除专门规定外，密封胶混炼和施工的相对湿度应控制为 40%～80%。

（4）施工人员的工作服、手套、脚套及使用的工具，不准有油脂、纤维附着。施工人员在表面涂敷密封剂的结构处操作时，在其工作服上不准有硬质纽扣和金属附加物裸露。

2. 对涂敷表面和密封剂使用的要求

（1）对涂敷表面的要求。涂敷密封剂的表面应清洁干净。在贴合面密封剂未达到硫化期之前，只要未被污染，可不经清洗而直接涂敷密封剂。涂敷与密封剂不相容的底漆表面，除设计上另有要求外，均应将底漆从涂密封剂的部位清除掉。清除方法是交替使用去漆剂退漆和砂纸打磨。对于难粘密封剂的表面，为了提高黏结力，在结构表面清洗后涂敷偶联剂。

（2）密封剂在使用中的要求。刷涂型密封剂调制后，在使用中不允许加溶剂稀释；刮涂用的密封剂调制后，不允许搅拌，以免混入空气；注射用的密封剂，在调制后应立即装入注胶枪塑料筒。密封剂应从枪嘴的安装口注入；密封剂的涂敷必须在活性期内进行。刮涂密封胶时需经常检查，检查方法是每隔 15 min 用刮刀以约 5 m/s 的速度挑起密封胶，若出现明显回缩，即表示活性期结束。

3. 密封剂的涂敷方法

密封剂施工是保证结构密封的重要环节。涂敷方法可按密封剂的状态确定。膏状的密封剂用刮刀刮涂或注胶枪注射，液态的采用刷子刷涂或喷枪喷涂，半固态的密封剂可制成胶膜进行铺贴或者直接堆砌。密封剂涂敷方法的分类及所用密封剂的类型、特性见表 4-3。

表 4-3　密封剂涂敷方法的分类及所用密封剂的类型、特性

涂敷方法	密封剂特性	用途	密封剂类别代号（HB/Z 106—2011）
喷涂法	1. 不挥发成分含量不大于 80%。 2. 最大黏度不大于 30 Pa·s	表面密封	D
灌注法			
刷涂法	1. 不挥发成分含量不大于 80%。 2. 最大黏度不大于 30 Pa·s		A
刮涂法与注射法	1. 不挥发成分含量不大于 97%。 2. 流淌性不大于 20 mm。 3. 基膏黏度不大于 1 600 Pa·s	缝隙处封外密封，沟槽处的缝内密封	B
	1. 不挥发成分含量不大于 90%。 2. 基膏黏度不大于 400 Pa·s。 3. 易流平但不流淌性，有较长的施工期	贴合面处密封	C
堆砌法	1. 比重小于 1.3 g/cm³，有高触变性。 2. 流淌性不大于 5 mm	填补大孔洞并保持形状不变	E
铺设法	1. 永久变形不大于 15%。 2. 相对伸长率不小于 300%	贴合面处密封	

■ 二、密封剂的涂敷工艺

（一）涂敷表面的清洗

1. 清洗要求

（1）涂敷密封剂的表面的清洗一般使用汽油、丙酮、乙酸乙酯清洗剂。在危险区可使用不燃性清洗剂。铺设密封腻子且涂有 H06-2 或 XY-401 胶的表面，只允许用汽油擦拭。

（2）清洗宽度应大于涂密封剂的宽度，在两侧各宽出 10 mm 以上。

（3）涂敷密封剂前的最后清洗，除铺设密封腻子且涂胶的表面外，均应用浸有丙酮或乙酸乙酯的抹布重复更换、擦拭，直至最后一块白细布上无可见的污色（允许有底漆的本色）为止。最后一遍清洗距涂敷密封剂的时间，应不大于 1 h，不小于 20 min。每次清洗的紧固件要在一天内使用。

【教学资源】
密封剂的涂敷方法
（文档）

（4）清洗干净的表面禁止与脏物接触，不允许手接触或用笔做标志，陈放环境应清洁。

2. 清洗方法

（1）从溶液瓶内倒出清洗剂润湿抹布，如图 4-5 所示。

（2）用湿抹布清洗结构表面时，只能顺一个方向擦拭，如图 4-6 所示。同时，用干抹布沿一个方向擦去已溶解污物的清洗剂，每擦洗一遍应更换一块新的抹布。不允许在结构表面喷洒、刷涂清洗剂，否则会造成溢流，致使油污溶解后扩散并渗透到缝隙。

（3）对于油污过多的表面，应先用抹布擦拭，然后用汽油润湿的抹布清洗。

（4）对要密封的孔洞、下陷和小空间部位，应用合适直径的去污布条清洗，如图 4-7 所示。

图 4-5　用清洗剂润湿抹布

图 4-6　用抹布擦拭密封贴合面

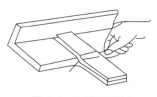

图 4-7　下陷处擦拭

（5）铆钉、螺钉等小件的脱脂清洗，用清洗剂浸泡的方法并要求将清洗剂更换一次至两次，浸泡用的容器必须加盖。

（二）密封剂的涂敷

1. 密封工具

（1）注胶枪。密封注胶枪如图 4-8 所示。将灌满密封胶的胶筒装入注胶枪，进入枪体的压缩空气推动柱塞前移，使胶筒内的胶从注胶头挤出。250 型注胶枪的手柄可以从枪体上取下，以便在不开敞部位使用。

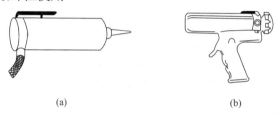

（a）　　　　　　　　　　　　　　（b）

图 4-8　注胶枪

（a）国产注胶枪；（b）250 型注胶枪

（2）刮刀、刮板及穿针。用于修平或刮匀密封胶的常用刮刀和刮板，以及通过铆钉孔刺穿铆缝中密封带用的穿针，如图 4-9 所示。

图 4-9　常用刮刀、刮板和穿针

2. 缝外密封密封剂的涂敷

（1）用注胶枪涂敷缝外密封剂。

①枪嘴应对准缝隙并使之基本垂直注胶线路。枪嘴的移动速度应使挤出的密封剂的用量同缝外密封最后尺寸相适合，如图 4-10（a）所示。

②枪嘴应紧贴结构表面，不准悬空，如图 4-10（b）所示。

③注胶时应始终保证挤出的密封剂超前于枪嘴移动方向，使密封剂向缝隙内有一定挤压力，并使可能裹入的空气自动爆裂，如图 4-10（c）所示。

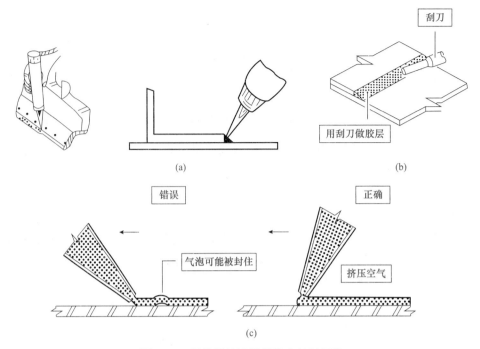

图 4-10　用注胶枪涂敷缝外密封剂示意

（a）枪嘴对准缝隙；（b）枪嘴紧贴表面；（c）枪嘴挤压空气

（2）尺寸较大的缝外密封，应分两次进行，待第一道缝外密封剂整形并达到不粘期后再涂第二道。仰面涂胶或垂直面涂胶时，密封剂的涂敷量应适当，避免过量造成流淌或变形。

（3）缝外涂敷的密封剂应在活性期内用整形工具整形，如图 4-11 所示。整形时，工具应紧压结构表面并沿缝隙均匀、平行地移动，使最终成型的缝外密封剂光滑、平整、尺寸正确。不允许使用任何润滑的方法整形，整形时应随时注意用清洗剂湿润的纱布擦除粘在工具上的密封剂，如图 4-12 所示。

（4）对接缝、气动整流缝、不易保证密封胶涂敷尺寸的密封缝，在规定的胶缝两侧边缘贴隔离保护胶纸，如图 4-13 所示。涂胶、刮平后将胶纸揭掉，铲除多余的密封胶。

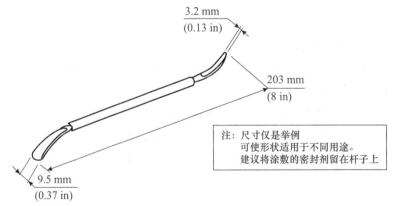

图 4-11　国外常用整形工具（A320 SRM 手册）

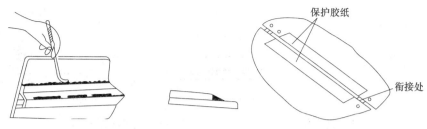

图 4-12 缝外密封剂整形示意   图 4-13 粘贴保护纸

（5）对可拆的缝外密封（如地板座椅道轨缝等）应在涂密封剂以前，在缝底部埋设细尼龙线，并将线头露在缝外密封剂的外面，以便拆除时撕开缝外密封剂，如图 4-14 所示。

（6）空洞、嵌缝的堆胶，大的空洞和间隙的密封，应配制流淌性小的密封剂。深的空隙应在涂密封剂之前先填充软质填料（如铝棉、海绵橡胶）或用密封剂浸渍后填充。

（7）缝外密封完成以后，应在活性期内检查涂敷质量，对缺陷、气泡或有异物夹杂的部位，及时补胶或排除，必要时允许部分铲除并重新涂敷，如图 4-15 所示。

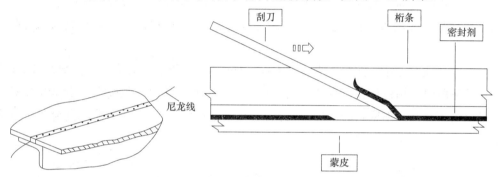

图 4-14 可拆缝外密封剂涂敷   图 4-15 用非金属刮刀去除密封剂（A320 SRM 手册）

3. 缝内密封密封剂的涂敷

缝内所使用的密封材料种类较多，按产品功能（如气密座舱、整体油箱）不同所选用的密封材料不尽相同，故铺放的方法也不同。

（1）贴合面涂胶法。用刮刀、硬板刷、涂胶辊或齿形刮板、齿形刮棒等，将胶液密封剂涂在贴合面尺寸较小的零件一侧，或刮在刚性较大的零件的贴合面上，如图 4-16 所示。刮涂时应顺着一个方向，禁止来回刮抹，以免因卷入气泡而形成空洞。在下陷、转角、空洞等处的密封剂，可适当加厚。

【教学资料】
密封铆接的涂胶
（视频）

（2）贴合面铺胶膜法。将胶膜顺一个方向铺在刚性较大的零件的贴合面上，如图 4-17 所示。胶膜长度、宽度不够或有气泡、空眼、局部不合格时，应将胶膜剪齐后搭接。铺设胶膜时，不允许拉伸折叠，胶膜应平整，铺后允许用手压平或覆盖硅胶布，用 1 kg 碾辊辊一次。

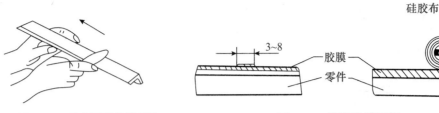

图 4-16　贴合面处涂胶示意　　　　　　　　图 4-17　铺设胶膜示意

（3）贴合面铺密封带方法。将密封带铺在刚性较大的零件贴合面上。若铺放密封带后立即铆接装配，则应将密封带从垫布上取下后再铺设。否则，应将密封带随垫布一起铺放，临铆接装配之前取下垫布。当密封带不能与骨架零件良好定位贴合时，允许用 XY-401 胶将密封带局部粘贴在骨架上。

（4）贴合面铺腻子方法。铺设前用腻子挤出器将腻子制成直径为 2 ～ 3 mm 的腻子条，铺放在骨架上。当不易挤出时，可将腻子预热，温度不超过 30 ℃。

（5）可拆贴合面处密封剂涂敷方法。在可拆卸口盖、观察口板件等部位贴合面一侧涂隔离剂，如喷一薄层滑石粉，涂可剥性涂层或用含油脂棉纱擦涂一薄层油脂，如图 4-18 所示。

（6）沟槽注胶方法。注胶应沿一个方向，如图 4-19 所示。由第二孔开始注射密封胶，待第一孔见胶时，堵住该孔，继续注胶直至第三孔见胶，抽出注胶枪嘴，用螺钉封闭第二孔，继续由第三孔注射密封胶直到第四孔见胶，封闭第三孔，以此类推，直到全部沟槽注射完毕。

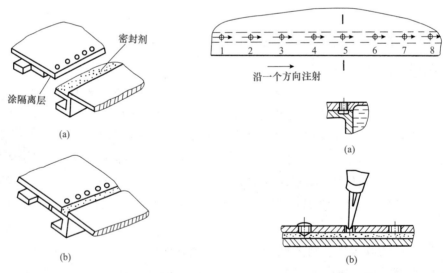

图 4-18　可拆贴合面处密封胶涂敷方法　　　图 4-19　沟槽注胶方法

（7）沟槽注射腻子的方法。注射密封腻子的方法与注射密封胶的方法类似，注射 XM34 密封腻子的压力为 4.41 MPa。

（8）结构下陷处的注胶方法。将注胶枪嘴插进注射孔，一次连续完成注射密封胶，即当孔道出口见胶时，先将出口堵住，以提高孔内腔的注胶压力，使密封胶渗透到腔内细小的缝隙中，直到完成充满内腔并向外多渗出 2~3 mm 为止，如图 4-20 所示。用整形工具剔除多余的密封胶并整形。

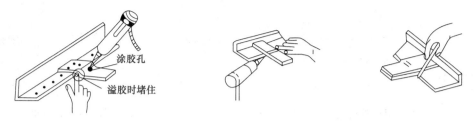

图 4-20　结构下陷处的注胶方法

（9）结构内腔的注胶方法。在结构内腔底部开注胶孔，其位置应保证注胶时不使内腔局部"窝气"而产生死角。用注胶枪由注胶孔注射密封胶，当溢胶孔出胶时边注胶边移出枪嘴，如图 4-21 所示。

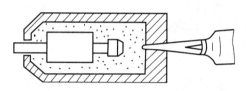

图 4-21　结构内腔的注胶示意

4. 表面密封密封剂的涂敷

（1）结构上已涂的缝外密封剂和紧固件密封剂的表面在清洗前，密封剂应达到硫化期。

（2）表面密封用密封剂，使用的稀释剂不应使已涂敷的胶层产生龟裂、起皱和脱落。

（3）刷涂密封剂时，应依次在表面上进行，不允许大面积拉开涂胶，其余的按紧固件头部刷涂密封剂的要求进行。

（4）喷涂密封剂时使用喷枪，喷枪嘴应距结构表面 80 ～ 100 mm，倾角为 70°～ 80°，移动速度约为 1.2 m/min。喷涂的密封剂应均匀、连续。

（5）灌涂密封剂时，密封剂灌入结构容积的 10%～15%，封闭灌胶口，在专用摇摆架上晃动或翻转结构，使容积内所有表面浸涂一层密封剂，保持 10 ～ 20 min，倾倒出剩余的密封剂，通入干净无油的热空气（不高于 50 ℃），吹除溶剂。

5. 紧固件密封密封剂的涂敷

（1）紧固件的湿安装密封。

① 在紧固件钉头与结构贴合面的任意一侧涂一圈连续密封剂，如图 4-22 所示，涂敷量应保证紧固件装配后在周边有连续挤出的密封剂且不过量。

② 在紧固件杆部或孔内涂密封胶，如图 4-23 所示，螺纹紧固件的螺纹部分涂密封胶后应立即进行安装。

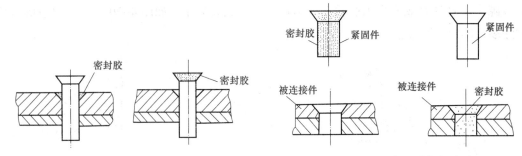

图 4-22　紧固件钉头与贴合面处涂胶　　　图 4-23　紧固件杆部涂胶

（2）紧固件端头注射密封剂密封。用注胶枪将密封剂涂敷在紧固件端头周围，涂敷量应保证整形后符合要求。A320 飞机典型紧固件密封技术要求如图 4-24 所示。

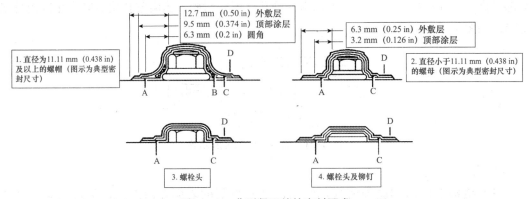

图 4-24　典型紧固件的密封要求

A—底层涂料 09-028；B—圆角 09-002B；C—顶部涂层 09-107、09-017A 或 09-001；D—外敷层 09-014 或 09-007

（3）紧固件端头安装密封罩密封。

① 用注胶枪将密封剂注入密封罩，然后将罩安装在紧固件头上，使罩的底边与结构表面接触，注胶量应保证密封胶从罩底边缘和顶端溢胶孔有少量胶挤出，如图 4-25 所示。挤出的密封剂整形为光滑连续的填角，多余的密封剂应清除。

② 对自动定位的密封罩，可用注胶枪由顶端开孔向罩内压注密封剂，如图 4-26 所示。

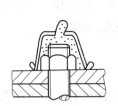

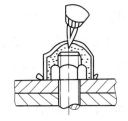

图 4-25　紧固件端头安装密封罩的注胶　　　图 4-26　紧固件端头安装自动定位密封罩的注胶

（4）紧固件头部刷涂密封剂密封。

① 使用 A 类密封剂，用硬板刷在钉头和周围表面刷涂密封剂，不允许密封剂向其他面积流淌。一般刷两遍，第一遍与第二遍的刷涂时间相隔 4 ~ 6 h。

② 第二遍刷涂的密封剂与第一遍的应有明显色差，以便发现漏涂。

6. 密封剂涂敷后的保护

（1）在未达到不粘期的密封剂上方，不准钻孔、铰孔等操作。当难以避免时，应用聚乙烯薄膜覆盖密封剂。该保护膜的拆除只能在密封剂不粘期以后进行。

（2）严禁滥用溶剂和清洗剂，不准在未硫化的密封剂上使用溶剂。在硫化的密封剂上涂敷含溶剂的涂料时，必须确认所含溶剂对底层密封剂无损害方可使用。

（3）不准踩踏和重压已硫化的密封剂，受空间限制必须在涂敷密封剂的部位上操作时，应用海绵橡胶板或棉垫覆盖，工作人员应穿软底工作鞋和无扣衣服。来回踩踏区和停留区还应事先将金属屑、污物等用吸尘器清理干净。

■ 三、密封铆接施工

密封铆接典型工艺过程包括预装配、钻孔和锪窝、分解与清理、涂覆密封剂、最后装配、放钉、施铆和硫化等主要工序。

（一）预装配、钻孔和锪窝

1. 预装配

（1）零件与零件之间配合应协调，贴合面应平整，其间隙不大于 0.5 mm，当工艺固定后，其间隙不大于 0.2 mm。

（2）凡需涂敷缝内密封材料的铆缝、零件贴合面之间应垫以同密封材料厚度相等的铝或纸垫片，以确保孔位的协调性，当密封材料的厚度不影响孔位（如平面密封铆缝、沉头窝深度小于蒙皮厚度）时允许不加垫片，如图 4-27 所示。

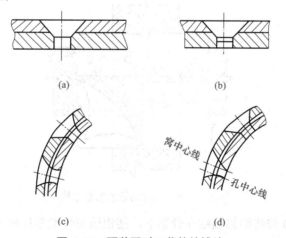

(a)　　　　　　　(b)

(c)　　　　　　　(d)

图 4-27 预装配时工艺垫的铺放
（a），（c）正确的（画窝时垫有纸垫）；（b），（d）不正确的（画窝时未垫纸垫）

（3）不允许用加垫方法消除贴合面处的间隙。当刚性大的零件与刚性小的零件贴合不好时，可以用压紧方法使刚性小的零件紧贴到刚性大的零件上。

（4）按装配指令要求修配好零件余量。用足够的定位销或工艺螺钉将零件夹紧和固定。夹紧间距根据零件的刚度和装配的协调性来确定。

当零件厚度为 5 ～ 10 mm 时，间距为 80 ～ 120 mm；

当零件厚度在 10 mm 以上时，间距为 220 ～ 250 mm；

对于有弧度的零件，间距为 80 ～ 100 mm。

夹紧零件之间的间隙在 100 mm 长度以内应不超过 0.2 mm。

2. 钻孔和锪窝

密封铆接时，应在预装配状态下完成所有铆钉孔的钻制和锪窝。对于气密结构用于定位夹紧的孔，允许在涂敷密封剂后进行扩孔和锪窝，这类孔的间距应不小于 300 mm。钻出所有铆钉孔并锪窝，要求与普通铆接相同。

（二）分解、清洗和铺放密封材料

1. 分解

（1）按与装配相反的顺序分解出所有参加预装配的零件、组合件，依次摆放整齐，对难以辨别的零件，依据装配关系可做出一定的标记，以免再装配时装错。

（2）清除零件夹层中的金属屑和杂物。

（3）清除所有孔边缘和零件端面的毛刺，并按规定要求制倒角或倒圆。孔边缘倒角的深度一般以 0.05 ～ 0.15 mm 为宜。

（4）清除镁合金零件的孔边毛刺时应采用非金属刮板，以免划伤孔窝的表面。

2. 清洗和铺放密封材料

按规定清洗零件的贴合面后铺放密封材料。蒙皮对缝、板材对缝、骨架对缝或骨架下陷之间的交叉部位应铺放铝箔，如图 4 -28 所示。

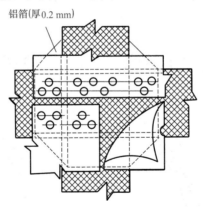

图 4 -28　铺放铝箔的密封结构

（1）用 XY -410 胶将铝箔粘贴在骨架上，使铝箔与骨架零件成为一个整体。

（2）敷设密封带或密封腻子。

（三）装配和放钉

1. 装配

将分解的零件重新按预装配的位置固定，优先选用胀套式定位销进行固定。根据产品结构形式和装配件的协调性来选择定位销的数量，结构简单、协调性好的装配件可少选一些。定位销间距一般按 150 ～ 200 mm 为宜。

2. 放钉

（1）放铆钉前，首先清洗铆钉或所需的连接件。

（2）用穿针通过铆钉孔找正零件位置，不允许零件来回移动，将所有零件重新组装并夹紧。

（3）缝内敷设密封带的铆钉孔，在铆钉放入前应使用穿针从铆钉放入方向刺穿密封带，再插入铆钉。穿针表面要抛光，其直径与铆钉直径相同。允许穿针蘸水穿铆钉孔，当穿针穿过铆钉孔粘上腻子时，应使用蘸丙酮的抹布将腻子擦净再拔出。

（4）缝内涂敷密封胶时，可将铆钉直接插入孔内，并擦去铆钉杆端头上的胶，以保证铆钉镦头的成形质量，如图4-29所示。

（四）密封铆接施工

（1）在施铆前应插入部分铆钉，检查零件定位的正确性。

（2）先轻轻点铆，再在靠近铆钉杆的零件表面上轻击，消除零件夹层间的间隙。应断续施铆，不允许铆枪连击，以防止镦头产生裂纹。

（3）经常擦拭顶把和冲头，清除粘在其上的胶和腻子。

（4）双排铆钉的铆接顺序如图4-30所示。先铆内排3～4个铆钉（图中1～3号铆钉），再铆外排3～4个铆钉（图中4～6号铆钉）。

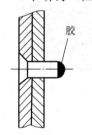

图4-29　铆钉杆端头粘有密封剂

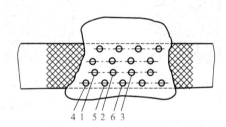

图4-30　双排铆钉的密封铆接顺序

1～6—铆钉

（5）工艺固定用铆钉孔处的最后铆接，要保证孔内有胶（涂胶铆接）。如果没有胶，则应涂胶铆接。

（6）在铆接过程中不允许钻孔。若更换铆钉，则可用扁錾把镦头錾去，冲出铆钉杆后，再涂胶铆接。

（7）铆接工作必须在密封胶的施工期内完成。若超过施工期，则要更换新胶。

（8）清理铆缝。清除多余的密封带、胶膜、腻子和密封胶。挤出的胶，如在施工期内，则可用刮刀按缝外涂胶要求制成倒角，并将多余的胶去掉。将蒙皮表面和非边缘处的余胶擦净。

【项目拓展】

扫描以下二维码，认真阅读项目拓展教学案例，了解飞机制造、维修工作中的密封铆接的新工艺、新技术，有效积聚学习资源，促进自主学习和个性化学习。

【项目拓展】

国内外常用密封剂

（文档）

【思政案例】

扫描以下二维码，阅读相关教学案例，从航空报国理想信念、航空工匠精神、职业素养、团队意识和工作作风等方面，分析案例中所蕴含的德育、劳育、安全文明生产、质量意识等职业素养要求。

【思政教育】	【航空工匠】	【航空事故】
千锤百炼 实现强国梦	吴兴世 工匠精神 精益求精	中华航空 120 号班机空难
（视频）	（视频）	（文档）

【技能训练】

工作手册 4-1：纵条结合构件密封铆接（初、中级工）

任务编号	4-1	实训工卡		工卡编号	GK006
任务类型	综合技能			版本号	01
机型	N/A	计划工时	6 h（初级） 4 h（中级）	工位		页码	第　　页 共　　页

标题	纵条结合构件密封铆接
参考技术文件	飞机铆接安装通用技术条件、铆装钳工技能
注意事项	1. 坚持安全、文明生产规范，严格遵守实训室制度和劳动纪律； 2. 穿戴好劳动保护用品，不携带与实训工作无关的物品； 3. 不同型号的铆钉分开存放，检查计量器具校验日期； 4. 铆枪严禁指向人或非铆接零件时打空枪； 5. 使用剪板机、砂轮机等设备须在教师指导下进行，应遵守安全操作规程

教学资源	【教学资源】 常用航空密封剂的使用 （视频）	【教学资料】 密封铆接的施铆 （视频）			
	工具／设备／材料／防护				
类别	名称	型号／规格	单位	数量	工作者	检查者

类别	名称	型号／规格	单位	数量	工作者	检查者
工具	气钻	Z0601	把	1		
	铆枪	M0501	把	1		
	顶铁	2#	把	1		
	中心冲	标准	把	1		
	钻头	ϕ3.6 mm	把	1		
	橡胶榔头	标准	把	1		
	定位销	ϕ3.5 mm	个	4		
	平冲头	ϕ3.5 mm	把	1		
	平锉刀	8″	把	1		
	刮边器	标准	个	1		
	金属铅笔	2B	支	1		
	直杆冲	ϕ3.0 mm	把	1		
	划窝钻	ϕ3.5 mm×120°	个	1		
	注胶枪	标准	支	1		
	刮刀	1″	个	1		
	刮板	胶木	块	1		
	美工刀	标准	把	1		
	钢字码	标准	套	1		
	钢板尺	300 mm	把	1		
	卡尺	0.02 mm	把	1		
	铆钉卡规	标准	把	1		
	直角尺	标准	把	1		
设备	工作钳台	标准	台	1		
	剪板机	1.5 m	台	1		
	折边机	1.2 m	台	1		

		工具／设备／材料／防护				
类别	名称	型号／规格	单位	数量	工作者	检查者
耗材	铝板	LY12CZ–1.2/1.5 mm	块	按图样		
	沉头铆钉	HB6315–ϕ3.5×8	个	按图样		
	密封胶	XM–28	组	1		
	纸胶带	20 mm	卷	1		
	清洁剂	丙酮	瓶	1		
防护用品	棉布	N/A	块	1		
	耳罩／耳塞	符合个人防护标准	副	1		
	防护手套	符合航空使用标准	副	1		

备注：

编写		审核		批准	

完工签署					
检查者			完工日期		

项目	工作内容	工作者	检查者
一	准备工作		
1	技术资料：查询资料，找到与任务相关的知识内容		
2	工作场地／设备：检查工作现场和设备的运行安全		
3	工具／材料：按工具清单清点工量具，准备实训材料		
4	劳动防护：按实训要求穿戴劳保用品，做好个人安全防护		
二	下料		
1	根据图样确定板料、角材形状和下料尺寸。在板料上画线、剪切下料		
2	板料表面校平		
3	用平锉刀去板料和角材边缘毛刺，锉修光滑		

项目	工作内容	工作者	检查者
三	制作铆钉孔		
1	根据图样确定铆钉的头型、材料、直径、长度和数量		
2	根据图样在板料和角材表面布置铆钉		
3	在铆钉孔位置用中心冲打上定位点		
4	在钳台上夹紧板料和角材，用风钻在角材两端铆钉定位点上打定位孔		
5	安装定位销，钻其余铆钉孔，在钻孔时先钻初孔，然后用比铆钉直径大 0.1 mm 的钻头扩孔。 ★注意：按钻孔技术要求打铆钉孔，初孔直径 =（0.6～0.8）铆钉直径。工件在垫木上操作时应保护表面		
6	钻孔完毕后卸下定位销，铆钉孔边缘用刮边器（或 10 mm 钻头）倒角 0.2 mm，清除毛刺		
7	按钻孔技术要求检查铆钉孔加工质量		
四	制作沉头窝		
1	沉头铆钉的孔分别用划窝钻和深度限制器锪窝		
2	按锪窝的技术要求检查沉头铆钉窝的质量		
五	密封铆接施工		
1	涂胶面按密封结构要求用清洁剂进行清洗并晾干。对非涂胶面用纸胶带进行表面保护。 ★注意：保护面宽度要大于 20 mm		
2	按密封胶配制技术条件要求调配适量胶液		
3	按密封胶施工技术要求在涂胶位置用注胶枪注胶后用刮板刮涂均匀，检查胶层铺涂质量		
4	按图样要求选择合适铆枪冲头和顶铁，安装铆钉施铆		
5	去除保护胶带，清理铆缝，铆接后余胶应及时清除		
6	铆接施工质量应符合技术要求。如检查发现有不合格铆钉，则按特种铆接技术要求拆除与重铆		
六	结束工作		
1	用记号笔或钢印做好标记（学号），提交工件和工卡		
2	清点工具和量具，按要求维护后摆放规范整齐		
3	清扫工作现场，保持工位干净整洁，符合安全文明生产要求		

纵条结合构件密封铆接考核评价表

序号	项目 /mm	容差 /mm	工、量具	配分	评分标准与得分			扣分
					$S \leq T$ $C < 5\%$	$T < S \leq 1.5T$ $5\% < C < 60\%$	$S \geq 2T$ $C > 90\%$	
1	外形尺寸	±0.5	卡尺	10				
2	零件定位尺寸	±1.0	钢板尺	10				

序号	项目 /mm	容差 /mm	工、量具	配分	评分标准与得分			扣分
					$S \leq T$ $C < 5\%$	$T < S \leq 1.5T$ $5\% < C < 60\%$	$S \geq 2T$ $C > 90\%$	
3	铆钉孔间距	±1	钢板尺	5				
4	铆钉孔边距	±0.5	钢板尺	5				
5	零件四角垂直度 90°	±30′	角度尺	5				
6	密封胶调配		按手册	10				
7	零件表面保护		按工艺	10				
8	密封胶涂敷施工		按工艺	10				
9	零件的清洗质量		目 测	5				
10	铆钉头部变形		目 测	5				
11	铆钉头铆接质量	≤ 0.1	千分表	5				
12	铆钉镦头铆接质量		铆钉卡规	10				
13	铆钉镦头变形损伤		目 测	5				
14	零件表面的变形	< 0.4	直 尺	5				
15	未列尺寸或项目				每处不合格扣 1 分			
16	安全文明生产				按轻重程度，酌情扣 2~10 分			
得分								

注：S—制作工时；T—标准工时；C—尺寸超差值

飞机结构修理技术文件的使用

【项目导入】

　　飞机结构的完整性对飞行安全起着极其重要的作用。但是，飞机在使用过程中，结构会发生变形、疲劳、磨损、腐蚀等损坏，从而使结构的强度、刚度降低或丧失，影响飞机结构的完整性。飞机结构损伤后，轻则降低结构强度，破坏结构的外形；重则造成飞机解体，危及飞行安全。因此，当飞机结构出现损伤后，必须通过各种修理方法，及时恢复飞机的结构强度。结构修理是飞机维修工作中的三大组成部分之一，修理的方法和形式有多种，准确修理的资料主要参照飞机生产厂的维修手册和结构修理手册。

【学习目标】

【素质目标】

　　（1）树立航空产品质量第一的意识，培养航空维修安全文明生产的职业素养。

　　（2）培养飞机维修工作按标准和规范操作的职业素养。

【知识目标】

　　（1）了解飞机结构修理的基本原则、损伤类型、检测方法和飞机维修等级分类。

　　（2）掌握飞机结构修理手册的作用、内容组成、编排规则和主要章节内容。

　　（3）熟悉例行工卡和非例行工卡的主要内容，必检项目和非必检项目的标识方法。

【能力目标】

　　（1）能熟练查询飞机结构修理手册，利用飞机结构修理手册指导飞机结构件修理。

　　（2）能区分飞机维修的例行工卡和非例行工卡，并能正确填写和签署。

在飞机维修工作中，维修人员常需要查阅和使用各种修理手册，以获得飞机维修的技术资料。根据飞机结构或者零构件的构造、材料、损伤程度判定标准，以及维护或者修理工艺程序等，完成制定修理方案或者按照这些技术资料制定维修工作单（卡）。

任务1：一架注册号为B-2696的波音737-81B型飞机，使用该型飞机结构修理手册（B737-800SRM），完成以下资料查阅任务。

（1）查阅该手册的飞机有效性页码段，查看该飞机的有效性。

（2）查看资料发送说明、修订重点说明、扉页部分有效页清单、正文部分有效页清单、修订记录、临时修订记录、服务通告清单、简介等基本信息。

（3）查看SRM正文部分的内容。

任务2：一架注册号为B-2647的波音737-81B型飞机，在机身站位编号为STA400～420、左侧下方桁条S-21L与S-22L之间的蒙皮处发现一深为0.018 in、长为2.5 in的擦伤，需查阅该型飞机结构修理手册（B737-800SRM），并根据损伤情况确定修理方案：

（1）该处蒙皮的材料和厚度。

（2）判断损伤程度。

（3）如损伤超出可允许损伤范围，确定其修理方案。

【任务知识】

■ 一、飞机结构修理的基本原则

（一）飞机结构的损伤类型

飞机的损伤通常是因碰撞、疲劳、着火、腐蚀或超过设计极限的飞行操作所致。这些损伤降低了飞机结构的强度、刚度，影响了飞机的气动性能，因此，必须对飞机结构的损伤进行及时的修理，以保证飞机处于良好的使用状态。

1. 损伤的基本类型

在飞机结构修理手册中，损伤的术语有腐蚀、磨损、侵蚀、划伤、擦伤、起包、屈曲、皱纹、裂纹、断裂、断口、压痕、拆痕和挖伤等。它们的定义如下：

【教学资源】
飞机结构损伤修理
原因（视频）

（1）腐蚀：金属材料由于介质的化学作用和电化学作用等因素而产生的破坏。航空材料主要发生电化学腐蚀。

（2）磨损：物体两接触面之间，由于摩擦作用，表面物质逐渐损耗，从而导致垂直于摩擦表面方向上的物体尺寸逐渐减小。

（3）侵蚀：物体受到高速流体（气体、液体或微粒流子）的冲击而造成的磨损。

（4）划伤：由于尖锐物在物体表面擦过而留下的细小沟状痕迹。

（5）擦伤：由于表面粗糙的东西在物体表面擦过而在物体表面局部留下的浅痕。

（6）起包：因物体表层材料从本体上分离而引起的物体表面局部隆起。

（7）屈曲：薄板、薄壁或杆件，在压力或扭转作用下，因失稳而出现的局部皱纹或弯曲现象。

（8）皱纹：张力场板在负荷下，开始屈曲，产生塑性变形，形成一凸一凹的条纹。

（9）裂纹：由于材料应力过高，或长时间受交变荷载作用，而引起的材料局部分离或将要裂开的痕迹。

（10）断裂：由于材料应力过高，或长时间受交变荷载作用，而引起的材料完全分离。

（11）断口：是指材料的断裂面，它记录了材料发生断裂的信息，可为分析断裂提供依据。

（12）压痕：在横断面没有改变的情况下，物体表面某部位受压而低于正常外形。压痕边缘光滑。

（13）折痕：物体由于受压或被折，而在其表面产生的伤痕。在损伤估计和修理时，一般应作为裂纹考虑。

（14）挖伤：带刃物在物体表面擦过，形成连续尖锐或光滑的沟道，并引起横断面改变。

【教学资源】
飞机机体损伤容限
试验（视频）

2．飞机结构损伤分类

依据结构件强度损失程度，损伤可分为允许损伤、可修理损伤和不可修理损伤（更换新件）。飞机结构损伤的基本类型见表 5-1。

表 5-1　飞机结构损伤的基本类型

分类	基本类型	定义	补充说明
按修理性质分类	可允许损伤	允许存在或能用简单方法纠正或阻止的损伤	（1）不要求任何处理的损伤。 （2）要求进行简单处理的损伤。如钻止裂孔；打磨刻痕和擦伤，使其均匀过渡，减小应力集中和简单的防腐处理等
	可修理损伤	损伤超过允许限度，要求用结构修理件加强	（1）需修补、修理的损伤，通常是裂纹和破洞等形式。要求修补区超过损伤面积，修补件与紧固件的设计和安装必须满足使结构获得足够的强度和刚度，并且不影响它的功能。 （2）需镶入修理的损伤，要求用新零件替换损伤部分，且能使镶入部分传递结构荷载，并能保证其结构强度和刚度，以及使用寿命
	不可修理损伤	结构损伤严重，不可修复，或者进行修理在经济上不合算的损伤	（1）一般修理不如换件修理经济的损伤部件。 （2）相对短小的损伤件。 （3）超过允许修理限度的锻件、铸件和机械部件。 （4）一般修理后，不能满足剩余强度要求的高应力件。 （5）在高温影响的区域，发现强度不足且难以检测、观察的部件。 （6）保证飞机寿命要求的重要构件

分类	基本类型	定义	补充说明
按损伤原因分类	飞机正常使用所造成的损伤	主要包括交变荷载引起的疲劳损伤、使用环境所造成的腐蚀损伤和结构设计不合理、制造工艺粗糙而产生的损伤等	这类损伤在日常修理工作中占有很大比例
	飞机非正常使用维护所造成的损伤	非正常操纵驾驶、维护不当或飞行中机件突发故障等原因所造成的损伤	这类损伤大多是撞伤、擦伤和烧伤。机身上较多，机翼次之，尾翼部分较少

（二）飞机结构修理的一般准则

损伤是根据结构件横断面的变化或结构元件的永久性变形情况定义的。飞机结构损伤修理的基本原则：在确保修理后的强度、刚度和空气动力性能的基础上，尽可能控制飞机结构重量的增加，并力争快速。飞机结构在修理过程中应该遵循的等强度、刚度协调和抗疲劳修理准则见表 5-2。

【教学资源】
飞机结构修理的
主要原则（视频）

表 5-2　飞机结构修理的一般准则

准则名称		基本思想	注意事项
等强度修理准则	局部等强度修理准则	构件损伤部位经修理以后，该部位的静强度基本等于原构件在该部位的静强度	首先要知道构件损伤处横截面上的最大承载能力，其次才能确定加强件的几何尺寸和连接铆钉的数目
	总体等强度修理准则	根据总体结构的构造特点和受力情况，找出最大的受力部位；然后根据其极限受力状态，确定该总体结构能够承受的最大荷载；最后，根据其承载能力所确定的最大荷载，考核修理部位的强度储备	应对结构传力情况和受力状态进行准确的分析，并确定损伤部位修理后的强度储备大于结构中另一个其他部位的强度储备
刚度协调修理准则		构件损伤部位经修理以后，构件所在的部件的刚性位置和平衡状态应保持不变，同时，构件之间（或部件各部位之间）的刚度和变形要协调一致	修理时不允许改变机翼薄壁结构的闭合性。对于有平衡要求的部件，修理时不能随便增加修理部位的质量，修理后进行平衡检查。应避免过分加强受损伤构件或用刚度过高的新件更换损伤件。避免在刚性较强的传力路线附近平行地布置较柔性的传力路线。避免同一连接接头或同一传力路线上，混合使用紧固件
抗疲劳修理准则		损伤构件经修理以后，应尽可能使其恢复到未损伤前的抗疲劳强度	当需要更换或加强损伤的结构件时，新的替换件或加强件一般应与原结构件的材料相同。切忌单从静强度上考虑，而采用刚性较强、强度较高的材料，过分地加强损伤部位，致使结构上产生"过硬点"，降低疲劳强度。修理中应尽可能避免应力集中现象出现，在无法避免时，应尽量减小应力集中系数

在按抗疲劳修理准则进行修理时，避免和减缓应力集中的措施主要如下：

（1）修理部位应尽量避免横截面有急剧突变出现。在构件横截面尺寸或形状改变的地方尽可能采用较大圆角光滑过渡，防止截面面积突然增加。

（2）飞机结构在修理中，应避免切断主要传力构件，如梁缘条等；同时切割几根构件时，应使切割线彼此错开。

（3）接补修理损伤构件时，应尽量不采用单侧加强方案，优先选用两侧加强方案。

（4）开工艺孔时，要避免在主要受力构件上开孔，特别是受拉构件尽量不开孔。例如，机身加强框的腹板和机翼梁腹板都是承受剪力的主要构件，一般应避免在这些部件上开孔。无法避免时，应在开孔四周采用边框加强或做成补偿式开孔，并且应根据构件的受力状态和工艺要求，确定合理的开孔形状。

（5）修理部位的构件边缘不允许有尖角，并保证有足够大的圆角过渡，这样可避免从尖角处产生裂纹。

（6）避免在主要传力构件的高应力区域或应力集中部位装置辅助构件，防止出现复合应力集中。连接在主要结构上的辅助接头不应承受主要荷载。

（7）铆钉和螺栓孔布置，要尽量避开高应力区。最好将各个应力集中部位错开一个小距离或避开应力集中的叠加。

（8）尽量减少接头和接缝，并将它们置于低应力区。避免过长的对接缝，以免传载不均匀。同时，接缝最好安排在受力骨架上。

飞机结构修理的一般准则还包括抗腐蚀修理准则、保持飞机气动外形修理准则等，在对飞机结构进行损伤修理时，应以这些修理准则为依据，正确地制定修理方案。

■ 二、飞机结构修理手册的使用

（一）飞机结构修理手册的类型

涉及民航管理的规章《维修和改装一般规则》（CCAR—43）中明确要求维修人员在对航空器或者航空器部件进行维修或者改装工作时，应当依据"使用航空器制造厂的现行有效的维修手册或持续适航文件中的方法、技术要求或实施准则"完成相关维修工作。

常用的飞机维护和修理手册可分为客户化手册和非客户化手册两大类。客户化手册主要有飞机维护手册（AMM）、图解零件目录（IPC）、线路图解手册（WDM）和故障隔离手册（FIM）。非客户化手册主要有飞机结构修理手册（SRM）、无损检测手册（NTM）、防腐手册（CPM）、大修和零部件维护手册（OH/CMM）。

【教学课件】

飞机维修手册查询

（PPT）

客户化手册因客户飞机选型不同、飞机构型差别、加改装情况、飞机出厂时间批次及客户提出的各种特殊要求而有所差别。另外，客户化手册持有人要及时将营运后飞机变化的情况，如完成有关服务通告和适航指令等情况，反馈给制造厂，以便定时修改相关手册。因此，客户化手册有着明显的针对性，这类手册没有通用性，即使是同一型号飞机的维修手册，各航空公司之间也是不可互用的。

非客户化手册又称通用性手册，这类手册在不同的客户之间是可以通用的，其修改版次也是一致的。其中，飞机结构修理手册（SRM）是典型的非客户化手册。通常，飞机结构修理手册是经适航当局委任代表批准（FAA Approved，DER Approved，FAA 批准的资料，FAA Approved Data）的，大部分涉及重大修理和重大改装的方案也是经过适航当局批准的。

（1）飞机结构修理手册是飞机制造厂家制定的并且经航空器型号设计批准所在国的适航当局批准的。飞机结构修理手册是维修单位对飞机结构进行维护和修理的法定技术文件之一，它是制定飞机结构维护和修理方案的依据。

（2）飞机修理手册主要提供飞机结构修理的资料，从中可获得以下信息资料：

①飞机结构材料的识别，包括合金牌号、热处理状态、外形工艺、表面防护工艺、修理中材料替代要求等。

②连接紧固件件号和替代要求等。

③结构允许损伤的标准。对于结构不同部位所出现的各类损伤，SRM 做了图解介绍，并给出界定允许的损伤形式和界限值及处置要求。

④飞机结构修理通用的施工工艺技术、典型结构或结构件的修理方案、飞机结构及主要结构元件的图解说明。

（二）飞机结构修理手册的内容

现以波音 B737-800 飞机结构修理手册（以下简称 SRM）为例说明飞机结构修理手册的编排结构与内容。SRM 是按 ATA100 规范规则编排的，主要由扉页和正文两大部分组成。

1. 扉页部分内容及编排

（1）手册封面标题（Title）。飞机结构修理手册封面印有"×××型飞机结构修理手册"字样，维修人员要根据具体维修飞机的机型，查阅相应型号飞机的手册。

（2）飞机的有效性（Effective Aircraft）。该部分列出了本手册对其有效的飞机编号。使用或者查阅某型号的飞机结构修理手册，首先应确定该手册对此飞机是否有效。

例如本项目任务 1，首先，根据具体机型查找相应型号的飞机结构修理手册，本例为 B737-81B 飞机，应查阅 B737-800 结构修理手册。然后查阅该手册的飞机有效性页码段，查看该飞机的有效性。本例在有效性页码段中查到注册号为 B-2696、型号为 B737-81B 的飞机，说明该手册对此飞机是有效适用的。有效性这一部分还有航空公司代码、系列号、生产线号等信息，如图 5-1 所示。

| Model-Series | Operator | | Manufacturer | | | | Registration Number |
	Identification Code	Effectivity Code	Block Number	Serial Number	Basic Number	Line Number	
...	...	...	...	...	...	...	...
...	...	...	...	...	...	...	...
...	...	...	...	...	...	...	...
737-844	SAA	183	YD483	32633	Y1661	1225	ZS-SJT
737-85R	JPL	811	YC741	30410	Y1662	1228	VT-JGA
737-81B	GUN	004	YJ674	32924	Y1663	1230	B-2696
...	...	...	...	...	...	...	...
...	...	...	...	...	...	...	...

EFFECTIVE AIRCRAFT

Page X
month/date/year

图 5-1　飞机有效性信息

（3）资料发送说明（Transmittal Letter）。介绍 SRM 修订后发送给客户的形式：纸质文件形式、胶卷或数码形式；另外，还有资料更新的相关注意事项，如图 5-2 所示。

STRUCTURAL REPAIR MANUAL

Revision No. X
month/date/year

The Structural Repair Manual (SRM) is furnished either as a printed manual, on microfilm, or digital products, or any combination of the three. This revision replaces all previous microfilm cartridges or digital products. All microfilm and digital products are reissued with all obsolete data deleted and all updated pages added.

For printed manuals, changes are indicated on the List of Effective Pages (LEP). The pages which are revised will be identified on the LEP by an R (Revised), A (Added), O (Overflow, i.e. changes to the document structure and/or page layout), or D (Deleted). Each page in the LEP is identified by Chapter-Section-Subject number, page number and page date.

Pages replaced or made obsolete by this revision should be removed and destroyed.

ATTENTION

IF YOU RECEIVE PRINTED REVISIONS, PLEASE VERIFY THAT YOU HAVE RECEIVED AND FILED THE PREVIOUS REVISION. BOEING MUST BE NOTIFIED WITHIN 30 DAYS IF YOU HAVE NOT RECEIVED THE PREVIOUS REVISION. REQUESTS FOR REVISIONS OTHER THAN THE PREVIOUS REVISION WILL REQUIRE A COMPLETE MANUAL REPRINT SUBJECT TO REPRINT CHARGES SHOWN IN THE DATA AND SERVICES CATALOG.

TRANSMITTAL LETTER

page X
month/date/year

图 5-2　资料发送说明

（4）修订重点说明（Highlights）。介绍对 SRM 的改版内容和内容改变的形式，例如：内容的更新、添加或者删除，如图 5-3 所示。

STRUCTURAL REPAIR MANUAL

Location of Change	Description of Change
CHAPTER 51	
51-10-02	
GENERAL	Added a note for clarification.
51-30-01	
GENERAL	Changed the repair data.
	Changed the data in the References list.
	Changed reference from ''51-20-01'' to ''51-20-02, GENERAL''
CHAPTER 53	
53-10-15	
PGBLK 53-10-15-0I	Added a new procedure.
PGBLK 53-10-15-1A	Added a new procedure.
PGBLK 53-10-15-2R	Added repair procedure.
53-10-51	
PGBLK 53-10-51-2R	Added a new procedure for damage to a machined floor intercostal.
CHAPTER 54	
54-70-90	
PGBLK 54-70-90-1A	Added new procedure.
CHAPTER 57	
57-20-90	
REPAIR 2	Changed the data in the References list.
57-53-02	
ALLOWABLE DAMAGE 1	Changed the data in the References list.
	Added allowable damage limits data.
57-53-70	
IDENTIFICATION 2	Changed the graphics data.

HIGHLIGHTS

Page X
month/date/year

图 5-3　修订重点说明

（5）扉页部分有效页清单（Effective Page）。A 代表"Added"，表示增加内容；R 代表"Revised"，表示修订；O 代表"Overflow"，表示改变了文件结构、文件页面的编排；D 代表"Deleted"，表示删除，如图 5-4 所示。

Subject/Page	Date	Subject/Page	Date	Subject/Page	Date
TITLE PAGE		EFFECTIVE AIRCRAFT (cont)		INTRODUCTION (cont)	
O 1	Mar 10/2009	R 37	Mar 10/2009	4	Nov 10/2006
2	BLANK	R 38	Mar 10/2009	5	Nov 01/2003
EFFECTIVE AIRCRAFT		R 39	Mar 10/2009	6	Nov 01/2003
1	Nov 10/2008	40	Jul 10/2008	7	Nov 01/2003
2	Nov 10/2008	R 41	Mar 10/2009	8	Nov 01/2003
R 3	Mar 10/2009	R 42	Mar 10/2009	9	Mar 10/2007
4	Mar 10/2008	43	Nov 10/2008	10	BLANK
5	Mar 10/2008	R 44	Mar 10/2009		
6	Jul 10/2008	R 45	Mar 10/2009		
R 7	Mar 10/2009	R 46	Mar 10/2009		
R 8	Mar 10/2009	R 47	Mar 10/2009		
9	Nov 10/2008	R 48	Mar 10/2009		
10	Jul 10/2008	A 49	Mar 10/2009		
R 11	Mar 10/2009	A 50	Mar 10/2009		
R 12	Mar 10/2009	TRANSMITTAL LETTER			
R 13	Mar 10/2009	R 1	Mar 10/2009		
14	Nov 10/2008	2	Nov 10/2007		
15	Nov 10/2008	HIGHLIGHTS			
16	Nov 10/2008	R 1	Mar 10/2009		
17	Nov 10/2008	O 2	BLANK		
R 18	Mar 10/2009	EFFECTIVE PAGES			
R 19	Mar 10/2009	1	Mar 10/2009		
20	Mar 10/2008	2	BLANK		
21	Mar 10/2008	EFFECTIVE CHAPTERS			
R 22	Mar 10/2009	R 1	Mar 10/2009		
R 23	Mar 10/2009	2	BLANK		
24	Jul 10/2008	REVISION RECORD			
25	Mar 10/2008	1	Nov 01/2003		
R 26	Mar 10/2009	2	Nov 01/2003		
R 27	Mar 10/2009	RECORD OF TEMPORARY REVISIONS			
R 28	Mar 10/2009	1	Nov 10/2006		
R 29	Mar 10/2009	2	Nov 10/2006		
30	Jul 10/2008	SERVICE BULLETIN LIST			
R 31	Mar 10/2009	1	Jul 10/2004		
R 32	Mar 10/2009	2	BLANK		
R 33	Mar 10/2009	INTRODUCTION			
R 34	Mar 10/2009	1	Nov 01/2003		
R 35	Mar 10/2009	2	Nov 10/2006		
R 36	Mar 10/2009	3	Mar 10/2007		

A = Added, R = Revised, O = Overflow, D = Deleted

EFFECTIVE PAGES

Page X
month/date/year

图 5-4　扉页部分受本次修订影响的页

（6）正文部分有效页清单（Effective Chapter）。正文部分受本次修订影响的章节，修订章节与修订时间如图 5-5 所示。

STRUCTURAL REPAIR MANUAL

	Chapter	Date	Title
R	51	Mar 10/2009	STRUCTURES - GENERAL
	52	Jul 10/2008	DOORS
R	53	Mar 10/2009	FUSELAGE
R	54	Mar 10/2009	NACELLES/PYLONS
	55	Nov 10/2007	STABILIZERS
	56	Jul 10/2007	WINDOWS
R	57	Mar 10/2009	WINGS

EFFECTIVE CHAPTERS

Page X
month/date/year

图 5-5 正文部分受本次修订影响的章节

（7）修订记录（Revision Record）。飞机制造厂家每年定期对 SRM 进行改版，使其内容更新。波音公司每年对不同型号飞机的手册分别进行 3 次修改，飞机型号不同，修改的时间也不同，具体改版时间见表 5-3。

表 5-3 改版时间记录表

机型	改版时间（每年）
B737	3 月 10 日、7 月 10 日和 11 月 10 日
B747	2 月 20 日、6 月 20 日和 10 月 20 日
B757	1 月 20 日、5 月 20 日和 9 月 20 日
B767	4 月 15 日、8 月 15 日和 12 月 15 日
B777	1 月 15 日、5 月 15 日和 9 月 15 日

每本手册的版本号和改版日期都印在手册的封面。在"改版记录"部分用以记录本手册的正常改版信息。在使用某本 SRM 之前，必须到该部分去查看最新改版日期，确认该手册是最新并且有效的。改版记录如图 5-6 所示。

STRUCTURAL REPAIR MANUAL

All revisions to this manual will be accompanied by transmittal sheet bearing the revision number. Enter the revision number in numerical order, together with the revision date, the date filed and the initials of the person filing.

Revision		Filed		Revision		Filed	
Number	Date	Date	Initials	Number	Date	Date	Initials

REVISION RECORD

Page X
month/date/year

图 5-6　改版记录

（8）临时修订记录（Record of Temporary Revision）。如正常改版的时间还没有到，但是又必须对手册进行修订时，飞机制造厂家会对手册进行临时改版。通常，临时改版的内容要用黄色的纸张打印，以示区别，并且要及时将其加入纸质活页手册。临时修改的内容通常在正常改版时加入纸质活页手册。按服务通告要求进行的临时修理，其内容会以活页的形式存在手册中，直到服务通告所要求的内容被完成为止。临时修订改版记录如图 5-7 所示。如果是电子版格式，则可以在每个章节见到临时修订改版记录的文件。

All temporary revisions to this manual will be accompanied by a cover sheet bearing the temporary revision number. Enter the temporary revision number in numerical order, together with the temporary revision date, the date the temporary revision is inserted and the initials of the person filing.
When the temporary revision is incorporated or cancelled, and the pages are removed, enter the date the pages are removed and the initials of the person who removed the temporary revision.

Temporary Revision		Inserted		Removed		Temporary Revision		Inserted		Removed	
Number	Date	Date	Initials	Date	Initials	Number	Date	Date	Initials	Date	Initials

RECORD OF TEMPORARY REVISION

Page X
month/date/year

图 5-7　临时修订改版记录

（9）服务通告清单（Service Bulletin List）。列出了飞机制造厂家发出的相关服务通告，如图 5-8 所示。

STRUCTURAL REPAIR MANUAL

Number	Incorporated	Started/Completed	ATA	Subject
SB 737-55-1062	MAR 10/2001	S	55-40-02	RUDDER - Leading Edge Rib Inspection - Installation
SB 737-55-1067	MAR 10/2001	S	55-10-90	Stabilizer - Horizontal Stabilizer - Hinge Plate Replacement
SB 737-55-1069	MAR 10/2001 MAR 10/2001	S	51-60-07 55-40-02	RUDDER - Lower Closure Rib & Rudder Hinge Plate Nut - Replacement

A = Added, R = Revised

SERVICE BULLETIN LIST

Page X
month/date/year

图 5-8　服务通告清单

（10）简介（Introduction）。该部分主要介绍本手册的编排、章节目、图号和页块号的数字编码规则、如何使用本手册、手册修订服务等。

SRM 中 51 章的主题内容及使用图号和页码范围规定见表 5-4。

表 5-4　使用图号和页码范围的规定

51 章的主题内容	使用的页码范围	使用的图号范围
概述	以 1 开始，按顺序排列	以图 1 开始，按顺序排列
修理概述	以 201 开始，按顺序排列	以图 201 开始，按顺序排列
各修理程序	以 201 开始，按顺序排列	以图 201 开始，按顺序排列

SRM 中 52 章到 57 章的主题内容及页码和图号使用规定见表 5-5。

表 5-5　页码和图号使用规定

52 ～ 57 章中的主题内容	使用的页码范围	使用的图号范围
综述	以 1 开始，按顺序排列	以图 1 开始，按顺序排列
结构识别	以 1 开始，按顺序排列	以图 1 开始，按顺序排列
允许损伤界定	以 101 开始，按顺序排列	以图 101 开始，按顺序排列
修理概述	以 201 开始，按顺序排列	以图 201 开始，按顺序排列
Repair 1，2，3，…	以 201 开始，按顺序排列	以图 201 开始，按顺序排列

注：如果说明某个主题内容的使用页码范围不够用，则可附加英文字母。例如，主题内容是"允许损伤界定"，说明其页码是在第 101 ～ 199 页的范围内，如果不够用，则可用 199A、199B、…、199Z 表达

2. 正文部分内容及编排

SRM 正文部分由 51 ～ 57 章组成，其每一章的内容都是由有效页清单、章目录和正文 3 部分组成的。

（1）有效页清单。列出了本章每页的最近修订日期，如图 5-9 所示。

CHAPTER 51
STRUCTURES - GENERAL

Subject/Page	Date	Subject/Page	Date	Subject/Page	Date
EFFECTIVE PAGES		51-00-04 GENERAL (cont)		51-10-01 GENERAL (cont)	
1 thru 17	Mar 10/2009	2	Jul 10/2008	13	Nov 10/2006
18	BLANK	3	Nov 10/2006	14	Mar 10/2006
51–CONTENTS		4	Nov 01/2003	15	Mar 10/2006
1	Nov 10/2004	5	Nov 10/2006	16	Mar 10/2006
2	Nov 10/2004	6	Nov 01/2003	17	Mar 10/2006
3	Nov 10/2004	7	Nov 01/2003	18	Nov 10/2007
4	Nov 10/2004	8	Nov 10/2006	19	Nov 01/2003
5	Nov 10/2004	9	Nov 10/2006	20	Nov 01/2003
6	Nov 10/2004	10	Nov 10/2006	21	Nov 01/2003
7	Jul 10/2007	11	Nov 10/2006	22	Nov 01/2003
8	Nov 10/2006	12	Nov 10/2006	23	Nov 01/2003
9	Mar 10/2007	13	Nov 10/2006	24	Nov 01/2003
10	BLANK	14	Nov 10/2006	25	Nov 01/2003
51-00-00 GENERAL		51-00-05 GENERAL		26	Nov 01/2003
1	Nov 01/2003	1	Nov 10/2004	27	Nov 01/2003
2	BLANK	2	BLANK	28	Nov 01/2003
51-00-01 GENERAL		51-00-06 GENERAL		29	Mar 10/2006
1	Nov 01/2003	1	Nov 10/2005	30	Nov 01/2003
2	Nov 01/2003	2	Nov 10/2005	31	Nov 10/2006
3	Nov 01/2003	3	Nov 10/2005	32	Nov 10/2006
4	Nov 01/2003	4	BLANK	33	Nov 10/2006
5	Nov 01/2003	51-00-07 GENERAL		34	Nov 10/2006
6	Nov 01/2003	1	Nov 01/2003	35	Nov 10/2006
7	Nov 01/2003	2	Nov 01/2003	36	Nov 10/2006
8	Nov 01/2003	3	Nov 01/2003	37	Nov 10/2006
9	Nov 01/2003	4	Nov 01/2003	38	Nov 10/2006
10	Nov 01/2003	51-10-01 GENERAL		39	Nov 10/2006
51-00-02 GENERAL		1	Nov 01/2003	40	Nov 10/2006
1	Nov 01/2003	2	Nov 01/2003	41	Nov 10/2006
2	BLANK	3	Nov 01/2003	42	Nov 10/2006
51-00-03 GENERAL		4	Nov 01/2003	43	Nov 10/2006
1	Nov 01/2003	5	Nov 01/2003	44	Nov 10/2006
2	Nov 01/2003	6	Nov 01/2003	45	Nov 10/2006
3	Nov 01/2003	7	Nov 01/2003	46	BLANK
4	Nov 01/2003	8	Nov 01/2003	51-10-02 GENERAL	
5	Nov 01/2003	9	Jul 10/2004	1	Nov 10/2008
6	BLANK	10	Nov 10/2006	2	Jul 10/2004
51-00-04 GENERAL		11	Nov 10/2006	R 3	Mar 10/2009
1	Jul 10/2008	12	Nov 10/2006	O 4	Mar 10/2009

A = Added, R = Revised, O = Overflow, D = Deleted

51-EFFECTIVE PAGES

Page X
month/date/year

图 5-9　有效页清单

（2）章目录。列出了主题、章节号、页码和有效性，如图 5-10 所示。

STRUCTURAL REPAIR MANUAL

CHAPTER 51
STRUCTURES - GENERAL

SUBJECT	CHAPTER SECTION SUBJECT
STRUCTURES - GENERAL	51-00-00
GENERAL - Structures	
AIRPLANE REFERENCE	51-00-01
GENERAL - Definitions of Reference Planes, Reference Lines, and General Abbreviations	
MAJOR ASSEMBLY AND INSTALLATION BREAKDOWN	51-00-02
GENERAL - Major Installation and Integration Drawings	
DIMENSIONS	51-00-03
GENERAL - Principal Dimensions	
STRUCTURAL CLASSIFICATION	51-00-04
GENERAL - Structural Classification	
STRUCTURAL REPAIR CROSS REFERENCES	51-00-05
GENERAL - Cross References for Boeing Source Documents	
STRUCTURAL REPAIR DEFINITIONS	51-00-06
GENERAL - Structural Repair Definitions	
DEFINITIONS OF TERMS	51-00-07
GENERAL - Definitions of Terms Used in the Structural Repair Manual (SRM)	
AERODYNAMIC SMOOTHNESS	51-10-01
GENERAL - Aerodynamic Smoothness Requirements	
INSPECTION AND REMOVAL OF DAMAGE	51-10-02
GENERAL - Inspection and Removal of Damage	
SKIN WAVINESS INSPECTION FOR RVSM OPERATION	51-10-03
GENERAL - Reduced Vertical Separation Minimum (RVSM) Requirements	
AIRPLANE OPERATION WITH MISSING FASTENERS IN SECONDARY STRUCTURE	51-10-05
GENERAL - Instructions to Permit Airplane Operation With Missing Fasteners in Secondary Structure	
PROTECTIVE TREATMENT OF METALLIC AND COMPOSITE MATERIALS	51-20-01
GENERAL - Protective Treatment of Metallic and Composite Materials	

51-CONTENTS

Page X
month/date/year

图 5-10　51 章目录

（3）正文部分的章节编排。

51 章：结构概述（STRUCTURES -GENERAL）；

52 章：舱门（DOORS）；

53 章：机身（FUSELAGE）；

54 章：发动机吊舱 / 吊架（NACELLES/PYLONS）；

55 章：安定面（STABILIZERS）；

56 章：窗户（WINDOWS）；

57 章：机翼（WINGS）。

3. 正文部分章节主题内容

（1）SRM51 章子课题内容及节号的编排。

① SRM51 章的主要内容。介绍关于飞机结构分类、气动光滑性、飞机结构材料、材料表面保护处理工艺、紧固件、飞机顶升、各种典型修理和飞行操纵面配平等一些通用性内容。

② SRM51 章子课题内容及节号的编排。

51-00 概述（STRUCTURES –GENERAL），介绍飞机主要尺寸、飞机站位参考基准面、结构件分类、结构修理定义及分类和常用缩略字词、术语解释等内容。

51-10 检查、损伤去除及气动光滑性要求（INSPECTION AND REMOVAL OF DAMAGE AND AERODYNAMIC SMOOTHNESS REQUIREMENTS），介绍损伤的不同形式及其检测、去除损伤的工具和标准施工工艺、飞机气动敏感区域及其等级的划分、飞机各部分外表气动光滑性要求等内容。

51-20 金属和复合材料表面保护处理（PROTECTIVE TREATMENT OF METALLIC AND COMPOSITE MATERIALS），介绍化学转换涂层、镀层、漆层、密封剂等各类表面处理材料的性能与施工工艺，常用表面防腐处理工艺、硬度测试、喷丸、热损伤评估、复合材料上孔加工工艺和铝合金冷冻塞修理工艺等内容。

51-30 结构材料（MATERIALS），介绍常用钣金材料、金属材料、非金属材料、有毒有害材料和复合材料的规格、牌号及其替代关系、钣金弯曲最小半径要求、结构挤压件、钣弯件和常用修理工作的工具设备等内容。

51-40 紧固件（FASTENERS），介绍紧固件的分类、紧固件件号及其标识、各种紧固件的安装和拆卸、紧固件替代信息、安装力矩要求、紧固件孔尺寸要求和边距要求、紧固件强度、孔冷挤压强化和紧固件松动检查程序等内容。

51-50 飞机对称性检查和修理时对飞机的支撑（SUPPORT OF AIRPLANE FOR REPAIR AND ALIGNMENT CHECK PROCEDURES），介绍飞机对称性、迎角等检查程序和飞机修理时对飞机的支撑等内容。

51-60 飞机操纵面的配平（CONTROL SURFACE BALANCING），介绍副翼、升降舵和方向舵等操纵面的配平程序。

51-70 典型修理工艺（REPAIRS），介绍钣金件小凹坑损伤的修理工艺、金属件粘接修理工艺、铝蜂窝结构修理工艺、典型的钣弯件和挤压件修理工艺、各种复合材料结构件的修理工艺等。

（2）SRM52 ～ 57 章子课题内容及节号的编排。主要介绍飞机各大部件的结构、材料、可允许损伤鉴定标准、各种损伤的典型修理方案。内容及节号的编排如下：

52 章 舱门：

52-00　概述（DOORS–GENERAL）；

52-10　乘客 / 机组舱门（PASSENGER/CREW ENTRY DOORS）；

52-20　应急出口舱门（EMERGENCY EXIT）；

52-30　货舱门（CARGO DOORS）；

52-40　勤务舱门（SERVICE DOORS）；

52-41　设备接近门（EQUIPMENT ACCESS DOOR）；

52-60　前机载登机梯门（FORWARD AIRSTAIR DOOR）；

52-80　起落架舱门（LANDING GEAR DOORS）。

53 章 机身：

53-00　机身概述（FUSELAGE –GENERAL）；

53-10　机身 41 段（FUSELAGE –SECTION41）；

53-30　机身 43 段（FUSELAGE –SECTION43）；

52-40　机身 44 段（FUSELAGE –SECTION44）；

52-60　机身 46 段（FUSELAGE –SECTION46）；

52-70　机身 47 段（FUSELAGE –SECTION47）；

52-80　机身 48 段（FUSELAGE –SECTION48）。

54 章 发动机吊舱：

54-00　发动机吊舱 / 吊架概述（NACELLES / PYLONS）；

54-10　进气道整流罩（INLET COWL）；

54-20　风扇整流罩（FAN COWL）；

54-30　风扇反推装置整流罩（FAN THRUST REVERSER COWL）；

54-40　发动机排气装置（EXHAUST）；

54-50　发动机吊架（PYLON）。

55 章 安定面：

55-10　水平安定面（HORIZONTAL STABILIZER）；

55-20　升降舵（ELEVATOR）；

55-30　垂直安定面（VERTICAL STABILIZER）；

55-40　方向舵（RUDDER）。

56 章 窗户：

56-00　概述（WINDOWS – GENERAL）；

56-10　驾驶舱窗户（FLIGHT COMPARTMENT – WINDOWS）；

56-20　客舱窗户（CABIN – WINDOWS）；

56-30　门上窗户（DOOR – WINDOWS）；

56-40　检查和观察窗（INSPECTION AND OBSERVATION – WINDOWS）。

57 章 机翼：

57-00　概述（WING – GENERAL）；

57-10 中央翼（CENTER WING）；

57-20 外翼（OUTER WING）；

57-30 翼尖（WING TIP）；

57-41 机翼前缘（WING LEADING EDGE）；

57-42 前缘缝翼（WING LEADING EDGE SLAT）；

57-43 前缘缝翼和襟翼（WING LEADING EDGE SLAT AND FLAP）；

57-51 机翼固定后缘（WING FIXED TRAILING EDGE）；

57-53 机翼后缘襟翼（WING TRAILING EDGE FLAP）；

57-60 副翼（AILERONS）；

57-70 扰流板（SPOILERS）。

4. 细课目内容及目号的编排。

SRM 细课目内容及其目号的编码是由各飞机制造厂家确定的。除 51 章的细课目及目号的编排外，52～57 章的细课目内容及目号的编排是相同的。其编排如下：

5×-××-00 概述（GENERAL）：

-01 蒙皮和板（SKINS AND PLATE）；

-02 结构完整性（STRUCTURE COMPLETE）；

-03 桁条和蒙皮加强件（STRINGERS AND SKIN STIFFENERS）；

-04 肋间桁条、支撑桁条（INTERCOSTALS）；

-05 纵梁（LONGERONS）；

-06 翼肋、隔框（FORMERS）；

-07 框架（FRAMES）；

-08 隔框（BULKHEADS）；

-09 翼肋（RIBS）；

-10 翼梁（SPARS）；

-11 辅助梁（INTERMEDIATE，AUXILIARY AND SUBSPARS）；

-12 龙骨梁结构（KEEL STRUCTURE）；

-13 大梁（BEAMS）；

-14 起落架支撑结构（LANDING GEAR SUPPORT STRUCTURE）；

-15 门框结构（DOOR SURROUND STRUCTURE）；

-16 缘条（EDGE MEMBERS）；

-30 辅助结构（AUXILIARY）；

-50 地板（FLOOR PANELS）；

-51 地板结构（FLOOR STRUCTURE）；

-52 滑轨梁（SEAT TRACKS）；

-53 货舱特殊结构（CARGO COMPARTMENT SPECIAL STRUCTURE）；

-70 整流罩、搭接带、蒙皮和板（FILLETS AND FAIRINGS，SKINS AND PLATING）；

-71 整流罩支撑结构（FILLETS AND FAIRINGS，STRUCTURE）；

-72 雷达罩和天线整流罩（RADOMES AND FAIRINGS）；

-90 接头（ATTACHMENT FITTINGS）。

三、飞机维修工卡的使用

（一）飞机维修等级的分类

当飞机、发动机和机载设备在各种环境及条件下工作时，就必然会发生机体和部件的磨损、松动、断裂、裂纹、腐蚀等故障现象，影响航空器的安全系数。为保证航空器飞行安全和持续适航性，可通过"维修"这一手段来恢复航空器固有的安全性和可靠性。中国民航总局颁布的《民用航空器维修单位合格审定规定》（CCAR－145R3）（以下简称《规定》）中定义：维修，是指对航空器或者航空器部件所进行的任何检测、修理、改装、翻修、航线维修、定期检修。《规定》中所指的维修工作分为如下类别：

（1）检测。检测是指不分解航空器部件，而根据适航性资料，通过离位的试验和功能测试来确定航空器部件的可用性。

（2）修理。修理是指根据适航性资料，通过各种手段使偏离可用状态的航空器或者航空器部件恢复到可用状态。

（3）改装。改装是指根据中国民航局批准或者认可的适航性资料进行的各类一般性改装，但对于重要改装应当单独说明改装的具体内容。此处所指的改装不包括对改装方案中涉及设计更改方面内容的批准。

（4）翻修。翻修是指根据适航性资料，通过对航空器或者航空器部件进行分解、清洗、检查、必要的修理或者换件、重新组装和测试来恢复航空器或者航空器部件的使用寿命或者适航性状态。

（5）航线维修。航线维修是指按照航空营运人提供的工作单对航空器进行的例行检查和按照相应飞机、发动机维护手册等在航线进行的故障和缺陷的处理。其包括换件和按照航空营运人机型最低设备清单、外形缺损清单保留故障和缺陷。主要工作包括短停检查、航行前、航行后检查等。

①航前维护：在执行航空器飞行任务前的维护工作，该工作较为简单，根据航前工卡内容对航空器进行绕机目视检查。

②短停维护：当航空器执行完成一个飞行任务后，并准备再次投入下一个飞行任务前，在机场短暂停留期间进行的维护工作。主要检查飞机外观和飞机的技术状态，调节有关参数，排除故障，确保飞机能安全执行下一个飞行任务。

③航后维护：当航空器执行完成飞行任务后的维护工作，维修人员根据航后工卡及空、地勤人员反映的运行故障和执行工卡时所发现的故障内容等进行彻底排除的工作。

（6）定期检修。定期检修是指根据适航性资料，在航空器或者航空器部件使用达到一定时限时进行的检查和修理。定期检修适用机体和动力装置项目，不包括翻修。飞机机体的定期维修一般应完成计划常规类检修（例行工作）、计划非常规类检修（非例行工作）和定检中对缺陷或者故障处理（附加工作）等三类工作。定期检修一般是按飞行小时或起落架次分为 A、B、C、D 检等级别。一般来说，4A=B，4B=C，8C=D。各类检查的飞行间隔时间主要因机型而定，约 250 飞行小时是一个 A 检，4 000 飞行小时是一个 C 检，以此类推。

①A 检，最简单的定期检查。其主要工作内容是进行按最短的定期检查间隔期规定的预防性维修工作，包括润滑保养、使用检查、功能检测、定时拆修、定时报废等，以及排除检查中所发现的故障。当然航空器运营公司可以根据飞行器的实际运行状况、维修经验的积累等进行相应调整，适当延长，以减少不必要的维修费用。

②B 检，中间检查，包括对选定项目进行工作情况的检查。但在实际运作中，飞机运营者、航空公司维修部门往往取消 B 检，把 B 检的项目调整到 A 检或 C 检工作中，以减少不必要的停场维修时间。

③C 检，当飞行器使用一段时期后，运营公司会集中完成一次航空器常规的检查，该检查需打开各部位盖板，进行涉及面较深的检验和功能检查。

④D 检，又称大修、翻修，是飞机检修中时间间隔最长、检查范围最为全面的一种。它将整个飞机完全拆开来检测每个零件是否依然符合标准。D 检是最高级别的检修，理论上经过 D 检的飞机将会完全恢复到飞机原有的可靠性。

（7）中国民航局认为合理的其他维修工作类别。中国民航局或者民航地区管理局可以根据具体情况对以上维修工作类别进行必要的限制。一般来说，把检测、修理、改装、翻修、定期检修称为内场修理；而把航线维修和部分可在机坪进行的定期检修称为外厂修理。很多航空公司会把维修部门分为定检和航线维修两个部分。

（二）维修工作单（卡）的类型

维修工作单（卡）（以下简称工卡）是航空器运营人或维修单位编写、编译、核对和审批出版的维修工作文件，是航空器维修工作的基本依据。

1. 工作单（卡）编制的依据

《民用航空器维修 管理规范 第 4 部分：民用航空器维修工作单（卡）的编制》（MH/T 3010.4—2006）规定：持续性适航维修方案、航空器和航空器部件制造厂提供的各类维修技术文件、适航指令、服务通告或信函、运营人自行确定的维修项目等可作为编制工作单（卡）的依据。在飞机维修单位，工卡通常是由相关的工程师或者检验人员根据具体的、经适航当局批准的维修方案（Maintenance Schedule）或相关技术文件而编制出来的。工卡规定了具体维修工作的内容、步骤、技术要求和工时等。工卡作为工艺文件，飞机维修人员应该全面理解其内容并且完全遵循工卡规定的内容进行作业。在工作中，如果按照工卡施工发现问题，则应及时与工卡编写者取得联系，而工作者不得擅自变动工卡的内容。

2. 工作单（卡）的类型

航空公司所使用的工卡常用中英文对照的形式编写，作为飞机维修工作的依据。通常，每项工作都对应一份工卡，工作者每做完一个工步（工序）或者一项任务，都需要在工卡相应的栏目里签字，表示做完此工步（工序）或者工作并对此负责。根据使用情况的不同，通常将工卡分为例行工卡（Routine Card，RC）和非例行工卡（Non-Routine Card，NRC）。飞机制造商一般会提供维护计划手册（Maintenance Planning Data，MPD）和推荐的例行工卡。

航空公司会以 MPD 为基础，结合使用环境和维修建议，制定维修方案（Maintenance Schedule，MS），此维修方案经过适航当局批准，即成为航空公司例行维修工作的法定文件。根据 MS，航空公司会在其工程部门或者生产计划部门成立专门的计划工程小组，负责例行工卡的编写、修订和维护，生产计划部门需要时可以随时打印最新版本的例行工卡。航空器的营运人接收到管理局或航空器制造商的工程指令（Engineering Order，EO）、服务通告（Service Bulletin，SB）和服务信件（Service Letter，SL）等维修信息时，根据信息内容开具的维修工卡，也属于例行工卡。

非例行工卡是工作者或者检验人员根据例行工卡工作检查发现损伤或者缺陷，或者机械员报告飞机存在损伤或者缺陷而开出的工卡。非例行工卡通常由航空公司的工程技术人员或者授权的人员提供和编写，大多数为现场手工编写。如果该营运人的机队有多架飞机在维修过程中有相同的非例行工卡，适航当局会要求该营运人将此类非例行工卡编制成例行工卡。

工卡中涉及参考资料的，应当标明文件号和名称。工作内容的规定应当具体、清晰，除最终测试数据应当设置记录栏目外，维修单位还应当评估确定在检查、组装及安装等维修过程中需要记录实测值的项目，并在工卡上设置相应的记录栏目。要求填写实测值的，应当给出计量单位；要求使用有关器材或者专用工具设备的，应当标出件号或者识别号。

国内维修单位的工卡应当使用中文。在国外/地区送修客户提出要求的情况下，可以只采用英文，但维修单位必须确保本单位的维修人员能够正确理解工卡的内容。工卡的修改应当按照规定的程序进行，修改后应当经授权人员签名或者盖章并标注日期。

3. 工卡签署一般原则

（1）工卡上所有手写的条目必须字迹端正、清晰。

（2）所有工作的签署必须用黑色或蓝色的圆珠笔或墨水笔。

（3）日期的签署方式为年/月/日，即 YYYY/MM/DD。

（4）工作步骤必须逐项签署，以维护工作的可追溯性。

（5）维修工作单的检验级别参照各工卡的要求。

（6）仅允许使用列在生产商（波音、空客等）手册中的缩略语。

（7）测试数据的填写应使用实测值并记录计量器具的计量号，按工卡要求的数据单位填写。

（8）维修人员如果在工作单上写下了错误的措辞或语句，应该用圆圈将其画掉，在错误处的旁边写上正确的措辞或语句。修改错误的人员还应该在改正过的措辞或语句旁边的起始处签署姓名、4 位员工号并写上日期。禁止使用修正液进行修改或用墨水覆盖。

（9）对于检验/功能测试工作由检验员独立完成，无须机械员进行工作（如 NDT、HF 测试等）的步骤，按客户要求进行签署。如无客户要求，检验员在步骤后检验栏内盖章及填写日期，同时，在工作者栏内用 N/A 表示。

（10）维修记录中不得填写与工作无关的内容。

（三）维修工卡的使用

1. 例行工卡的使用

（1）例行工卡认知。例行工卡是标准工卡，其格式基本统一，内容包括例行工卡号、机种、飞机号、工作指令号、工作指令日期和维修内容，还包括间隔时间、工作区域、工时、停场时间、修订和版本及飞机适用范围等内容。例行工卡又分为必检例行工卡和非必检例行工卡两大类。必检例行工卡和非必检例行工卡采用同一种例行工卡。必检例行工卡中含有必检项目，用 RII 表示，如图 5-11 所示。

SCHEDULED JOB CARD 例 行 工 作 单				CARD NO 卡号：		Z76-CA-101-1	
				Z76-CA-101-1			
A/C TYPE 机型	A/C REG 机号	TITLE 标题 THRUST/START CONTROL CABLE TENSION ADJUSTMENT – L ENGINE 检查发动机推力和起动控制钢索的张力调节			AIRLINES 航空公司		SEQ NO 顺序号
B737-300	B-2590						199
WORK ORDER NO 定检指令号		TASK 工作	INTERVAL 间隔	SKILL 专业		ACTUAL MH 实际工时	REV. DATE 修正日期
		检查2 E2	4A	ME			
CATEGORY 工卡类别	☐ CAD/AD ☐ MRB ☐ ETOPS ☐ AWL	☐ CMR ■ RII ☐ ALI	ZONE 区域 504/604 507	PANEL 盖板 4404 6301			
REF. DOCUMENTS/REV. DATE 参考文件/版次 AMM76-11-00-835-111-C00/20080925							

SPARES REPLACEMENT DATA 拆换件信息

P/N REMOVED 拆下件件号	S/N 序号	P/N INSTALLED 装上件件号	S/N 序号

RECORD THE NON-ROUTINE JOB CARD NO （IF APPLICABLE） 记录非例行工作单号（如适用）

PREPARED 编写		AUDIT 审核		APPROVED 批准			
Certified by: 完工签署		Date: 完工日期		STATION 维修站	成都	PAGE 页码 1 OF 16	

注：C=MEC-08 S1=STR-01 S2=STR-02 S3=STR-03   CCA-MD-033

图 5-11 某航空公司飞机维修例行工卡

每份例行工卡还附有飞机维护 N/A（Non-applicable）原因说明页，对维护工作中出现的飞机构型与工卡不相符的内容进行说明。图 5-12 所示为飞机维护 N/A 原因说明页。

Job Card 工卡号：	XYZ 0101010					
JC Title	REPLACE - THE LEFT ENGINE FUEL FILTER					
工卡标题	更换 - 左发燃油滤					

飞机维护 N/A 原因说明页
N/A DESCRIPTION PAGE FOR AIRCRAFT MAINTENANCE

工卡页码 PAGE NO	项目号 ITEM NO	N/A 原因 N/A REASON					签名 SIGNATURE
		1	2	3	4	其他 Other	

注/NOTE

1. 飞机构型不符（所装部件或飞机流水号不符等）；
   Non-applicable Aircraft configuration (with different components installed, or different aircraft line number)；

2. 与工卡所描述的状态不符，指选择类项目中不必进行的步骤；
   Non-applicable status as specified in the task card, it means the steps unnecessary to be implemented include in the selective items；

3. 施工方法选择不同；
   Different implementation method is chosen；

4. SB 状态不符。
   Non-applicable SB status.

END OF CARD

Aircraft Effectivity 飞机适用范围 All	Page 页码 x of n

图 5-12 飞机维护 N/A 原因说明页

（2）例行工卡的签署。当飞机维修操作者拿到工卡后，要仔细阅读工卡内容，明确维护修理的飞机及其维修内容，并且依据维修内容做维修前的准备工作，如准备工具、设备、材料、静电防护等。每做完一个工步或者工序应按规定签名。重要的修理或者做完工作后无法检验的工步要请检验员到现场跟踪检验。检验合格后，再进行下一步工作。

2. 非例行工卡的使用

（1）非例行工卡的认知。非例行工卡通常由白、黄、红、蓝一式四联组成，分为必检非例行工卡和非必检非例行工卡两大类。必检非例行工卡和非必检非例行工卡采用同一种非例行工卡。判断必检非例行工卡和非必检非例行工卡的方法是观察非例行工卡的右上角 RII 和 NON-RII 方框内打"√"的情况。如果某非例行工卡的 RII 方框内被打"√"，则该非例行工卡是必检非例行工卡；反之为非必检非例行工卡。非例行工卡的形式如图 5-13 所示。

非例行工卡 / NON-ROUTINE CARD

编号/ NRC No. _____
版本号/Rev No. _____

概述页/General

注册号 Reg. No	型号 Model	FLB No.	发现运行阶段 Op. period	FC/FH	来源文件 Source Doc.		发现地点 Finding Site	发现日期 Date	6位 SRM ATA 章节	RII
B-										□是/Y　□否/N
损伤描述: Damage Description									维修单位/MRO	维修地点/Repair Site
损伤尺寸/Damage Dimension		长度/Length		宽度/Width		深度/Depth	原始厚度/Original Thickness		其他/Other	尺寸单位/Unit □inch □mm
损伤类型: Type		损伤原因 Reason		是否超标: Allowable □是/Y　□否/N		工作种类: Work CATE.	□结构/STR　□系统/SYS		外部可见: Ext. Visible	□是/YES　□否/NO
DENT-MAP: □是/YES □否/NO		处置类型: Disp. Cate.		□手册内修理 / Within Manual □超规范修理 / Out of Manual			疲劳关键件/FCS: □是/YES □否/NO	结构类型: Type	□NON-PSE □PSE □Secondary Structure Category	
材料/Material:		□铝/Aluminum □玻璃纤维复材/GFRP	□不锈钢/CRES □金属复材/Metallic Composite	□合金钢/Alloy Steel □其它纤维复材/Other Composite	□钛/ Titanium	□碳纤维复材/ CFRP □其他/Other				
修理依据 Repair Ref.		处置 ETS 号 ETS No.		修理类别 Rep. CATE.		是否加强 Reinforce	是否按手册保留 Defer per SRM	是否按手册重检 Inspect Per Manual	保留/重检 ETS 号 ETS No.	
				□A □B □C □永久 Permanent □过渡 Interim □临时 Time-Limited		□是/Y　□否/N	□是/Y　□否/N	□是/Y　□否/N		
RSC 件信息 RSC Inf.	拆下 /Removed	名称/Name	件号/PN	OEM 序号/SN		FH/FC	腐蚀级别/Corr. Level	□0/没有 □1 级腐蚀 □2 级腐蚀 □3 级腐蚀	是否蔓延 /Spread	□是/Y　□否/N
	装上 /Installed	名称/Name	件号/PN	OEM 序号/SN		FH/FC	腐蚀类型: Corrosion Type	□点蚀/Pitting □缝隙/Crevice □剥层/Exfoliation □应力/Stress □丝状/Filiform □微生物/Microbiological □电化/Electrochemical □化学/Chemical □不明/Unknown		
腐蚀原因: Cause		□海水/Sea Water □化工品/Chemicals □水汽滞留/Moisture □液压油/Hydraulic Oil □污物积聚/Dirt □表面处理缺陷/Surface Treatment Defect □表面涂层磨损/Finish Abrasion □先前修理不当/Incorrect Repair □不明/Unknown								
填写人/Inputter		填写日期/Date		审批人/ Approver		审批日期/Date		单位/Dept.		

图 5-13　某航空公司飞机维修非例行工卡的形式

必检非例行工卡中含有必检项目，必检项目用 RII 表示。某飞机维修工程有限公司对必检项目的定义是这样的，RII 项目是指由于维修不当或使用不适当的零部件、材料可能导致系统失效、故障或缺陷，从而危及飞行安全的项目，如飞行操纵系统、起落架系统、发动机系统、重大结构修理、应急系统及与适航规章相关的项目等。必检非例行工卡必须由公司授权的 RII 检验员逐项检验、盖章，而且所有项目检验后，检验员要在"终检签署盖章"处盖章并签字。

非必检项目是指除 RII 项目外的所有项目。所有机库定检中的非必检非例行工卡必须接受检验员的最终检查，检查确认非例行工卡填写准确并已正确完成后，检验员应在非例行工卡的"终检签署盖章"处盖章并签字。

非例行工卡是一式四联，当非例行工卡开出后，先将蓝色页撕下，送交给生产控制部门保存备用，白、黄、红三联一起交工作者使用。工卡上的工作项目完成后，生产控制部门（工卡站）收回工卡，并将工卡页分类归档，非例行工卡的白色页交给客户，黄色页交质量保障部门的档案组保存，红色页交工时组统计工时。

非例行工卡的使用方法与例行工卡的使用方法相同，其内容包括阅读理解非例行工卡内容、维修前的准备工作、维修过程中和维修完成后的质量检验及签章等工作。

（2）非例行工卡的签署。一般情况下，非例行工卡按表 5-6 填写并签署，维修步骤具有特别要求的，应按维修步骤的要求填写。

表 5-6　某航空公司非例行工卡填写说明

项目名称	填写要求	填写人
客户、区域、开卡人	日期：对于 CAAC 注册的飞机，填写规范为"年 / 月 / 日"，如 2000/10/20。特殊情况以客户要求为准，对于非 CAAC 注册的飞机，日期按客户要求填写	开卡人
飞机号 A/C NO	完整填写飞机注册号（如 B-2526）	开卡人
飞机工作指令号 A/C WORK ORDER NO；顺序号 SEQUENCE NO；检查类别 CHECK TYPE	按具体情况填写	生产控制员
相关工卡或 EO 号	如有可追循的例行工卡或 EO，则填写相关的号码；如果没有，则填写"None"或"Customer Requirement"以便跟踪	开卡人
是否结构修理	结构修理手册 SRM 中定义的结构件、32 章起落架中的部件和 72 章风扇整流罩以及 78 章反喷中的结构件中有材料缺损的部件修理	开卡人
第　页共　页	按非例行工卡附页的数量编号并填写	检验员
件号、序号	只在涉及部件拆卸并需要送车间修理时填写	维修机械员
缺陷	准确描述故障、缺陷，至少应包括缺陷位置、缺陷的损伤程度等要素。说明：（1）属于结构修理的非例行工卡中的故障、缺陷描述必须使用 STA/STR/WL/BL 等结构数据表示；（2）损伤部位位置的描述应由大到小进行叙述	开卡人
维修措施	描述内容包括维修的工作内容、工作的依据等，反映维修状况的主要资料	工程师 工艺工程师 机械员
机械员	逐项执行并签署	授权机械员
检验员和终检签署盖章	必检类的由持有 RII 授权的检验员（航线可由放行人员）逐项检查和盖章，并在"终检签署盖章"栏内盖章并签字以表示关闭；非必检类的由 XYZ 公司授权的检验员（航线可由放行人员）在"终检签署盖章"栏内盖章并签字表示关闭。说明：只有在确认所有维修工作已按要求完成，并且非例行工卡的填写和签署工作已按本程序执行时，才能在"终检签署盖章"栏处盖章并签字	RII 授权的检验员（航线可由放行人员）
结构修理信息	所有定为"结构修理"的非例行工卡，此栏中的"是否重要结构件"信息，必须做出判断并打"√"：判定为非重要结构件的非例行工卡，其他修理信息不必填写，只需画上斜线并签名。对于判定为重要结构件的非例行卡，如果重要结构件仅仅进行了打磨和修理，则此栏中所有信息都应填写；如果重要结构件切割了损伤部分，进行了加强修理，除"修理后尺寸"外，其他信息应该填写；超出 SRM 的重要结构件的修理，应在"表 FAA 8110-3 或 8100-9"内打"√"，以便跟踪、修理参考。应填写波音电传号（如果有）或 SRM 等参考文件	工程师 工艺工程师

项目名称	填写要求	填写人
实际工时		工艺工程师 机械员
预计总工时	由相关专业的主任或领班根据初步预计的总工时填写在1st栏内；如果在维修过程中必须修改"1st"预计总工时，则在"2nd"栏填写修改的预计总工时；如仍需修改，则在"3rd"栏填写第3次预计总工时	主任 领班
客户授权人签署与日期	客户须在"客户授权人签署与日期"栏中进行确认，对"第一次预计总工时"的确认，须在相对应的"1st"栏签名、填写日期；对"第二次预计总工时"的确认，须在"2nd"栏中确认，以此类推	客户
总工时	如无须向客户收费，则"总工时"栏填"NC"。如NRC是重卡不必执行或已有其他工卡涵盖了该项工作内容，则总工时栏内填写"0"，并在附近签名或盖章	生产控制员
保留号	由于航材或其他原因需保留的非例行卡，由生产控制员按办理非例行工卡保留手续，由生产部门填写非例行卡上的保留控制号	生产控制员 生产部门
声明以上工作符合现行的民用航空规章（CCAR、FAR、EASA、OTHER）	在上述维修工作符合相关的航空规章对应的方框内打"√"	开卡人

【项目拓展】

　　扫描以下二维码，认真阅读项目拓展教学案例，了解飞机维修工作中不同类型飞机的结构修理手册，对比分析各型飞机维修手册的异同之处及复合材料结构快速修理手册的主要内容，有效积聚学习资源，促进自主学习和个性化学习。

【项目拓展】
飞机结构修理的分类及检查
（文档）

【教学资源】
MA60结构修理手册
（文档）

【教学资源】
复合材料快速修理手册
（文档）

【思政案例】

　　扫描以下二维码，阅读相关教学案例，从航空报国理想信念、航空工匠精神、职业素养、团队意识和工作作风等方面，分析案例中所蕴含的德育、劳育、安全文明生产、质量意识等职业素养要求。

【思政教育】	【少年工匠】	【航空事故】
飞行器维修工匠"大师秀"	飞行器维修"小工匠"选拔	航后发现未签署放行工卡
（视频）	（视频）	（文档）

【技能训练】

工作手册 5-1：飞机结构修理手册查询与维修方案制定（初、中级工）

任务编号	5-1		实训工卡			工卡编号		GK007
任务类型	综合技能					版本号		01
机型	N/A	计划工时	4 h（初级） 2 h（中级）	工位		页码		第　页 共　页
标题		飞机结构修理手册的查询与维修方案制定						
参考技术文件		B737-800 飞机结构修理手册						
注意事项		1. 坚持安全、文明生产规范，严格遵守实训室制度和劳动纪律； 2. 使用手册查询设备时，须在教师指导下进行，应遵守安全操作规程						
教学资源								

工具 / 设备 / 材料 / 防护						
类别	名称		型号 / 规格	单位	数量	工作者	检查者
工具	飞机结构修理手册		B737-800	套	1		
设备	台式计算机		满足手册运行要求	台	按需		

备注：
注册号为 B-2647 的 B737-800 飞机，在机身站位 STA400～420，左侧下方桁条 S-21L 与 S-22L 之间的蒙皮处发现一深为 0.018 in、长为 2.5 in 的擦伤，需查出：
（1）该处蒙皮的材料和厚度。
（2）判断损伤程度。
（3）如损伤超出可允许损伤范围，确定其修理方案

编写		审核		批准	
完工签署					
检查者			完工日期		

项目	工作内容	工作者	检查者
一	准备工作		
1	技术资料：对照实训工卡任务要求，学习与任务相关的知识内容		
2	工具 / 材料：准备好飞机结构修理手册资料和查询设备		
3	劳动防护：按实训要求穿戴劳保用品，做好个人安全防护		

续表

项目	工作内容	工作者	检查者
二	确定蒙皮的材料和厚度		

1　根据损伤飞机的机型选择 B737−800 型飞机的 SRM，在手册的飞机有效性清单（EFFECTIVE AIRCRAFT）的第 5 页第 17 行列有 B−2647，如下图所示，确认了手册对这架飞机的有效性

STRUCTURAL REPAIR MANUAL

Model-Series	Operator		Manufacturer				Registration Number
	Identification Code	Effectivity Code	Block Number	Serial Number	Basic Number	Line Number	
737-823	AAL	3AR	YC815	29517	Y1140	332	N916AN
737-824	CAL	234	YC345	28946	Y1141	334	N16234
737-823	AAL	3AS	YC816	29518	Y1147	344	N917AN
737-84P	HNA	001	YC971	29947	Y1148	345	B-2647
737-824	CAL	243	YC354	28806	Y1173	403	N18243
737-823	AAL	3AY	YC822	29524	Y1174	405	N923AN

EFFECTIVE AIRCRAFT

Page X
month/date/year

2　根据损伤所在的部位以及部件名称确定查找的章节为 SRM 53−30−01

3　查找机身蒙皮的材料步骤一。根据主题内容与页码块的分类，从 SRM 53−30−01 的第 1 ～ 99 页，可查出机身 43 段下方蒙皮的材料牌号、厚度以及相应的图号。查 SRM 53−30−01 的第 1 页，从该页的 Figure 1 可知机身蒙皮材料识别要参见 Figure 2，如下图所示

STRUCTURAL REPAIR MANUAL

IDENTIFICATION 1 - SECTION 43 FUSELAGE SKIN

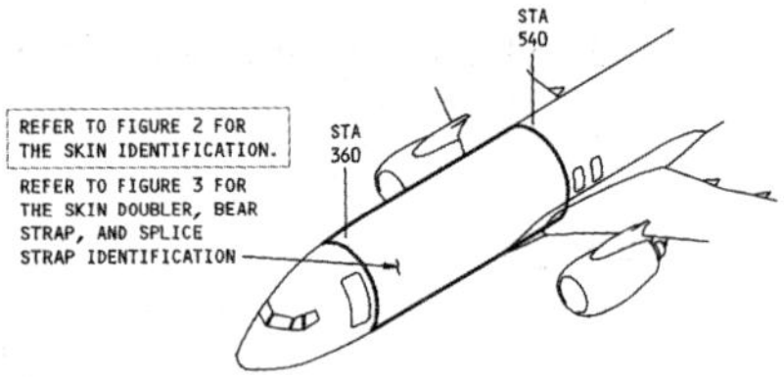

NOTE: REFER TO TABLE 1 FOR THE REFERENCE DRAWINGS.

Section 43 Fuselage Skin Location
Figure 1

Table 1:

REFERENCE DRAWINGS	
DRAWING NUMBER	TITLE
140A4310	Functional Collector - Section 43, Upper Lobe
140A4320	Section 43, Lower Lobe - Functional Product Collector
143A3110	Skin Installation - S-4L to S-4R, STA 360 to 540
143A3130	Skin Installation - S-4 to S-10, STA 360 to 540
143A3150	Skin Installation - S-10 to S-14, STA 360 to 540
143A3210	Skin Installation - STA 360 to 540, S-14L to S-24L
143A3230	Skin Installation - Section 43, Lower Lobe, S-24L to S-24R
143A3250	Skin Installation - STA 360 to 540, S-14R to S-24R

53-30-01 IDENTIFICATION X
Page X
month/date/year

项目	工作内容	工作者	检查者
二	确定蒙皮的材料和厚度		
4	查找机身蒙皮的材料步骤二。查阅图 Figure 2（在第 2 页上），如下图所示。损伤蒙皮位于 STA400 ~ 420，左侧下方桁条 S–21L 与 S–22L 之间，该处的蒙皮为件号 [4]，其图号为 143A3212，具体材料见手册中的表 Table 2 Section 43 Fuselage Skin Identification Figure 2 53-30-01 IDENTIFICATION X Page X month/date/year		
5	查找机身蒙皮的材料步骤三，如下图所示 53-30-01 IDENTIFICATION X Page X month/date/year		
6	查阅手册中的表 Table 2（在第 3 页上），找到该蒙皮的材料牌号为 2024–T3 clad，板厚为 0.090 in（2.29 mm）		

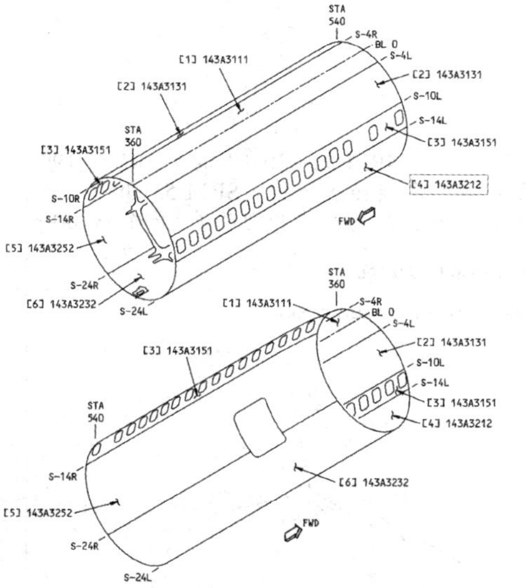

项目	工作内容	工作者	检查者
三	判断损伤程度		
1	根据主题内容与页码块的分类，从 SRM 53-30-01 的第 101～199 页，可查到机身 43 段下方蒙皮的允许损伤容限值。SRM 53-30-01 中仅有第 101 页，该页说明机身 43 段蒙皮的可允许损伤参见 SRM 53-00-01，如下图所示 **STRUCTURAL REPAIR MANUAL** **ALLOWABLE DAMAGE GENERAL - SECTION 43 FUSELAGE SKIN** 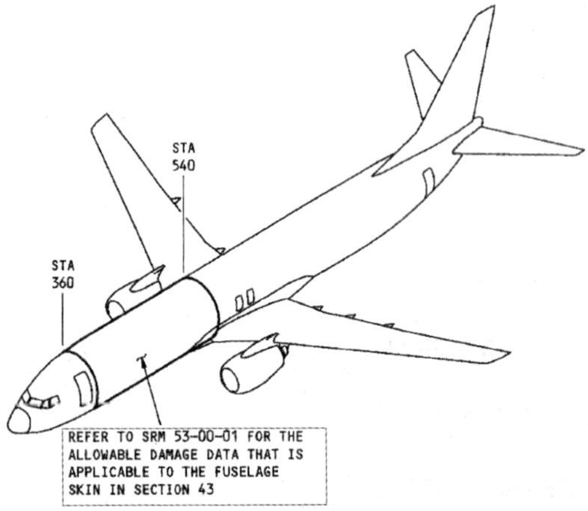 STA 540 STA 360 REFER TO SRM 53-00-01 FOR THE ALLOWABLE DAMAGE DATA THAT IS APPLICABLE TO THE FUSELAGE SKIN IN SECTION 43 NOTE: REFER TO SRM 53-00-70 FOR THE FAIRING SKIN ALLOWABLE DAMAGE. THERE ARE NO ALLOWABLE DAMAGE LIMITS FOR BILGE SKINS IN THE STRUCTURAL REPAIR MANUAL AT THIS TIME. **Section 43 Fuselage Skin Location** **Figure 101** ALLOWABLE DAMAGE GENERAL **53-30-01**　　Page X month/date/year		

续表

项目	工作内容	工作者	检查者
三	判断损伤程度		

2

查 SRM 53-00-01 的第 101 ～ 199 页，查到机身 43 段下方蒙皮的可允许损伤。在 SRM 53-00-01 的第 103 页上，得知本例损伤处属于 2 区（ZONE 2），如下图所示

STRUCTURAL REPAIR MANUAL

1 BS 1016 FOR AIRPLANES WITH A DOME AFT PRESSURE BULKHEAD.

2 BS 1042 FOR AIRPLANES WITH A FLAT AFT PRESSURE BULKHEAD.

Allowable Damage Zones
Figure 102

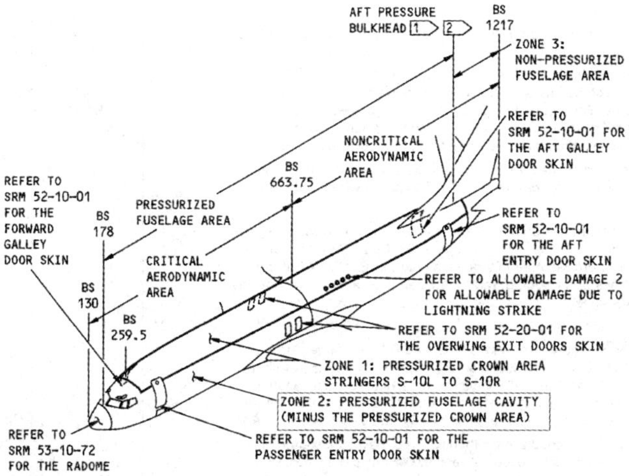

3. **References**

Reference	Title
51-10-01	AERODYNAMIC SMOOTHNESS
51-20-01	PROTECTIVE TREATMENT OF METALLIC AND COMPOSITE MATERIALS
51-20-05	REPAIR SEALING
51-30-03	NON-METALLIC MATERIALS
51-30-05	EQUIPMENT AND TOOLS FOR REPAIRS
51-40-05, GENERAL	Fastener Hole Sizes
51-70-01	REPAIRS FOR MINOR DENTS IN METALLIC SHEET MATERIALS
53-00-01, REPAIR 13	Repair of Lightning Strike Damage in Fuselage Skin
AMM 51-21-99 P/B 701	DECORATIVE EXTERIOR PAINT SYSTEM - CLEANING/PAINTING
SOPM 20-41-02	Application of Chemical and Solvent Resistant Finishes

项目	工作内容	工作者	检查者
三	判断损伤程度		

3	在 SRM 53-00-01 的第 106 页上，2 区可允许损伤容限值参见手册中 Figure 103 详图 A～E、S、T 和 U，如下图所示
	
	STRUCTURAL REPAIR MANUAL
	
	B. Zone 2 - (Pressurized Fuselage not in the Crown Area)
	
	(1) Cracks:
	
	(a) Remove the damage as shown in Allowable Damage Limits, Figure 103/ALLOWABLE DAMAGE 1, Details A and B.
	
	(b) Remove the damage as shown in Figure 103, Details P, Q, and R for the fuselage skin areas adjacent to the forward and aft cargo doors. Make sure to remove the damage with a surface finish of 63 Ra or better. For Figure 103, Detail Q, do a High Frequency Eddy Current (HFEC) inspection of the reworked area of the skin and the fastener holes that were removed to make sure there is no further damage. Refer to NDT Part 6, 51-00-00, Figure 16.
	
	  1) Replace any fasteners in the damaged area with initial type drawing fasteners in a shifted transition fit hole. Use an interference between 0.0005 and 0.0045 inch. Refer to 51-40-05, GENERAL.
	
	  NOTE: Install a SRM approved hex drive bolt and nut to damaged areas along the aft edge of the door cutout as given in Figure 103, Detail P that is common to a frame outer chord fastener. Torque as given in BAC5004-2 if the surface sealant has been appled again between the frame chord and the adjacent skin surfaces.
	
	(2) Nick, Gouges, Scratches, and Corrosion:
	
	(a) Remove the damage as given in Figure 103, Details P, Q, and R for fuselage skin areas adjacent to the forward and aft cargo doors. Make sure to remove the damage with a surface finish of 63 Ra or better. For Figure 103, Detail Q, do a High Frequency Eddy Current (HFEC) inspection of the reworked area of the skin and the fastener holes that were removed to make sure there is no further damage. Refer to NDT Part 6, 51-00-00, Figure 16.
	
	  1) Replace any fasteners in the damaged area with initial type drawing fasteners in a shifted transition fit hole. Use an interference between 0.0005 and 0.0045 inch. Refer to 51-40-05, GENERAL.
	
	  NOTE: Install a SRM approved hex drive bolt and nut to damaged areas along the aft edge of the door cutout as given in Figure 103, Detail P that is common to a frame outer chord fastener. Torque as given in BAC5004-2 if the surface sealant has been appled again between the frame chord and the adjacent skin surfaces.
	
	(b) Remove the damage as shown in Allowable Damage Limits, Figure 103/ALLOWABLE DAMAGE 1, Details A , B , C , D , E, S, T, and U.
	
	  1) You can remove the damage from the areas that follow:
	
	    a) The inner and outer surfaces of the solid skin, a bonded skin assembly, or a skin lap splice.
	
	    b) The sealed surfaces of a skin lap splice.
	
	  2) The total depth of the damage removed at each location must be less than or equal to the percentage of the skin thickness at the damage location.
	
	  NOTE: When you calculate the depth of damage removal, use the thickness given in the applicable identification subject or engineering drawing.
	
	    a) When you remove damage on a solid skin, use the skin thickness at the damage location to calculate the percentage of damage removal.		

项目	工作内容	工作者	检查者
三	判断损伤程度		
4	在 SRM 53-00-01 的第 113 页上，查到 Figure 103，根据损伤的具体情况和部位，详图 C 符合其实际情况，因此从详图得知 2 区的擦伤（NICKS）可允许损伤容限值 X=0.1T ～ 0.15T。板厚 T=0.090 in，其可允许损伤 X 为 0.009 ～ 0.013 5 in；因损伤深度为 0.018 in，超过可允许损伤的最大值。因此，该处损伤需要加强修理。如下图所示 STRUCTURAL REPAIR MANUAL REMOVE THE MATERIAL TO A MINIMUM RADIUS OF 1.00 INCH FASTENER EDGE MARGIN X = WIDTH OF THE MATERIAL THAT IS REMOVED = A MAXIMUM OF 0.10 INCH REMOVAL OF DAMAGED MATERIAL AT EDGES WHERE THE FASTENER EDGE MARGINS DO NOT HAVE AN OVERLAP (A) REMOVE THE MATERIAL TO A MINIMUM RADIUS OF 1.00 INCH FASTENER EDGE MARGIN X = WIDTH OF THE MATERIAL THAT IS REMOVED = A MAXIMUM OF 0.10 INCH REMOVAL OF DAMAGED MATERIAL AT EDGES WHERE THE FASTENER EDGE MARGINS HAVE AN OVERLAP (B) AREA OF THE MATERIAL THAT IS REMOVED ¢ OF THE DAMAGE FASTENER OR HOLE THE DISTANCE OF THE DAMAGE FROM A HOLE, A FASTENER, AN EDGE, OR OTHER DAMAGE MUST BE 20X OR MORE REMOVAL OF DAMAGED MATERIAL ON A SURFACE (C) REMOVE THE MATERIAL TO A MINIMUM RADIUS OF 1.00 INCH, THEN TAPER AS SHOWN T = THICKNESS OF THE SKIN ONLY MAKE THE TAPER TO A MINIMUM OF 20X X = DEPTH OF THE MATERIAL THAT IS REMOVED = A MAXIMUM OF 0.10T IN ZONE 1 UNLESS 0.05T IS SPECIFIED IN TABLE 102 = A MAXIMUM OF 0.10T TO 0.15T IN ZONES 2 AND 3 AS SHOWN IN FIGURE 104 UNLESS 0.05T IS SPECIFIED IN TABLE 102 A-A Allowable Damage Limits Figure 103 (Sheet 1 of 17)		

项目	工作内容	工作者	检查者
四	损伤超出可允许损伤范围，确定修理方案		
1	从 SRM 53-30-01 的第 201 ～ 999 页，可以查获机身 43 段下方蒙皮的修理方案。手册 SRM 53-30-01 中仅有第 201 页，该页说明机身 43 段蒙皮的可允许损伤资料参见 SRM 53-00-01。因此，转查 SRM 53-00-01 的第 199 ～ 201 页，查到机身 43 段损伤蒙皮的修理方案。如下图所示 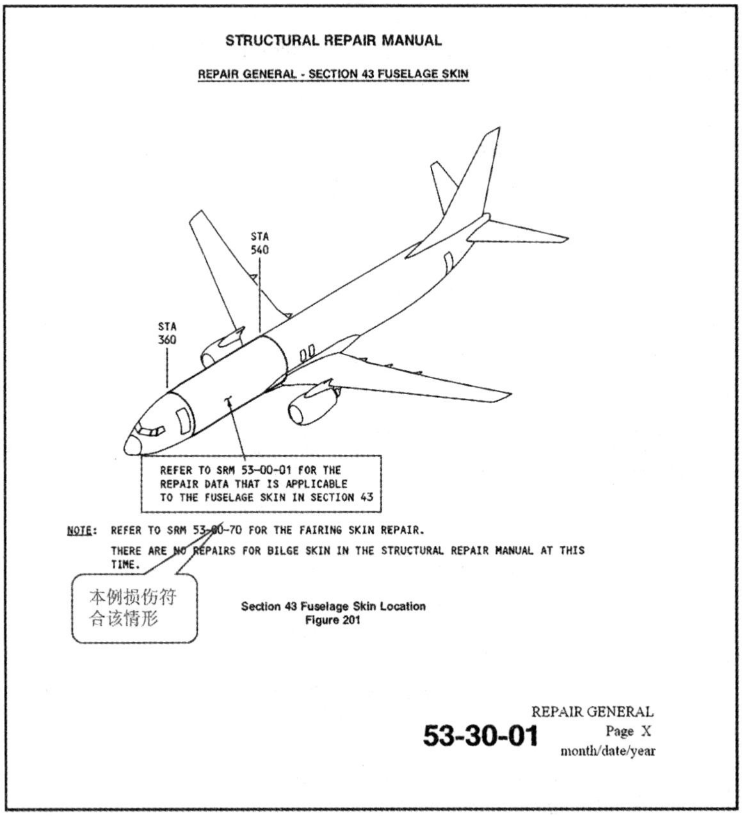 STRUCTURAL REPAIR MANUAL REPAIR GENERAL - SECTION 43 FUSELAGE SKIN STA 540 STA 360 REFER TO SRM 53-00-01 FOR THE REPAIR DATA THAT IS APPLICABLE TO THE FUSELAGE SKIN IN SECTION 43 NOTE: REFER TO SRM 53-00-70 FOR THE FAIRING SKIN REPAIR. THERE ARE NO REPAIRS FOR BILGE SKIN IN THE STRUCTURAL REPAIR MANUAL AT THIS TIME. 本例损伤符合该情形 Section 43 Fuselage Skin Location Figure 201 REPAIR GENERAL 53-30-01　Page X month/date/year		
2	查 SRM 53-00-01 的目录有 25 个修理方案，其中 4 个修理方案可考虑。这 4 个修理方案如下： 修理方案 3—有实心铆钉的长桁之间，机身蒙皮的外部修理 修理方案 4—有空心铆钉的长桁之间，机身蒙皮的外部修理 修理方案 8—长桁之间，相同厚度蒙皮的镶平 / 挖补修理 修理方案 9—长桁之间，机身蒙皮的镶平 / 挖补修理		

项目	工作内容	工作者	检查者
四	损伤超出可允许损伤范围，确定修理方案		
3	根据飞机停场时间长短及航材储备情况选择修理方案 3，如下图所示。修理方案 3 是用采用普通实心铆钉铆接外部补片的贴补修理方案。该修理方案是 B 类永久性修理方案。补片厚度按 53-00-01 修理方案 3，第 203 页表 202 查得为 0.100 in。材料与原构件材料相同，见 2024-T3 clad **STRUCTURAL REPAIR MANUAL** 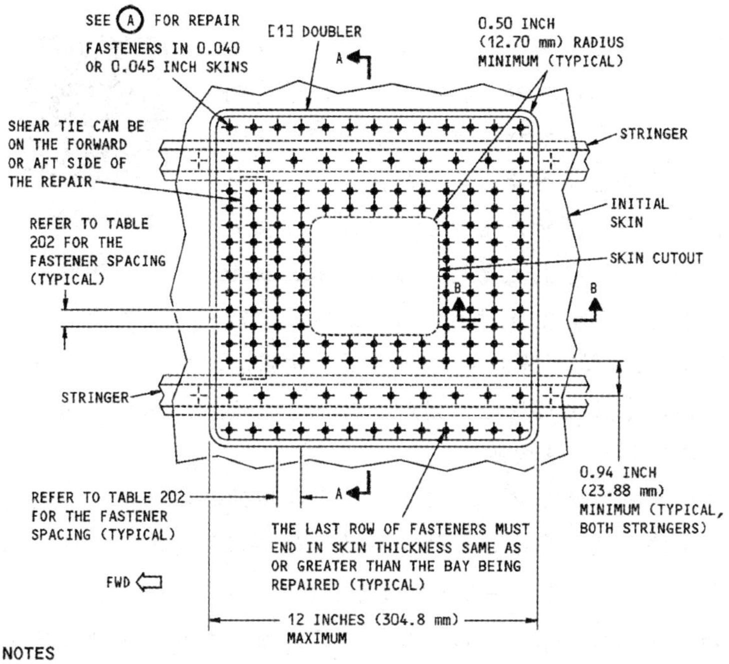 Layout of the Repair Parts Figure 201 (Sheet 1 of 2) **53-00-01**　REPAIR X Page X month/date/year		
五	结束工作		
1	撰写任务报告（学号），并提交维修方案		
2	清点设备，按要求维护后摆放规范整齐		
3	清扫工作现场，保持工位干净整洁，符合安全文明生产要求		

飞机典型结构的修理

【项目导入】

　　飞机的机体结构通常是由蒙皮、纵向构件、横向构件等组成的。蒙皮用来构成机翼、机身的外形，承受局部空气动力荷载，以及参与抵抗机翼、机身的弯曲变形和扭转变形；纵向构件主要由梁和桁条组成，其作用主要是承受机翼、机身弯曲时所产生的拉力和压力；横向构件包括翼肋、隔框等，它们主要用来保持机翼、机身的截面形状，并承受局部的空气动力。有些加强框、肋

【教学资源】
飞机结构的
分解（视频）

还要承受集中荷载。飞机结构损坏后，轻则降低结构强度，破坏结构的外形；重则造成飞机解体，危及飞行安全。因此，必须掌握飞机结构损伤的各类修理方法，及时恢复飞机的结构强度。

　　不同的部件有不同的修理要求，但对于不同部件的某些部位的修理则可能是相同的，这些可适用多个部件的相同的修理要求就是典型修理。本项目以航空企业飞机结构修理的典型工作任务为载体，编写训练任务工卡，重点介绍飞机铝合金蒙皮、梁、长桁、隔框、机翼整体油箱等典型结构修理的方法，以及飞机结构腐蚀处理与防腐措施。

【学习目标】

 【素质目标】

　　（1）树立航空产品质量第一、团队协作的生产意识。

　　（2）养成遵章守纪、规范操作、爱护工具设备的职业素养。

　　（3）培养爱岗敬业的劳动精神和精益求精的航空工匠精神。

【知识目标】

　　（1）掌握飞机蒙皮、梁、长桁、隔框、机翼整体油箱等典型结构修理的技术要求。

　　（2）熟悉飞机典型结构修理的工艺方法和工艺过程。

⊕ **【能力目标】**

（1）会分析飞机典型结构损伤故障，并制定相应的修理方案。

（2）能按照制定的飞机结构损伤修理方案进行结构修理施工。

【任务描述】

结构修理是通过修理或更换受损的结构件，以恢复飞机结构原有的强度和刚度，保证飞机结构完整性的维修行为。在学习飞机典型结构修理方法后，完成以下任务：

任务 1：如图 6-1 所示，识读飞机蒙皮与口盖装配结构件图纸（模拟），制定结构铆接装配工艺方案，按照方案进行下料、开孔、口盖修配和铆接装配。

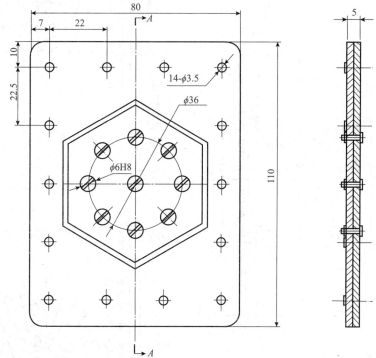

技术要求：
1.铆钉长度自行选用。
2.口盖与口框间隙配合为0.2~0.6 mm，六角互换后孔径偏移不大于0.1 mm。
3.制孔、制窝铆接执行铆接技术条件要求。

图 6-1　飞机蒙皮内六角形口盖修配铆接件装配图（模拟）

任务 2：如图 6-2 所示，识读飞机双层蒙皮铆接结构件装配图纸（模拟），制定结构铆接装配工艺方案。

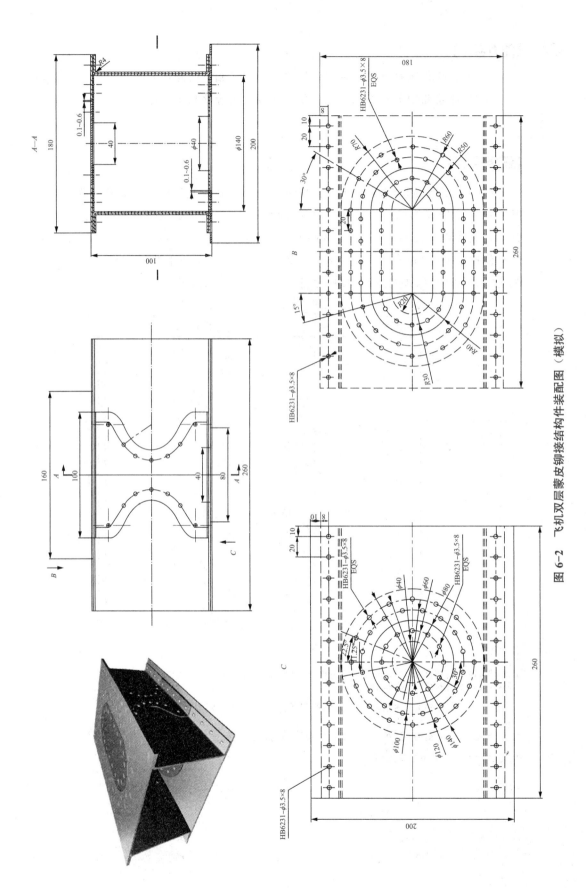

图 6-2 飞机双层蒙皮铆接结构件装配图（模拟）

170

飞机蒙皮主要用于保持飞机的良好气动性能及承受和传递荷载。飞机在飞行训练中，由于过载或非正常使用、维护等原因，可能使蒙皮产生变形、裂纹或破孔等损伤，不仅破坏了飞机的良好气动外形，影响飞行性能，还会使损伤部位的蒙皮强度降低，承载能力下降，危及飞行安全。因此，要及时修理飞机蒙皮上出现的各类损伤。

一、飞机蒙皮的修理

（一）蒙皮修理前的准备工作

1. 确定修理部位

首先，要对蒙皮进行详细的目视检查，如在目视检查中发现的损伤无法确定时，可采用着色检查进一步观察损伤的情况，再确定出修理部位。

2. 确定修理方案

根据蒙皮损伤情况和损伤程度，确定修理方案。

（1）蒙皮加强板厚度的选择可参见表 6-1。

表 6-1　蒙皮加强板厚度的选择　　　　　　　　　　　　　　　mm

蒙皮厚度	1.0	1.2	1.5	1.8	2.0	2.5
加强板厚度	1.2	1.5	1.8	2.0	2.5	3.0

（2）铆钉的选用原则。铆钉种类要与被修理蒙皮损伤处周围铆钉种类相同，其铆钉长度按表 6-2 确定。表 6-2 中 $\Sigma\delta$ 是指结构夹层总厚度。修理用材料表中的铆钉种类，如果与特定区域铆钉种类不符，则应按实物选择。

表 6-2　铆钉长度的选择

铆钉直径 d/mm	2	2.5、3、3.5、4	5、6、8、10
铆钉长度 L	$d + 1.3\Sigma\delta$	$d + 1.2\Sigma\delta$	$d + 1.1\Sigma\delta$

（二）蒙皮变形的修理

蒙皮的变形，是指蒙皮某些部位产生轻微的鼓动、皱纹和压坑等。这些损伤虽然不会立即导致事故，但对蒙皮的空气动力性能和强度有不同程度的影响，如果任其发展，也会由量变到质变，使蒙皮严重损伤。

1. 蒙皮鼓动和皱纹的修理

飞机蒙皮固定在梁、桁、肋、框等构件上，除与这些构件一起承受机件结构的扭矩和弯矩外，还承受着空气动力荷载或其他分布荷载。在这些荷载作用下，如果蒙皮上的应力超过该材料的屈服极限，就会产生永久变形，使蒙皮伸张，形成鼓起或下陷。这种蒙皮在交变荷载或冲击荷载作用下容易时而鼓起、时而下陷，在鼓起与下陷的过程中常常会发出"咕咚"的响声，这种现象通常叫作蒙皮鼓动。

蒙皮鼓动是蒙皮伸张变形的结果，一般用按压法检查，即用一个大拇指或手掌心按压蒙皮，松开手后蒙皮立即自动弹回（或弹不回来）并伴有响声，则说明该处蒙皮产生了鼓动。

蒙皮某处产生鼓动或皱纹，说明该处蒙皮的刚度不足，均应进行修理。一般的鼓动或皱纹，可采用整形加强的方法修理；如果鼓动或皱纹严重，用加强方法不能排除时，可采用挖补或更换蒙皮的方法修理。

加强修理通常是在蒙皮鼓动或皱纹处的内侧铆补加强型材。加强型材（或盒型材）的方向应垂直或平行于桁条，并至少与相邻的构件搭接一端。同时，应根据蒙皮的形状和搭接形式将加强型材制成相应的下陷或弧度，使之与蒙皮紧密贴合，如图 6-3 所示。

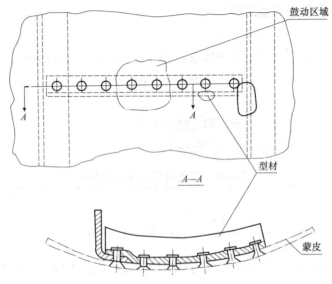

图 6-3　蒙皮一般鼓动的加强修理

若长桁与框或翼肋所形成的方框中蒙皮产生鼓动，则需使用加强件和铆钉排除鼓动，如图 6-4 所示。

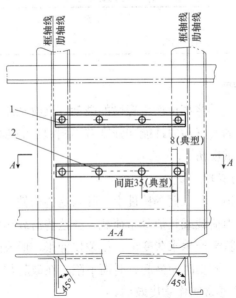

图 6-4　长桁与框或翼肋蒙皮鼓动的修理（MA60 飞机 SRM 手册）

1—加强件；2—铆钉

2. 蒙皮压坑的修理

蒙皮上的压坑，主要是破坏了蒙皮的光滑表面。如果压坑微小，分布分散，且未破坏内部结构，则不必修理；如果压坑较浅、范围较大，应用无锐角而表面光滑的榔头和顶铁修整；如果压坑较深、范围又小，不易整平时，可在压坑处钻直径为 4～5 mm 的孔，用适当的钢条打成钩形，拉起修平，然后用空心铆钉堵孔；如果压坑较深、范围较大，则可在压坑处开直径为 10～16 mm 的施工孔，用钩子钩着，锤击蒙皮的四周使其恢复平整，如图 6-5 所示，然后按图 6-6 所示选装堵盖铆钉。

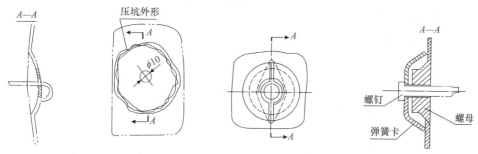

图 6-5 蒙皮压坑的修理   图 6-6 堵盖铆钉的安装

小压坑若不能钻孔整形，可将压坑处打磨光滑，用酒精和丙酮清洗后，用环氧树脂或黄腻子填平压坑，等干燥后修平即可。若桁条间的蒙皮上有凹凸不平，则用从蒙皮内侧安装加固型材的办法修理，如图 6-7 所示。

【教学资源】
飞机表面压坑的
修理方法（视频）

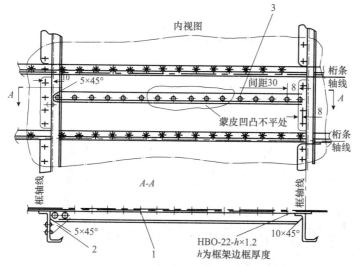

图 6-7 桁条间有凹凸不平的蒙皮修理（MA60 飞机 SRM 手册）
1—型材；2—板弯角材；3—铆钉

（三）蒙皮划伤和裂纹的修理

1. 蒙皮划伤的修理

飞机蒙皮如果划伤深度未超过规定值时，允许存在，不做修理。各型飞机的蒙皮允许划伤深度都有相应规定，如某型飞机对蒙皮允许划伤深度的规定：机身和尾翼蒙皮的划伤深度不超过划伤处蒙皮厚度的20%；机翼和口盖的划伤深度不超过划伤处蒙皮厚度的15%；另外，7A04（原LC4）材料蒙皮的划伤深度不超过蒙皮厚度的10%。如果蒙皮的划伤深度超过其规定值，则用砂布将划伤部位打磨成圆滑过渡，打磨后喷涂铝粉漆，填平损伤部位。

如蒙皮的划伤过深，除打磨喷漆外，还需要铆上一块材料、厚度与蒙皮相同的加强片。加强片可以铆接在蒙皮外表面，如图6-8所示。一般情况下，划伤尖端按ϕ12 mm（ϕ0.472 4 in）的面积打磨光滑，与周围表面均匀过渡，铆于机身蒙皮外侧的加强板四周均需按图6-8所示倒角。

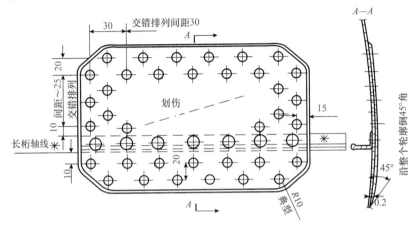

图6-8 划伤蒙皮的外部加强修理

如机身外侧不易于施工时，也可以铆接在蒙皮内部，如图6-9所示。具体情况视划伤部位的位置及施工条件决定。

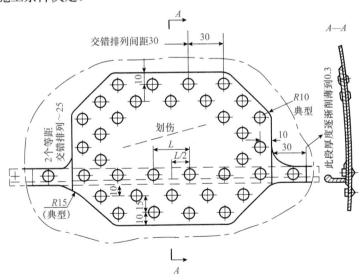

图6-9 划伤蒙皮的内部加强修理

2. 蒙皮裂纹的修理

蒙皮上的裂纹会降低蒙皮的强度，且在受力过程中裂纹还会因应力集中继续扩展。修理时，应根据裂纹的长短、深浅程度和所在位置等情况采用不同的修理方法。

（1）裂纹尖端钻止裂孔。当蒙皮上的裂纹较短时（一般小于 5 mm），可采用钻止裂孔的方法止裂。止裂孔的直径通常为 4 mm 以上。钻止裂孔时，止裂孔的位置非常重要。如果止裂孔没有钻在裂纹的尖端处，它就不能消除裂纹尖端应力场的奇异性，也就起不到止裂作用。止裂孔位置的几种可能情况分析见表 6-3。

表 6-3　止裂孔位置的几种可能情况分析

可能情况	结果分析
裂纹	止裂孔在裂纹的中间，没有把裂纹前缘去掉，而且在钻孔过程中又可能在裂纹尖端附近造成新的微裂纹，因而起不到止裂作用
止裂孔	止裂孔位置不正，没有消除裂纹尖端处应力场的奇异性
	止裂孔的位置太靠前，这时裂纹的扩展方向捉摸不定，裂纹的扩展有可能偏到止裂孔的一侧去，止裂孔起不到止裂作用
	止裂孔位置比较合理，这消除了裂纹尖端应力场的奇异性，可起到止裂作用

表 6-3 中前三种情况，止裂孔的位置都是不正确的，第四种情况是正确的。为了准确地确定止裂孔的位置，钻止裂孔前，最好借助低倍放大镜确定裂纹尖端的位置。通常，止裂孔的位置应是止裂孔的圆心超过目视看到的裂纹尖端 2.0 mm。

（2）在裂纹部位贴补加强片。当蒙皮上的裂纹较长时，采用钻止裂孔的方法能够消除裂纹尖端应力场的奇异性，但止裂孔处有较高的应力集中，在交变荷载作用下，原裂纹还可能会继续扩展。因此，对于较长尺寸（>5 mm）的裂纹，除在裂纹尖端钻止裂孔外，还需在裂纹部位的内部铆补一块与蒙皮材料相同、厚度相等的加强片，如图 6-10 所示。加强片的形状和大小应根据裂纹部位蒙皮的形状与连接铆钉数量确定，如不易在内部铆补时也可在外部加强。在贴补加强修理时，不同部位的修理要求应按照该型飞机的结构修理手册来实施。

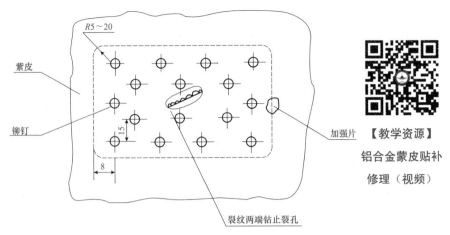

图 6-10 蒙皮裂纹的贴补加强修理

【教学资源】
铝合金蒙皮贴补
修理（视频）

（四）蒙皮破孔的修理

蒙皮上的破孔，有的发生在构架的中间，有的跨越构架，有的在不易施工的地方，有的双层蒙皮损坏，有的处在机翼（或尾翼）的前缘，修理时必须具体分析后区别对待。

1. 破孔的一般修理方法

蒙皮破孔的修理通常采用托底平补法，首先是将损伤部位切割整齐，然后用补片填补切割孔，用衬片托底，通过衬片将补片和蒙皮连成一体。例如，蒙皮表面带有直径小于 25 mm（0.984 3 in）的破孔，修理方法如图 6-11 所示。后缘蒙皮穿洞的修理如图 6-12 所示。

【教学资源】
铝合金蒙皮破孔的
修理（视频）

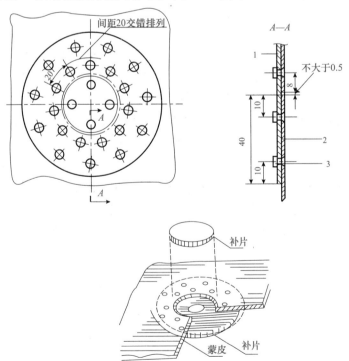

图 6-11 带有直径小于 25 mm（ϕ0.984 3 in）破孔的蒙皮修理

1—垫板；2—补板；3—铆钉

176

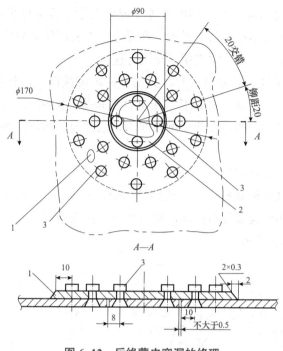

图 6-12　后缘蒙皮穿洞的修理

1—衬片；2—补片；3—铆钉

托底平补法的施工步骤如下：

（1）确定切割范围。根据损坏情况确定切割范围是修理蒙皮破孔的第一步，关系到其他步骤的施工。因此要注意以下几项：

①切割线一般应超过损伤范围 5 mm。

②为了便于制作补片和衬片，需将蒙皮损伤处切割成规则的形状，如圆形、长圆形、矩形等。

③切割线的直线部分应与构架（梁、桁、肋、框）相平行，并与构架保持一定距离，以便铆接衬片。

④由于机翼蒙皮上的正应力比剪力大得多，故在机翼蒙皮上开长圆孔或矩形孔时，应尽量使长轴或长边平行于桁条，以减小垂直于正应力方向的切口长度。

⑤切割线应尽可能避开铆钉。

（2）切割损伤部位。根据确定的切割形状和损伤部位的结构情况，选择相应的切割工具切割损伤部位。切割工具主要有专用割刀、铣刀等；若没有切割工具，则可采用连续钻孔法切割。切割时，既要保证切割孔的形状和尺寸，又要防止损伤内部构架和机件。

（3）制作补片和衬片。补片是用与蒙皮材料相同、厚度相等的铝板制作的。补片的大小和形状与切割孔相同，两者对缝间隙应符合飞机修理质量要求。

修理经验表明，制作补片时，务必注意做到三要：一要以孔为基准锉修补片，禁止补片与孔同时锉修；二要做好记号，便于补片与孔对缝；三要有次序地由一个方向边锉边对，防止急躁，要少锉勤对。

衬片的材料与蒙皮相同，衬片的厚度等于或略大于蒙皮的厚度，衬片的大小取决于破孔的直径和衬片与蒙皮连接的铆钉排数。在受力较小的部位，衬片与蒙皮用两排铆钉连接；在受力较大的部位，衬片与蒙皮用三排铆钉连接。

（4）钻孔铆接。铆接时，先铆衬片，后铆补片。铆接前，需根据切割孔的形状和大小，合理地布置铆钉。对于圆形孔或长圆形孔，按每排的圆周长均匀布置；对于矩形孔，首先在四周确定4个铆钉，然后在两个铆钉间均匀地排列。铆钉为两排时应尽可能采用交错排列。

2. 跨构架蒙皮破孔的修理

（1）当蒙皮上的破孔跨越构架时（或切割孔跨越构架），应根据构架的损坏情况，采用不同的修理方法。如果构架没有损坏，则可将衬片做成两块，其中一块衬片应搭接在构架的弯边上，如图6-13所示。

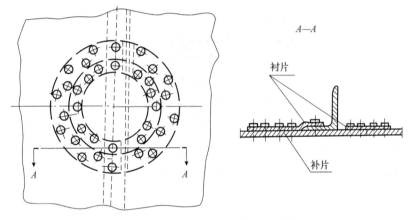

图6-13　跨构架破孔修理

（2）如果构架和蒙皮同时损坏，则衬片最好做成一整块，先将它与蒙皮铆接，再接补损伤的构架，最后铆接补片，如图6-13所示。另外，也可以先接补损伤构架，然后按图6-14所示的方法进行修理。

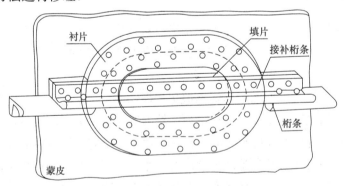

图6-14　构架和蒙皮同时损伤的修理

3. 不易施工处蒙皮破孔的修理

用托底平补法修理蒙皮破孔，需要在蒙皮里面放置衬片、铆接衬片和补片。飞机上有的部位（如后机身），可以从蒙皮的内部接近损伤处，故放置衬片和进行铆接都比较容易施工。飞机上也有些部位（如机翼、尾翼、进气道等处），不易从蒙皮的内部接近损伤处，故放置衬片和铆接存在困难。不易施工处破孔的修理方法与前述的破孔一般修理方法基本相同，克服施工困难有以下几种方法：

（1）充分利用切割孔进行施工。利用切割孔施工时，衬片的中央需开一个与衬片形状相同的小施工孔，以便铆接衬片。长圆形衬片可以垂直放入；矩形衬片可以斜着放入，如图 6-15 所示；圆形衬片可将其切开后放入，但是衬片切开后，强度减弱，需在切口处铆上一块加强片，如图 6-16 所示。

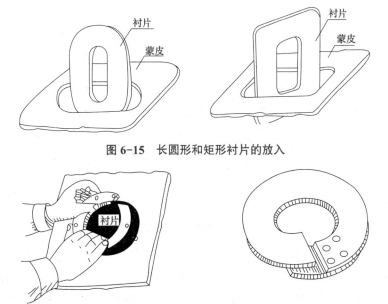

图 6-15　长圆形和矩形衬片的放入

图 6-16　圆形衬片的放入和加强

铆接时，首先可从衬片中央的施工孔伸入弯形顶铁，将衬片与蒙皮铆接；然后用螺纹空心铆钉或螺钉将补片与衬片连接。螺纹空心铆钉一般只适用受力较小的部位；受力较大的部位，需要用螺钉固定衬片，在衬片放入之前，应在衬片上先铆好螺钉座。

（2）利用舱口盖或施工孔进行施工。如果切割孔附近有舱口盖，则应尽可能利用舱口盖放入衬片，进行铆接；若切割孔附近没有舱口盖或无法用舱口盖进行施工，则可以在切割孔附近开一施工孔，利用施工孔来放入衬片和伸入顶铁进行铆接。开施工孔时，必须注意以下几点：

①施工孔不宜过大，以免过多地降低蒙皮的强度；

②施工孔应开在对蒙皮强度和空气动力性能影响较小的部位；

③开施工孔时，既要考虑对破孔的施工，又要充分考虑好施工孔的修补；

④施工孔应与破孔或其他的孔彼此错开，不要在结构的同一横截面上。

（3）临时拆卸蒙皮进行施工。飞机上有的部位产生破孔后，可以拆卸附近的蒙皮进行施工，完成后再安装此处蒙皮。

4. 双层蒙皮破孔的修理

飞机上的双层蒙皮，其结构形式主要有 3 种：一是内外蒙皮之间铆有框架；二是内外蒙皮之间铆有较厚的垫条；三是内外蒙皮重叠和构架铆接在一起。因此，双层蒙皮产生破孔后，应根据双层蒙皮的结构形式，采用不同的修理方法。

（1）内部有构架的双层蒙皮破孔的修理。这种双层蒙皮的特点是内部有较大的空间。根据这个特点，可以采用先修外蒙皮后修内蒙皮的方法。具体方法如图 6-17 所示。先将内、外蒙皮的破孔切割整齐，利用内蒙皮的切割孔修理好外蒙皮上的破孔，然后利用内蒙皮孔铆接衬片。用螺纹空心铆钉将内蒙皮补片铆接在衬片上，或者用螺钉将补片和衬片连接在一起。

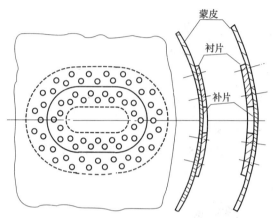

图 6-17　内部有构架的双层蒙皮破孔的修理

如果内蒙皮是进气道蒙皮，此时应先修内蒙皮，后修外蒙皮。进气道蒙皮修补时，应选择直径不小于 3 mm 的精选埋头铆钉铆接衬片和补片，切忌用螺纹空心铆钉和螺钉连接。

（2）内部有垫条的双层蒙皮破孔的修理。这种双层蒙皮内部空间很小，修理时无法放入顶铁，通常按图 6-18 所示的方法修理。用与垫条厚度相等的铝板制作 4 条衬片，衬片的宽度能铆 2 排铆钉，并将补片弯曲成适当的弧度，插入内、外蒙皮之间，用埋头铆钉将补片与内、外蒙皮铆接为一体，将两块补片分别安装在内、外蒙皮的切割口上，用埋头铆钉与衬片铆接。

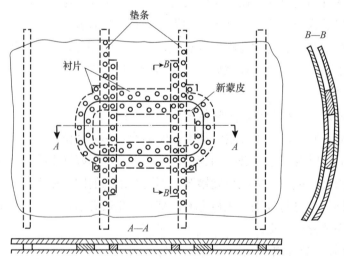

图 6-18　内部有垫条的双层蒙皮破孔的修理

（3）相互重叠的双层蒙皮破孔的修理。这类蒙皮上的破孔，如果直径较小，而且没有跨越构件，修理时，可以将内蒙皮上的孔开得小一些，外蒙皮上的孔开得大一些，把内蒙皮当作衬片，将补片直接铆在内蒙皮，如图6-19所示。切割外蒙皮时，为了防止划伤内蒙皮，可在两层蒙皮之间插入薄钢片。这种修理方法的特点是不需要另加衬片，对蒙皮的强度削弱较多。一般来说，翼面的上下蒙皮上只允许各有一个。

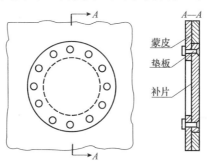

图6-19 双层蒙皮破孔的修理

（4）如果蒙皮上的破孔直径较大，跨过桁条或翼肋，或者破孔的数量较多，应用下述方法修理。先将内蒙皮上的孔开小一些，外蒙皮上的孔开大一些，按外蒙皮的切割孔制作补片和衬片。补片的材料、厚度与外蒙皮相同，补片的形状、大小与外蒙皮切割孔一致。衬片的材料、厚度与内蒙皮相同，尺寸比外蒙皮切割孔大，每边能铆2~3排铆钉。然后用埋头铆钉将衬片与内、外蒙皮铆接，再将衬片与内蒙皮、衬片铆接在一起，如图6-20所示。

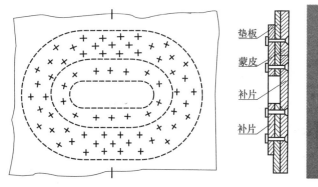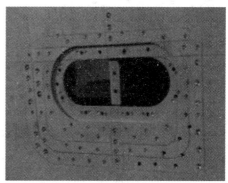

图6-20 重叠双层蒙皮破孔的修理

5. 前缘蒙皮破孔的修理

由于前缘是气动力特别敏感区，对光滑性要求较高，因此修理时具有以下特点：

（1）前缘蒙皮出现破孔后，均要采用托底平补法修理。补片形状视蒙皮损伤形状和结构情况而定。一般采用圆形衬片或矩形补片，如图6-21所示。其中，矩形孔的切割线应平行于翼肋或桁条。

【教学资源】

机翼前缘蒙皮损伤

部位的切割方法

（视频）

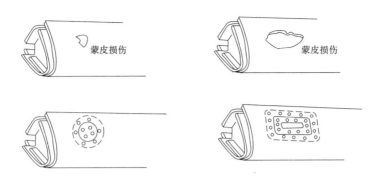

图 6-21　前缘蒙皮破孔修理

（2）补片和衬片与前缘蒙皮的弧度一致；补片与修理蒙皮同材料同厚度，衬片与修理蒙皮同材料，但厚度一般加厚一级到两级；能进行双面铆接时，衬片可做成一块，如图 6-22 所示，衬片和补片均采用埋头铆钉铆接。

【教学资源】
机翼蒙皮损伤切割
的铆接施工（视频）

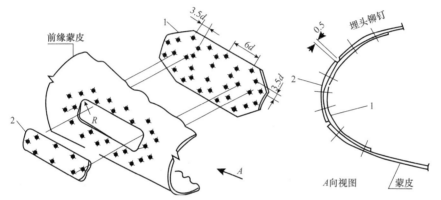

图 6-22　矩形孔双面铆接修补
1—衬片；2—补片

不能双面铆接时，衬片做成两块，从切割孔放入，并用加强片铆成一整体，如图 6-23 所示。衬片和加强片与蒙皮用埋头铆钉连接，补片与衬片用螺钉连接。

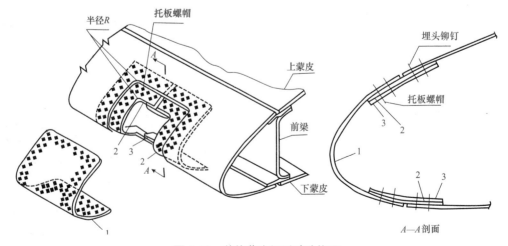

图 6-23　前缘蒙皮矩形破孔修理
1—补片；2—衬片；3—加强片

（3）为了保证前缘形状正确，在衬片上铆接（或螺接）补片时，应先使补片的前缘与机翼前缘在一条直线上，并用带子固定。铆接（或螺接）时，应上下两面交替进行。

（4）为了保持前缘的光滑，在距前缘中心线 20 ~ 25 mm 的范围内最好不铆铆钉。

（五）蒙皮大范围损伤的修理

蒙皮上密集的破孔、裂纹或者严重的擦伤变形，对飞机的空气动力性能和强度影响很大。修理时，必须更换部分蒙皮，才能恢复其强度和外形。

1. 更换蒙皮的方法

更换蒙皮的施工步骤分为切割损伤蒙皮；制作与铆接衬片；配制新蒙皮，并安装定位与对缝；铆接新蒙皮。

（1）切割损伤蒙皮。切割损伤蒙皮时，必须注意以下几点：

①切割线与构架平行，在转角处要锉成圆角，防止应力集中。

②为了增加接缝处的稳定性，切割时，切割线要靠近构架。但切割线必须和构架保持一定距离（一般是 40 ~ 50 mm），以便铆接衬片。

③为了避免增加过多的接缝，影响蒙皮的空气动力性能，当损伤蒙皮原有接缝尺寸时，应用原来接缝进行接补。

④切割线应尽可能避开铆钉，切割下来的旧蒙皮不要随便剪开，以便作为制作新蒙皮的依据。

（2）制作与铆接衬片。衬片可以做成一整条，也可以分成几段。衬片是一整条时，桁条、肋框需要制作下陷，使它们和蒙皮之间有一个间隙，以便衬片从间隙中顺利通过。衬片分段时，衬片应做下陷或弯边，以便和构架铆接为一整体，如图 6-24 所示。整条的衬片，蒙皮接缝处的稳定性较好，但施工比较困难，因而多用于受力较大的部位。分段的衬片，施工比较容易，但接缝处的稳定性较差，多用于受力较小的部位。衬片做好后，将衬片与蒙皮铆接，以便安装新蒙皮。

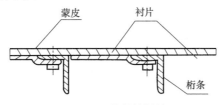

图 6-24　分段的衬片

（3）配制新蒙皮，并安装定位与对缝。用蒙皮材料相同、厚度相等的铝板，按切割下来的旧蒙皮进行画线，画线时每边应留出一定的加工余量。将新蒙皮试装于损伤处，进行对缝与修边。对缝和修边时，如果对缝位置经常改变，会使边缘锉修不准确，影响对缝质量。为此，先要对新蒙皮进行定位。定位的方法有两种：一种是画线法，这种方法是在新蒙皮和原蒙皮相对应的位置上画出定位线，每次对缝都以定位线为基准，如图 6-25（a）所示；另一种是钻制定位孔法，即在新蒙皮和构架上钻出定位孔，如图 6-25（b）所示。定位孔的数量最少不能少于 2 个，每次对缝修边时，以定位孔为基准，确定新蒙皮的安装位置。

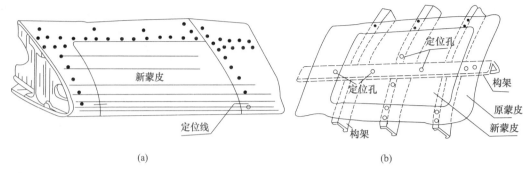

图 6-25　更换蒙皮的定位法

（a）画线定位；（b）定位孔定位

新蒙皮对缝质量的好坏，直接影响飞机的空气动力性能。蒙皮对缝主要有以下几种方法：

①用直尺画线对缝。这种方法如图 6-26 所示。首先用直尺在原蒙皮上画切割缝的平行线，并保持一定距离 l，然后将新蒙皮安装定位，以平行线为基准，在新蒙皮上画线，此线与平行线平行，并使其距离等于平行线至切割缝的距离 l。新蒙皮上所画出的线即切割线，按切割线剪去新蒙皮的多余材料，锉修边缘，进行对缝。

②用特殊工具画线对缝，如图 6-27（a）所示，由两块较薄的不锈钢片制成。画线时将工具的下端放在切割线上，上端放在新蒙皮上，使下端沿切割缝移动，上端也随之在新蒙皮上画出切割线，如图 6-27（b）所示。根据切割线，剪去余料，锉修边缘，进行对缝。

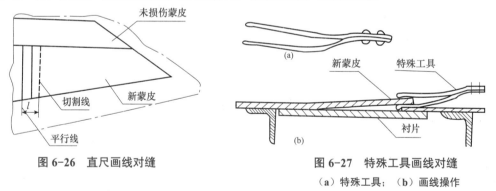

图 6-26　直尺画线对缝

图 6-27　特殊工具画线对缝

（a）特殊工具；（b）画线操作

（4）铆接新蒙皮。新蒙皮一方面要与衬片铆接，另一方面要与构架铆接。新蒙皮与衬片铆接时，由于衬片上没有铆孔，新蒙皮和衬片上的铆孔可以同时钻出，铆孔位置容易确定；新蒙皮与构架铆接时，由于构架已有铆孔，新蒙皮上的铆孔必须和构架上的铆孔相一致，否则彼此错开无法铆接。

确定新蒙皮铆孔位置时，应根据蒙皮损伤部位采用不同的方法。如果蒙皮的损伤部位在飞机容易施工的地方，如飞机的后机身，则可将蒙皮固定于损伤处，用直径稍小的钻头，根据构架铆孔从内向外钻出，确定新蒙皮铆孔的位置。如果蒙皮的损伤部位在飞机较难施工的地方，当旧蒙皮损坏不是很严重，经整形后，旧蒙皮的铆孔位置没有变化，此时可将旧蒙皮放在新蒙皮上，按旧蒙皮的铆孔确定新蒙皮铆孔的位置。当旧蒙皮损坏严重，无法用旧蒙皮的铆孔来确定新蒙皮的铆孔位置时，可以用下述两种方法来确定铆孔的位置。

①用画线的方法确定铆孔位置。这种方法如图 6-28 所示。首先根据构架铆孔中心，用直尺在未损伤蒙皮上任意画两根直线，这两条直线相交于构架铆孔的中心；然后装上新蒙皮，按两条直线在新蒙皮上画线，两线交点即铆孔的中心。

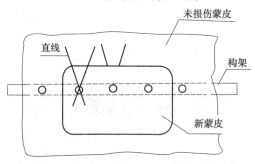

图 6-28　用画线的方法找铆孔

②用定位钉或定位工具确定铆孔位置。用定位钉找铆孔时，如图 6-29 所示。将定位钉置于构架铆孔中，装上新蒙皮，并锤击，使定位钉在新蒙皮上冲出铆孔位置。用定位工具找铆孔时，如图 6-30 所示，将工具的销子插入构架铆孔，锤击工具上的小冲，在蒙皮上冲出冲点，该点即铆孔的位置。

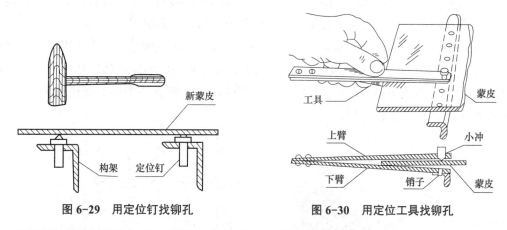

图 6-29　用定位钉找铆孔　　　　　图 6-30　用定位工具找铆孔

用画线法确定铆孔位置，画线比较烦琐，不易准确，但不需要专门的工具。用定位钉和定位工具找铆孔的方法，比较简单与准确，但需要专门的工具，且使用范围有限。

③国外用引孔器确定铆钉孔位置。将引孔器的定位销放入旧蒙皮铆钉孔，通过导孔直接在新蒙皮上钻孔，如图 6-31 所示。

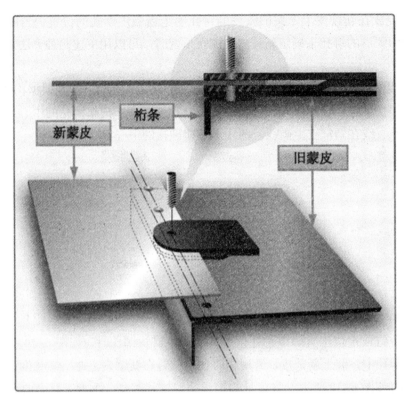

图 6-31 用引孔器找铆孔（A320 SRM 手册）

新蒙皮铆孔位置确定之后，即可进行钻孔、铆接。铆接时，需用固孔销、小螺栓或 G 形夹将新蒙皮固定。铆接的顺序视蒙皮的形状和施工的方便而定。

一般来说，对于单曲度的蒙皮（如机翼前缘蒙皮），应先铆弯曲中心线附近的一列铆钉，再依次铆向蒙皮的一端，如图 6-32 所示Ⅰ、Ⅱ、Ⅲ列的顺序；然后从中心线开始依次铆向另一端，如图 6-32 中所示Ⅱ′、Ⅲ′列的顺序。究竟是先铆上面还是先铆下面，需根据施工的方便来确定。

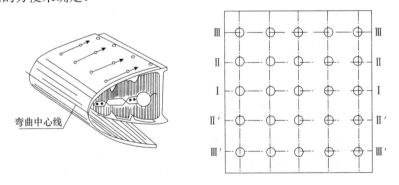

图 6-32 从弯曲中心线铆向两端

对于双曲度蒙皮，铆接时，应从蒙皮的中央开始，逐渐铆向蒙皮的四周，如图 6-33 所示。在铆接每一区域时，应按对称顺序进行。

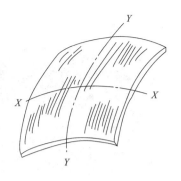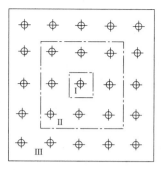

图 6-33 从蒙皮中央铆向四周

2. 更换蒙皮后的质量检验

蒙皮更换后，由于新蒙皮的面积较大，故对飞机的强度和空气动力性能影响较大，除需校核接缝的强度外，还需检验所修部位的质量，确保飞机具有良好的空气动力性能。

（1）蒙皮外形的质量要求。为了使飞机具有良好的空气动力性能，修理蒙皮时，必须保持机体外形光滑流线。

（2）蒙皮气动外形的检验方法。蒙皮的气动外缘形值公差和波纹度可用检验样板（或卡板）检查。检验样板的内缘与理论切面外形之间均匀保持着一定的间隙，如图 6-34 所示，此间隙一般为 3 ~ 5 mm。检查时，将样板安放在被检查截面上，样板和蒙皮之间插入楔形塞尺，测量样板与蒙皮之间的实有间隙，如图 6-34 所示。如果整个截面上的实有间隙与规定的间隙相等，则说明蒙皮外形符合理论外形；反之，如果某处实有间隙小于或超过规定间隙，则说明该处已有变形。

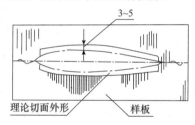

图 6-34 检验样板与塞尺

■ 二、飞机桁条的修理

桁梁式机身的桁条主要用来保持机体的形状和固定蒙皮，通常都穿过隔框上的缺口，只与蒙皮铆接。某些飞机，在承受弯矩不大的机身部分，桁条在隔框处还可能是断开的，这种桁条只起支持蒙皮的作用，不能承受轴向力。桁条式机身的蒙皮桁条较厚、较强，受压稳定性较好，弯矩引起的轴向力全都由桁条和蒙皮承受，如图 6-35 所示。

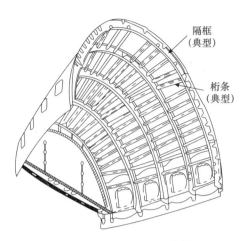

图 6-35　桁条式机身

桁条的损伤类型主要有缺口、裂纹和断裂等，修理时应根据损伤的实际情况，采用不同的修理方法。

（一）桁条缺口的修理

梁缘条和长桁边缘产生缺口时，需根据缺口宽度的大小（沿构件的截面测量），采用不同的修理方法。宽度较窄的缺口（一般小于 5 mm），只需将缺口锉修成光滑的弧形，用砂布打光后涂上底漆即可。当缺口宽度较宽时，需把缺口切割整齐，用填片填上缺口，并铆上加强片，如图 6-36 所示。加强片的材料和厚度与构件相同，宽度则比缺口的宽度稍大。

（二）桁条裂纹的修理

桁条在使用过程中出现裂纹，说明构件在该处承担的荷载过大，需根据裂纹的长短（沿构件截面的方向）采用不同的修理方法。当构件边缘出现长度不大于 2 mm 的裂纹时，采用锉修法修理；当裂纹长度大于 2 mm，但小于构件一边宽度的 2/3 时，可在裂纹末端钻 $\phi1.5 \sim \phi2$ mm 的止裂孔后，用加强片加强，如图 6-37 所示；当裂纹的长度超过构件一边宽度的 2/3 时，在裂纹末端钻止裂孔后，用与构件相同的型材加强，如图 6-38 所示。

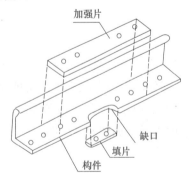

图 6-36　缺口的修理

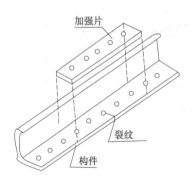

图 6-37　加强片加强修理

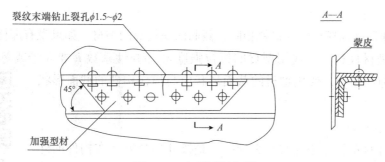

裂纹末端钻止裂孔φ1.5~φ2

A—A

蒙皮

加强型材

图 6-38　加强型材加强

（三）桁条断裂的修理

桁条断裂后，如果断裂的构件较短，又便于整根取下，则可采用更换的方法进行修理，即取下断裂构件，用材料相同、规格相等的型材制作新构件，按原孔铆接。

如果断裂的构件较长，不便于整根取下，在修理时，首先将构件的断裂部分切割整齐，用与切割部位相适应的填补型材填平切割处，然后铆接一条接补型材，将断裂的构件重新连接成一体，通常称为接补修理，如图 6-39 所示。在断裂处作用于构件一端的荷载，即可通过接补型材传至构件的另一端，使断裂构件的强度得到恢复。

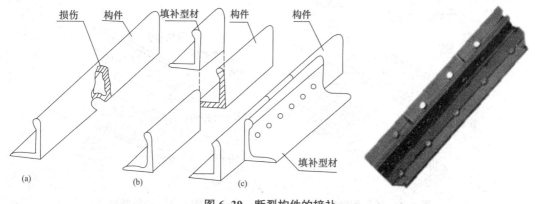

图 6-39　断裂构件的接补

（a）损伤构件；（b）切割后安装填补型材；（c）铆接接补型材

接补修理的要求：在恢复构件抗拉和抗压强度的前提下，尽可能减小构件的质量，并力求施工方便。

1. 损伤部位的切割

切割损伤构件时，切割线应超出损伤范围 5 mm，并且切割线应与构件垂直；切割后，用锉刀锉平切割缝，并涂刷油漆；若结构中有几根构件同时断裂，则需事先用托架将损伤部件托住，再进行切割；切割时，必须使各构件的切割缝彼此错开，不要在结构的同一截面上，防止结构接补后在该截面处的面积突然增大，引起应力集中，降低结构的强度。

2. 接补型材的选择

通常接补型材选择与构件材料相同、截面面积相等的型材。如果没有那样的型材，也可以用其他型材代替。但代用型材的抗拉强度 σ_b 和弹性系数 E 要大于或等于构件材料抗拉强度和弹性系数。代用型材的截面形状应与损伤构件的截面形状相同。

3. 接补型材的安装

接补型材的安装方法通常有3种：一是接补型材安装在构件的外侧，简称外侧接补；二是接补型材安装在构件的内侧，简称内侧接补；三是接补型材安装在构件的两侧，简称两侧接补，如图6-40所示。

构件无论采用何种接补方法，施工时均应将接补型材的两端削斜（一般为45°），如图6-41（a）所示。采用内侧和两侧接补时，应将接补型材外棱角倒角，以保证接补型材与构件贴合紧密；同时，两侧接补时，还要使两根接补型材的端面彼此错开，不要在同一截面上，如图6-41（b）所示，以防构件接补后的截面面积突然增大，引起应力集中。接补型材的3种安装方法各有其优缺点。

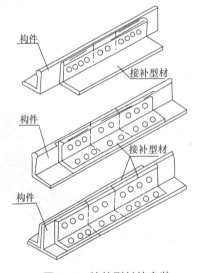

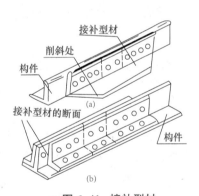

图 6-40 接补型材的安装

图 6-41 接补型材
（a）两端削斜；（b）端面错开

外侧接补和内侧接补相比，施工比较简单。但外侧接补型材的截面重心和构件的截面重心的距离较大，作用在构件和接补型材上的荷载不在一条直线上，因而出现一个偏弯矩，对受拉的构件来说，影响不大；对受压的构件来说，容易使构件失去稳定，产生纵向弯曲。

内侧接补和两侧接补施工虽然比外侧接补复杂，但接补型材截面重心和构件截面重心之间的距离较小，构件受力时产生的偏弯矩也较小，因此，受压构件接补后不易失去稳定。

4. 接补型材的铆接

为了保证梁缘条和长桁修理后具有应有的强度，一般规定，由于钻孔使构件强度削弱的程度，不得超过构件原来强度的8%～10%。但是，梁缘条和长桁的宽度较窄，截面面积较小，即使在截面上多增加一个铆孔，也容易超过规定。因此，修理时，应尽量利用构件原来的铆孔，如果需要钻制新孔，新孔的位置必须与原孔错开，不要在构件的同一截面上。钻好孔后，将填补型材安装在损伤部位，先把接补型材铆在构件上，再将填补型材铆在接补型材上。

■ 三、飞机腹板的修理

腹板由薄板制成，通常用螺栓或铆钉与缘条连接，承受剪力。飞机在飞行训练中，腹板可能产生破孔、裂纹等损伤，修理时，必须根据腹板损伤的轻重程度、损伤的具体部位，采用不同的修理方法。

（一）腹板裂纹的修理

裂纹修理时，在裂纹端头钻止裂孔，用与腹板同材料同厚度的板材加强。加强片的尺寸根据铆钉的数量和布置确定。修理方法如图6-42和图6-43所示。当加强片与缘条连接时，紧固件要加大一级；当修理结构油箱处的翼梁腹板时，加强片与腹板贴合面要涂胶，紧固件也要浸密封胶安装，并且还要在加强片周围涂密封胶。另外，加强片安装前在表面要喷漆。

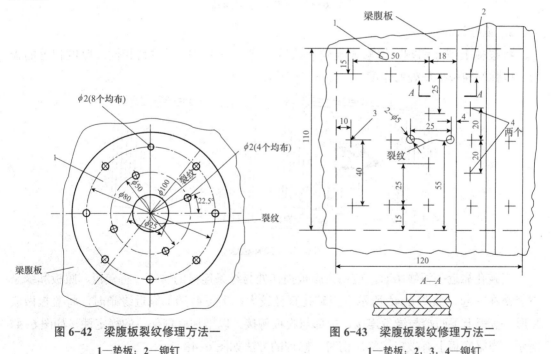

图6-42 梁腹板裂纹修理方法一
1—垫板；2—铆钉

图6-43 梁腹板裂纹修理方法二
1—垫板；2，3，4—铆钉

191

(二) 腹板破孔的修理

1. 锉修法

锉修法就是将腹板上的破孔锉修成光滑的圆孔或椭圆孔，锉修后，在孔的四周涂上油漆，以防腐蚀。锉修法不能恢复腹板损失的强度，因此，锉修法的使用有以下限制：

（1）只适用修理直径较小的破孔。一般规定，破孔直径应小于 40 mm。

（2）锉修后的圆孔或椭圆孔，其边缘与其他孔边缘距离不宜过小。距离过小，腹板受剪时容易在该部位失稳而产生变形。通常规定，破孔边缘与附近其他孔的边缘距离不少于 40 mm。

（3）修出的圆孔或椭圆孔边缘与缘条的距离不宜过小。因为缘条受拉或受压时，容易使腹板失稳而变形。通常规定，破孔边缘与缘条的距离也不得少于 40 mm，如图 6-44 所示。

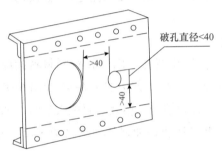

图 6-44　腹板裂纹锉修孔

2. 盖补板法

将腹板上破孔切割、锉修成规则形状后，铆上一块与腹板材料相同、厚度相等的盖板，以弥补腹板损伤处的强度，如图 6-45 所示。

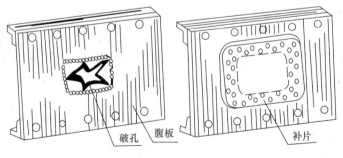

图 6-45　盖补板法

当破孔靠近一根缘条时，应钻去腹板损伤处与缘条连接的铆钉，将盖板、腹板和缘条三者铆在一起，如图 6-46 所示。当破孔直径较大、上下两端都靠近缘条时，将盖板做成 X 形，盖板上下两端与缘条连接，中部与腹板铆接，以增加修理部位的稳定性，如图 6-47 所示。当梁腹板上有破口、深压伤时，修理的方法如图 6-48 所示。

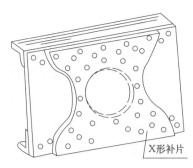

图 6-46　破孔靠近缘条的修理

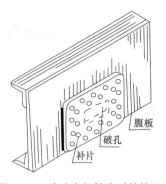

图 6-47　破孔直径较大时的修理

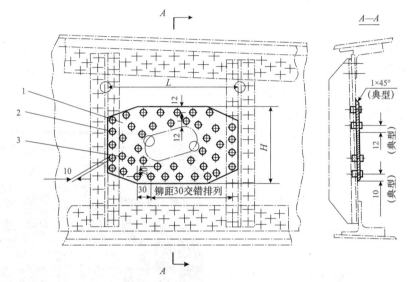

图 6-48　梁腹板上破口、深压伤的修理

1—衬板；2，3—铆钉

3. 腹板切割修理

当腹板上有密集破孔或裂纹时，则需更换一段新腹板。首先全部切除腹板的损伤部分；再用与腹板材料相同、厚度相等的板材制作一段新腹板，将新腹板填入切割口，代替已切除的腹板；然后在接缝处铆接 X 形连接片，使新腹板与原来腹板连接成一体，如图 6-49 所示。腹板裂纹修理时，裂纹一边的铆钉数、盖板中心线一侧的铆钉数，以及切割缝一边连接片上的铆钉数可按实际需要确定，必要时可通过计算确定。

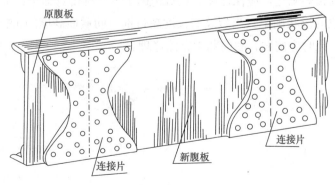

图 6-49　腹板切割修理

■ 四、飞机隔框和翼肋的修理

隔框和翼肋（以下简称框、肋）主要用来维持机身、机翼和尾翼的截面形状，承受和传递局部空气动力荷载。现代飞机上的框、肋大多是由铝合金或钛合金板材弯制而成的，包括腹板和弯边两部分。飞机在日常使用过程中，框、肋可能产生范围较小的变形、裂纹或破孔等，也可能产生范围较大的损伤。修理的要求是恢复损伤框肋的外形和强度。

（一）变形的修理

框、肋的变形可采用整形的方法恢复，如整形后仍有鼓动，则可在变形部位铆接加强片或型材，以提高框、肋的稳定性。加强片的材料、厚度与框、肋相同，尺寸则稍大于变形部位，每排铆两排以上的铆钉。型材的安装方向必须根据框、肋的受力情况确定。飞机在飞行中，作用于隔框上的压力通常沿着隔框的径向，作用于翼肋腹板上的剪力通常沿着它的高度方向。因此，加强型材应安装在隔框的径向，如图 6-50 所示，或者翼肋高度的方向，以便有效地提高框、肋受压或受剪时的稳定性。

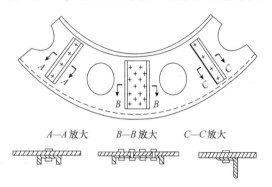

图 6-50　型材在隔框上的安装

（二）裂纹的修理

框、肋上的裂纹，长度在 5 mm 以内时，修理时可在裂纹端头钻直径为 1.5 ～ 2 mm 的止裂孔后使用；对于边缘处出现的不大于 5 mm 的裂纹，可将裂纹锉修圆滑，不必加强。当框、肋上的裂纹长度超过 5 mm，但未超过框、肋截面高度的 1/3 时，除在裂纹末端钻止裂孔外，还需铆上一块与框、肋材料相同、厚度相等的加强片，如图 6-51 所示。加强片的尺寸根据裂纹长短确定，应保证在裂纹每边铆 1 ～ 3 排铆钉即可；加强片的形状则根据框、肋裂纹部位的形状确定。当裂纹的长度超过框、肋截面高度的 1/3 时，会使框、肋的强度降低很多，此时应按框、肋的断裂方法修理。

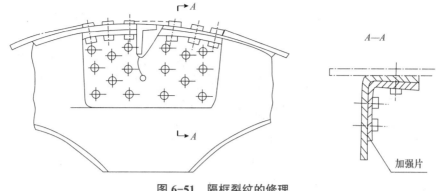

图 6-51　隔框裂纹的修理

（三）破孔的修理

框、肋上产生破孔后，必须根据破孔在框、肋的不同位置，采用不同的方法。破孔在框、肋腹板的中部，只需将损伤部位锉修整齐，沿破孔四周用两排铆钉铆上补片。补片的材料和厚度与框、肋相同。当破孔损伤扩大到弯边或靠近弯边时，将损伤区切割整齐，并制圆角，如图 6-52 所示；根据切割部分的形状和大小，用与框、肋同材料、同厚度的板材制作一块带弯边的补片和一块连接片，与损伤框、肋铆成一体。

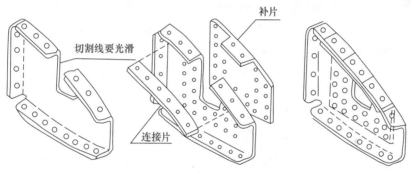

图 6-52　翼肋破孔的修理

（四）断裂的修理

隔框、翼肋断裂后，强度降低较多，需要进行接补修理。图 6-53 所示为飞机翼肋中段断裂接补修理，图 6-54 所示为尾部翼肋疲劳裂纹修理。用与翼肋材料相同、厚度相等的铝板，按照损伤部位的形状制作补片后铆接，接补时需要的铆钉数较多。通常规定，铆接普通翼肋，中段接缝一边的铆钉数为 7～9 个，后段为 5～6 个，前段为 3～4 个。

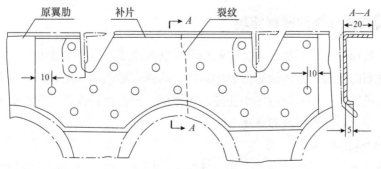

图 6-53　翼肋中段断裂接补修理

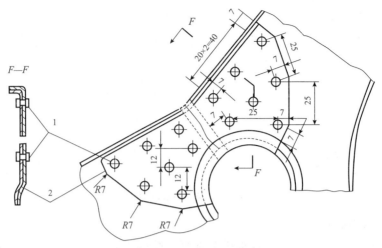

图 6-54　尾部翼肋疲劳裂纹修理
1—铆钉；2—补片

隔框断裂时，可按图 6-55 所示的方法进行接补。补片的材料和厚度与原隔框相同；补片的形状为 X 形；补片的长度视隔框的厚度而定。对于厚度在 1.2 mm 以下的隔框，衬片的长度不少于 100 mm，用直径为 3.5 mm 的铆钉铆接；对于厚度等于或大于 1.2 mm 的隔框，补片的长度不少于 160 mm，用直径为 4 mm 的铆钉铆接。铆钉通常是交错排列，边距（c）等于 10 mm，铆距（t）等于 30 ～ 35 mm，排距（a）等于 15 mm。

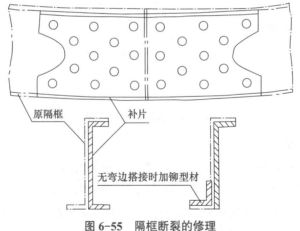

原隔框　补片

无弯边搭接时加铆型材

图 6-55　隔框断裂的修理

■ 五、机翼整体油箱的密封修理

机翼整体油箱由前、后梁，上、下壁板及翼肋等组成，这些组成既是机翼的整体受力构件，又是油箱的壁板。整体油箱内部的翼肋，起到阻滞燃油作用和保证机翼外形及承受荷载作用。飞机燃油很容易通过细小孔隙产生渗漏，如果密封被破坏或有缺陷，燃油就会发生渗漏，应用正确的密封剂和修理方法去排除。

（一）密封性的检查

结构密封性能与选用的密封剂、所设计的结构形式、结构的刚度、密封缝隙的尺寸大小和形状，以及施工方法有密切的关系。在施工中应尽量减少接缝的宽度，例如，适当增加结合面的紧固力或提高被连接件的平整度，控制钉与孔之间的配合公差等。还有下述不正确的施工方法也将造成渗漏。

（1）密封面清洗不彻底，如表面残存蜡、油脂、灰尘、杂物、金属屑等。

（2）密封面准备不正确，如底漆粘结不良、阳极氧化层陈化。

（3）密封剂调制不当或贮存超期、密封性能下降和施工不佳等造成密封失效。

（4）实施密封工序的操作不正确，致使密封层有空穴、针眼、间隙或虚涂、分层等。

（5）紧固件松动引起密封剂脱胶、开裂。

（6）密封剂在沟槽或下陷处未充满，通道内留有空间，造成无效密封。

（7）未按规定保护，造成压伤变形、刺穿、磨胶、剥落等引起渗漏。

密封工艺的质量直接影响结构的密封性能。在施工过程中，应对密封表面的清洗、密封剂的调制、密封剂的涂覆及密封剂涂覆后的保护等进行全面质量控制。严格检查密封部位，不允许漏涂、缺胶及有气孔、缺陷和异物夹杂，涂覆的密封剂形状及尺寸必须符合要求。密封结构装配和密封工作完成后，需进行各种密封试验，即气密试验、油密试验、水密试验等。

整体油箱密封性检查在部件装配完成后进行，检查方法有气密试验、充气油密试验、停放油密试验和振动试验等。

1. 气密试验

气密试验的目的是检查油箱的气密性，确定油箱的密封程度，以判断能否对油箱进行油密试验。

（1）试验前的准备。

①整体油箱装配全部完工，密封剂已完全硫化，油箱内表面擦洗干净。

②用工艺堵盖堵塞所有系统孔、工艺孔等，工艺封盖上需系有起警示作用的红色飘带。

（2）试验。

①以规定的压力向油箱内充气，压力稳定保持在规定值 10 min。当余压达到规定值后，关闭充气开关。

②在油箱外表面的孔、铆钉、螺栓、对缝等渗漏可疑处涂上中性肥皂水。

③当持续一定时间后，其压力不变，则认定气密试验合格，否则应查找漏源，排除故障重新试验，直至合格为止。

2. 充气油密试验

充气油密试验的目的是检查油箱在使用状态下的密封性。无压油密试验合格后，放掉 20%的煤油（油箱内载入 80%的煤油），接通试验设备，向油箱内充气，当压力达到一定并保持一定时间后，检查有无渗漏现象。若有渗漏应排除故障，并重做气密、无压油密和有压油密试验，直到合格为止。

3. 停放油密试验

停放油密试验的目的是检查油箱承受油压的油密封性。在油箱外表面涂白垩水并冻干，然后向油箱内注满煤油，停放一定时间，检查渗油和漏油情况，当涂粉有显湿现象发生，则表示此处有渗漏，否则判定为合格。若有渗漏故障，则应排除，排除后需重做气密试验和无压油密试验。

4. 振动试验

振动试验的目的是检查油箱振动对其密封性的影响。试验在气密、油密试验后进行。

（1）用工艺堵盖堵住油箱工艺孔、系统孔，将油箱安装在振动试验台上，如图 6-56 所示。

（2）向油箱内注入煤油，按规定的振幅、振动频率、振动时间分级加载进行振动。

（3）涂粉检查渗漏情况，如有渗漏，应予以排除，并按上述各种试验方法重复各项有关试验。试验合格后将外表擦拭干净。

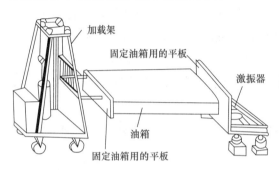

图 6-56　整体油箱振动试验台

（二）密封结构渗漏的排除

1. 渗漏排除的一般要求

（1）对任何渗漏应分析渗漏原因，查找漏源。

（2）修理用的密封剂必须同旧密封剂相容。

（3）铲除失效密封层时，不应损伤结构。结构表面的氧化膜损伤时，应用冷氧化液处理后再进行密封。

2. 缝内密封渗漏的修理

（1）渗漏范围不大，在贴合面密封可能渗漏的位置，增加铺设缝外密封胶，使损坏的贴合面密封层与密封介质隔离，如图 6-57 所示。

（2）排除缝内密封较大渗漏故障，需分解已密封的结构，清洗贴合面，重新密封。分解的方法和步骤如下：

【教学资源】
飞机油箱渗漏的
排除方法（视频）

①清除缝外密封胶。用刀将原密封剂切至距零件表面约为 3 mm 处，用浸泡过脱胶剂的白布或脱脂棉覆盖在密封胶上，待胶起皱后将其清除。

②分解紧固件。其中，分解铆钉时可钻掉铆钉头，冲出钉杆；分解螺栓时，应先拧下螺母，用脱胶剂溶解螺栓孔和结合面上的密封剂，打出螺栓。

③用刮刀分解零件。用脱胶剂将所用的密封胶清除干净，允许结合面上有密封剂的斑点状痕迹。

（3）采用注射密封腻子的沟槽密封形式的油箱进行补漏修理时，可在载油情况下用装有新腻子的高压注射枪直接注射，将泄漏的那段沟槽内的旧腻子从沟槽中挤出，油箱即可使用。

（4）结构下陷处的渗漏，可用钩状钢丝或小的切割工具清除旧密封剂，将残胶清理干净，然后重新注射密封剂。

3. 缝外密封渗漏的修理

（1）对尺寸不够的缝外密封剂的表面应进行清洗，补涂密封剂并重新整形。

（2）如果密封层的粘结不良，未粘在密封面上，则用锋利的塑料或硬木工具清除密封不良的密封剂，直到露出结构金属表面；两端的密封剂应切成斜面，涂敷密封剂使新旧密封剂连续搭接；整形应光滑，避免截面突然改变，如图 6-58 所示。

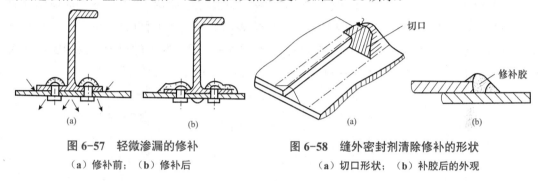

图 6-57　轻微渗漏的修补

（a）修补前；（b）修补后

图 6-58　缝外密封剂清除修补的形状

（a）切口形状；（b）补胶后的外观

（3）局部密封不良的部位，如果密封层粘结良好，则只进行局部切割清除，然后补涂密封剂，并将其与原密封剂搭接处加以整形。前后梁、大梁支柱典型密封如图 6-59 和图 6-60 所示。

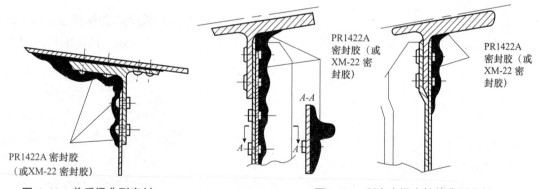

图 6-59　前后梁典型密封

图 6-60　所有大梁支柱的典型密封

4. 紧固件密封修理

（1）不严重渗漏进行修理时，可以使用专用压胶工具，由结构外侧钉孔周围注射密封剂，密封渗漏途径。压注工具可采用铆压注胶式或螺旋注胶式。

①铆压注胶式排漏方法。用浸有清洗剂的纱布清除钉周围的漆层，清洁注胶结构表面。用 A 类密封剂加满压胶工具内腔，将其活塞冲杆端部插入铆枪。将压胶工具上的 O 形密封圈罩住漏钉，保证工具始终垂直于结构表面，压紧后用铆枪锤铆活塞冲杆，连续压注几分钟，如图 6-61 所示。

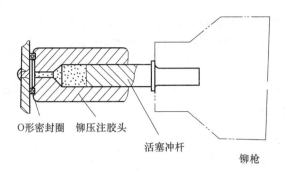

O形密封圈 铆压注胶头 活塞冲杆 铆枪

图 6-61　铆压注胶示意

②螺旋注胶式排漏方法。用清洗剂润湿的纱布清除漏钉周围的漆层，清洁表面和注胶工具底座表面。用棉球棍浸低温快速固化胶液（如氰基丙烯酸胶液）薄涂在底座结合面上，然后以漏钉为中心将注胶工具底座压在结构表面上，经数十秒后松手，等胶液固化，如图 6-62 所示。将注胶工具放气口螺钉拧松到只剩一扣即可取下的位置，由加胶口注入较稀的密封剂，直到放气口溢出密封剂为止，如图 6-63 所示。

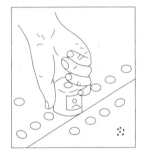

图 6-62　螺旋注胶工具的安装

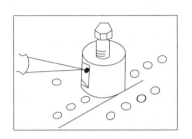

图 6-63　向压胶工具注密封剂

拧紧注胶口和放气口螺钉，以 49 N·cm 的力矩拧紧压力螺栓，并保持 5 min，如图 6-64 所示。用木槌轻敲底座的侧面，取下注胶工具，如图 6-65 所示。清除漏钉周围多余的密封剂。

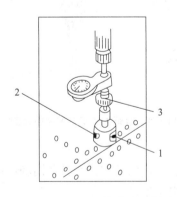

图 6-64　螺栓注胶示意
1—加胶口；2—放气口；3—定力拧紧工具

图 6-65　取下注胶工具

（2）紧固件端头注胶密封渗漏应清除包裹紧固件的密封剂层，使紧固件与结构金属表面完全露出（粘牢在紧固件上，少量密封剂可不除去），重新密封，如图 6-66 所示。

200

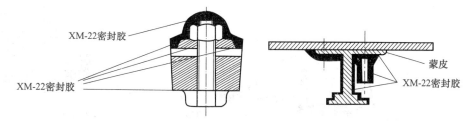

图 6-66　螺栓连接的典型密封

（3）密封罩密封渗漏应用切割工具切开罩盖下部及周边，与结构完全分离，用钳子取下密封罩，切除紧固件上剩余密封剂，重新密封，如图 6-67 所示。

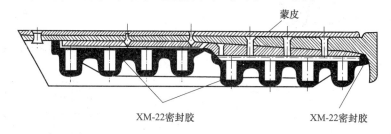

图 6-67　密封罩的典型密封

5. 注射排漏法

当结合零件的剩余强度较大、漏源清楚而且集中部位少时，可采用注射排漏法。

（1）在渗漏部位钻孔。

（2）清洗后往孔内注射密封胶。

6. 排除整体油箱的漏油

密封试验时发现整体油箱漏油，可按下列工艺规程排除漏油：

（1）将整体油箱上漏油处的密封胶除掉，将中外翼可卸壁板拆下，检查内表面，注意可能有以下故障：铆钉头和螺栓头上、型材和大梁缘条的端头上，以及连接型材和导管法兰盘上的表面密封剥落；高部位缘条端头和角落处密封胶淌流缺胶；密封托板螺母的橡皮帽损坏；表面密封胶层上有穿孔（可见金属）。

（2）根据漏油示意和整体油箱内表面的检查结果，排除漏油和密封的故障，为此，用刀将故障位置的表面密封胶刮掉，但不要损伤金属。

（3）铆钉孔周围漏油时，将该铆钉按要求拆掉，测量孔的直径。当铆钉孔未超差时，在铆钉孔内和埋头窝处涂上密封剂，重新安装铆钉，并使钉头和埋头窝周围有一圈连续的密封剂挤出，然后将多余的密封剂清理干净。当铆钉孔超差时，将铆钉加大一号进行铆接，其要求与未超差时的要求一致，然后进行表面密封，如图 6-68~图 6-71 所示。

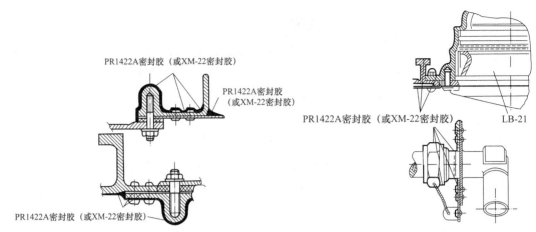

图 6-68　某飞机翼肋腹板上舱口的典型密封　　　图 6-69　某飞机燃油增压泵壳体的典型密封

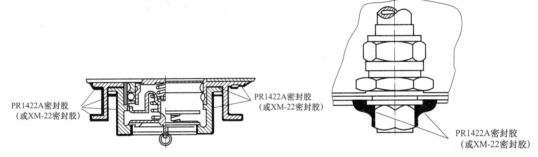

图 6-70　某飞机整体油箱加油口处密封　　　图 6-71　某飞机燃油附件密封

（4）从螺栓下面漏油时，则须拆下螺栓，测量螺栓孔直径及螺栓表面镀层，若镀层已划伤，则应换新螺栓。当孔径及光洁度未超差时，在孔和埋头窝处涂上密封剂，重新安装螺栓，并使钉头和钉帽处有一圈连续的密封剂挤出，然后将多余的密封剂清理干净。当孔径及表面粗糙度超差时，应视超差情况，决定选用特制螺栓或加大一号螺栓，其安装方法与未超差时相同。最后进行表面密封。

（5）当密封托板螺母的橡皮帽损坏，以及从安装在托板螺母的螺栓下面漏油时，应将该托板螺母换成新的，并按原密封方法重新进行密封。

（6）当从构件连接处下面漏油时，必须找到渗油位置并除掉密封胶，把故障部位准备好，以便进行表面密封。

（7）当整体油箱弯角处漏油时，应把铆钉钻掉，把弯角的盒形件固定螺栓拆下，取下盒形件，再把缝内密封胶除掉。将角盒及角盒与结构贴合处的密封剂清洗干净；检查角盒与结构的贴合情况，确定角盒是否需更换；检查角盒上紧固件孔的孔径，若孔径超差，则换新。

（三）密封结构修理环境控制及安全措施

1. 环境控制要求

（1）整体油箱的密封工作应在专门防尘的，并装有抽气装置的房间里进行，工作间应清洁。

（2）施工的环境温度应控制在 15 ℃～ 30 ℃，空气相对湿度应保持为 40%～ 80%。

（3）所用的压缩空气应经过过滤处理，不含油、水和其他杂质。

（4）施工人员的工作服、手套及工具等不准有油脂和纤维附着。

2. 安全技术要求

（1）在狭小空间施工时，必须有通风、排气设施，防止施工人员吸入过量有机溶剂蒸气。飞机周围区域必须是干净的安全区域，并且有良好的通风环境。整体油箱内部应同时有两个工作人员进行工作（至少是两个）。进入油箱工作时必须穿上干净的防护服并采取其他适用的预防措施。工作时，应使用 36 V 电压及防爆灯，应戴呼吸面罩并将软管引出整体油箱之外，输给清洁空气以供呼吸，如图 6-72 所示。

（2）施工现场附近应备有肥皂、去污粉及洗涤设施。施工人员应戴手套接触有机溶剂、密封剂。粘在皮肤上的密封剂应及时擦掉并用水冲洗。当有机溶剂及有害物质溅入眼、口腔时，应立即用水冲洗。

（3）工作后离开现场应更换工作服，将手洗净。浸有有机溶剂的废弃抹布和密封剂必须分别投入专用容器。

（4）工作时使用的工具应该镀铜。铆接自封铆钉时，使用的顶把表面应是经喷砂处理过的。

（5）施工现场应严禁烟火，必须配备干粉灭火器、灭火砂箱等消防器具。

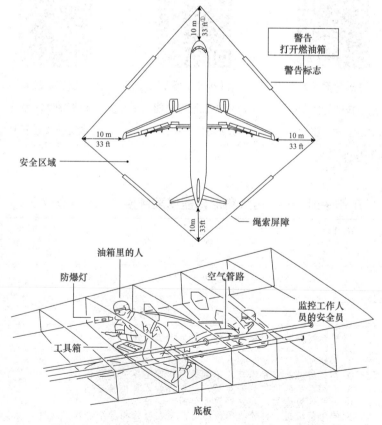

图 6-72　安全区域和工作注意事项（A320 SRM 手册）

---

① 　1 ft=304.801 mm。

【项目拓展】

扫描以下二维码，认真阅读项目拓展教学案例，了解飞机维修工作中飞机典型结构修理的新工艺、新技术、新材料，有效积聚学习资源，促进自主学习和个性化学习。

【项目拓展】
有机涂层的修理
（文档）

【项目拓展】
飞机结构腐蚀处理与
防腐（文档）

【教学资源】
飞机蒙皮表面压坑
修理案例（视频）

【教学资源】
飞机蒙皮破孔损伤
修理案例（视频）

【思政案例】

扫描以下二维码，阅读相关教学案例，从航空报国理想信念、航空工匠精神、职业素养、团队意识和工作作风等方面，分析案例中所蕴含的德育、劳育、安全文明生产、质量意识等职业素养要求。

【思政教育】
企业技能导师铆接
演示教学（视频）

【少年工匠】
"小工匠"技能
初级考核（视频）

【航空事故】
阿拉斯加261航班
空难事故（动画）

【技能训练】

工作手册 6-1：内六角形口盖修配铆接（初、中级工）

任务编号	6-1	实训工卡		工卡编号	GK008
任务类型	综合技能			版本号	01
机型	N/A	计划工时	4 h（初级） 2 h（中级）	工位		页码	第　　页 共　　页
标题		内六角形口盖修配铆接			
参考技术文件		飞机铆接安装通用技术条件、铆装钳工技能			
注意事项		1. 坚持安全、文明生产规范，严格遵守实训室制度和劳动纪律； 2. 穿戴好劳动保护用品，不携带与实训工作无关的物品； 3. 不同型号的铆钉分开存放，检查计量器具校验日期； 4. 严禁铆枪指向人或非铆接零件时打空枪； 5. 使用剪板机、砂轮机等设备时，须在教师指导下进行，应遵守安全操作规程			

教学资源	 【教学资源】 内弯边六角形修合铆接 （视频）					
	工具/设备/材料/防护					
类别	名称	型号/规格	单位	数量	工作者	检查者
工具	气钻	Z0601	把	1		
	中心冲	标准	把	1		
	钻头	$\phi2.1\,mm$、$\phi3.1\,mm$、$\phi3.6\,mm$	把	各1		
	铆枪	M0501	把	1		
	顶铁	2#	把	1		
	铰刀	$\phi3.5\,mm$、$\phi6\,mm$	把	各1		
	铁榔头	1.25P	把	1		
	橡胶榔头	标准	把	1		
	螺纹式定位销	$\phi3.5\,mm$	个	4		
	平锉刀	8″	把	1		
	刮边器	标准	个	1		
	金属铅笔	2B	支	1		
	直杆冲	$\phi3.0\,mm$	把	1		
	划窝钻	$\phi3.5\,mm×120°$	个	1		
	锪窝深度限制器	标准（选用）	套	1		
	钢字码	标准	套	1		
	钢板尺	300 mm	把	1		
	卡尺	0.02 mm	把	1		
	孔量规	$\phi3.5\,mm$	个	1		
	铆钉卡规	标准	把	1		
	塞尺	0.05 mm	把	1		
	千分表	0.001 mm	把	1		
	直角尺	标准	把	1		
设备	工作钳台	标准	台	1		
	剪板机	1.5 m	台	1		

工具/设备/材料/防护						
类别	名称	型号/规格	单位	数量	工作者	检查者
耗材	铝板	LF21CZ-δ2.5	块	按图样		
	半圆头铆钉	HB6230-3.5×8	个	按图样		
	沉头铆钉	HB6315-3.5×8	个	按图样		
	清洁剂	酒精	瓶	1		
防护用品	棉布	N/A	块	1		
	耳罩/耳塞	符合个人防护标准	副	1		
	防护手套	符合航空使用标准	副	1		

备注：

技术要求：
1. 铆钉长度自行选用，明细栏中长度仅供参考。
2. 口盖与口框间隙配合0.2~0.6 mm，六角互换后孔径偏移不大于0.1 mm。
3. 制孔制窝铆接执行按铆接技术条件要求。

编写		审核		批准	

完工签署				
检查者		完工日期		

项目		工作内容	工作者	检查者
一		准备工作		
1		技术资料：查询资料，找到与任务相关的知识内容		
2		工作场地/设备：检查工作现场和设备的运行安全		
3		工具/材料：按工具清单清点工、量具，准备实训材料		
4		劳动防护：按实训要求穿戴劳保用品，做好个人安全防护		
二		下料		
1		根据图样画出底板、口盖外形形状和下料尺寸的外形线，留出锉修余量		
2		在剪板机上剪切下料。用平锉刀去板料边缘毛刺，锉修光滑。 ★注意剪切下料时按剪板机操作规程正确使用		

项目	工作内容	工作者	检查者
二	下料		
3	板料表面校平。 ★注意：使用橡胶榔头校平		
三	口盖制作与修配		
1	按图样尺寸要求在面板上用铅笔划 $\phi60$ mm 内接六边形加工线，保持 2 mm 边距划钻孔中心线		
2	采用连续钻排孔法按钻孔中心线钻孔。 ★注意：选用 $\phi3.6$ mm 钻头钻孔，孔距 4 mm		
3	去除废料后用平锉按线初步锉修至六边形加工线。 ★注意：锉修时应及时检查尺寸和形状。要以孔为基准锉修，禁止面板孔与口盖同时锉修；做好标记线，便于面板与口盖对缝		
4	按图样要求检查钣金件制作质量与对缝间隙的修配应合格		
四	制作铆钉孔		
1	根据图样确定铆钉的头型、材料、直径、长度和数量		
2	在角材上表面布置铆钉位置，打定位点。 ★注意：用铅笔划线定位；定位点的深度不大于 0.5 mm		
3	在钳台上夹紧底板和角材，用风钻打定位孔 $\phi3$ mm。 ★注意：在钳台上要用软钳口装夹板料；选用合适规格钻头按钻孔技术要求打铆钉孔；保持对缝间隙在规定值		
4	在定位孔上装上定位销，钻其余铆钉孔，在钻孔时先钻初孔 $\phi3$ mm，然后用 $\phi3.4$ mm 钻头扩孔。 ★注意：按钻孔技术要求打铆钉孔，初孔直径 = （0.6～0.8）铆钉直径。工件在垫木上操作时应保护表面		
5	钻孔完毕后卸下定位销，铆钉孔边缘用刮边器（或 10 mm 钻头）倒角 0.2 mm，清除毛刺。 ★注意：两块板料上、下表面的铆钉孔边缘都需要去毛刺（埋头窝除外）		
6	用 $\phi3.5$ mm 铰刀按技术要求铰孔		
7	按钻孔和铰孔的技术要求检查铆钉孔加工质量		
五	制作沉头窝		
1	沉头铆钉的孔分别用划窝钻和深度限制器锪窝。 ★注意：按制窝的技术要求锪窝，加工中勤用标准钉对比窝的深度和形状		
2	按锪窝的技术要求检查沉头铆钉窝的质量		
六	铆接施工与口盖精修		
1	按图样要求选择合适铆枪冲头和顶铁，安装底板和面板的铆钉。 ★注意：按铆接技术要求施工；单人操作，正铆法铆接		
2	检查铆接施工质量和口盖对缝间隙应符合技术要求。 ★注意：检查板件、钉头表面质量、铆钉镦头直径和镦头高度		
3	用不同直径的钻头，采用多次钻孔，每个直径钻头后需要调换口盖位置，协调扩孔到图纸要求的孔径尺寸		
4	六边形口盖锉修，保证对缝间隙为 0.2～0.6 mm，并可六角互换且均符合间隙要求。 ★注意：要少锉勤对，用塞尺检查对缝间隙		
5	全面检查铆接与口盖的质量是否符合图纸要求		

项目	工作内容	工作者	检查者
七	结束工作		
1	用记号笔或钢印做好标记（学号），提交工件和工卡		
2	清点工具和量具，按要求维护后摆放规范整齐		
3	清扫工作现场，保持工位干净整洁，符合安全文明生产要求		

内六角口盖修配铆接考核评价表

序号	项目/mm	容差/mm	工、量具	配分	评分标准与得分			扣分
					$S \leq T$ $C < 5\%$	$T < S \leq 1.5T$ $5\% < C < 60\%$	$S \geq 2T$ $C > 90\%$	
1	外形尺寸	±0.6	卡尺	5				
2	零件四角垂直度	±30′	角度尺	5				
3	口盖对角尺寸与均等分	±0.5	钢板尺	10				
4	铆钉间距	±0.5	钢板尺	5				
5	铆钉边距	±0.3	钢板尺	5				
6	口盖孔位 $\phi36$	±0.4	钢板尺					
7	铆钉孔铰孔 $\phi3.6$	±0.2	卡尺	10				
8	锪窝质量		目测	5				
9	口盖配合间隙 0.2～0.6		塞尺	10				
10	口盖互换性	≤ 0.1	塞尺	10				
11	铆钉头变形		目测	5				
12	铆钉沉头的凸出量	< 0.1	千分表	5				
13	铆钉镦头铆接质量		铆钉卡规	10				
14	工件表面损伤		目测	5				
15	工件表面变形量	< 0.4	直尺	5				
16	未列尺寸或项目				每处不合格扣1分			
17	安全文明生产				按轻重程度，酌情扣2~10分			
	得分							
注：S—制作工时；T—标准工时；C—尺寸超差值								

工作手册 6-2：飞机蒙皮口盖的修配与铆接工卡（高级工）

任务编号	6-2	实训工卡		工卡编号	GK009
任务类型	综合技能			版本号	01

机型	N/A	计划工时	6 h	工位		页码	第　　页 共　　页

标题	飞机蒙皮口盖的修配与铆接

参考技术文件	航空行业标准《飞机装配工艺 第3部分普通铆接》（HB/Z 223.3—2003）、《飞机结构修理手册》

注意事项	1. 坚持安全、文明生产规范，严格遵守实训室制度和劳动纪律； 2. 穿戴好劳动保护用品，不携带与实训工作无关的物品； 3. 不同型号的铆钉分开存放，检查计量器具校验日期； 4. 严禁铆枪指向人或非铆接零件时打空枪； 5. 使用剪板机、砂轮机须在教师指导下进行，应遵守安全操作规程

教学资源	【企业导师演示教学】 蒙皮盒形件上盖板画线 （视频）	【企业导师演示教学】 蒙皮盒形件侧壁板画线折弯 （视频）	【企业导师演示教学】 盒形件上下盖板钻孔锪窝 （视频）
	【企业导师演示教学】 蒙皮盒形件下盖板组装 （视频）	【企业导师演示教学】 蒙皮开孔器使用方法 （视频）	【企业导师演示教学】 蒙皮盒形件上下口盖铣切 （视频）

工具 / 设备 / 材料 / 防护						
类别	名称	型号 / 规格	单位	数量	工作者	检查者
工具	气钻	Z0601	把	1		
	中心冲	标准	把	1		
	钻头	$\phi2.1\,mm$、$\phi3.1\,mm$、$\phi3.6\,mm$	把	各1		
	铆枪	M0501	把	1		
	顶铁	2#	把	1		
	铁榔头	0.5P	把	1		
	橡胶榔头	标准	把	1		
	螺纹式定位销	$\phi3.5\,mm$	个	4		
	平锉刀	8″	把	1		
	刮边器	标准	个	1		
	金属铅笔	2B	支	1		
	毛刷	2″	把	1		
	直杆冲	$\phi3.0\,mm$	把	1		
	划窝钻	$\phi3.5\,mm\times120°$	个	1		
	锪窝深度限制器	标准（选用）	套	1		
	数显深度检查仪	标准	套	1		
	钢板尺	300 mm	把	1		
	卡尺	0.02	把	1		
	孔量规	$\phi3.5\,mm$	个	1		
	铆钉卡规	标准	把	1		
	塞尺	0.05 mm	把	1		
	千分表	0.001 mm	把	1		
	直角尺	标准	把	1		
设备	工作钳台	标准	台	1		
	剪板机	1.5 m	台	1		
	折边机	1.2 m	台	1		
耗材	LY12CZ 铝板	$\delta=1.2\,mm$	块	按图样		
	LY12CZ 铝板	$\delta=1.5\,mm$	块	按图样		
	半圆头铆钉	HB6230-3×8	个	按图样		
	沉头铆钉	HB6315-3.5×8	个	按图样		
	清洁剂	酒精	瓶	1		

工具 / 设备 / 材料 / 防护						
类别	名称	型号 / 规格	单位	数量	工作者	检查者
防护用品	棉布	N/A	块	1		
	耳罩 / 耳塞	符合个人防护标准	副	1		
	防护手套	符合航空使用标准	副	1		

备注：

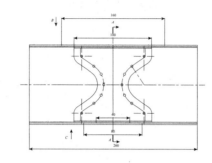 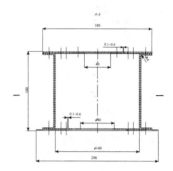

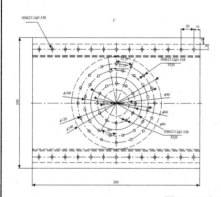 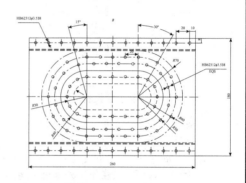

图 1 飞机蒙皮口盖的修配与铆接装配图

技术要求：
1. 外形尺寸边距,间距公差为 ±0.5 mm,圆形、椭圆形口盖尺寸公差为 ±0.5 mm;
2. 口盖修合间隙为 0.1~0.6 mm,口盖互换 180°,错位误差为 ±0.1 mm;
3. 铆钉钻孔、锪窝、铆接按通用技术条件执行。

编写			审核		批准	
完工签署						
检查者				完工日期		
项目	工作内容				工作者	检查者
一	准备工作					
1	技术资料：查询资料,找到与任务相关的知识内容					
2	工作场地 / 设备：检查工作现场和设备的运行安全					

项目	工作内容	工作者	检查者
一	准备工作		
3	工具／材料：按工具清单清点工量具，准备实训材料		
4	劳动防护：按实训要求穿戴劳保用品，做好个人安全防护		
二	框体下料与钣弯件折弯		
1	根据图1、图2、图3、图4要求确定上下蒙皮、加强板、框钣弯件和口盖的毛料外形形状和下料尺寸： ①下料尺寸：上蒙皮 180 mm×260 mm，下蒙皮 200 mm×260 mm，框钣弯件 140 mm×260 mm； ②框钣弯曲方向与铝板金属纤维方向垂直。 ★注意：剪裁时防止划伤蒙皮		
2	在板料上划线： ①下料时按图样划线，选择2B铅笔，留有合适的锉修加工余量。 ②按图样检查划线准确性后再进入剪切程序。 ★注意：禁止使用划针划线		
3	板料表面校平。 ★注意：使用橡胶榔头在划线平台上校平		
4	去毛刺：按图样锉修到规定尺寸，用平锉刀锉修板料边缘光滑。 ① 外形尺寸公差 ±0.5 mm； ② 弯边垂直90°±30′。 ★注意：及时清除铝屑，防止划伤蒙皮		
三	框板弯制		
1	按图样尺寸要求在板料上划折边中线（20 mm×97 mm×18.8 mm），锉修光滑。 ★注意：折边时按折边机操作规程正确使用		
2	用折边机按加工线弯曲框板：折边时上钳口压住折边线合成一条直线；弯折时用力均匀；弯折速度要缓慢，弯折角度要超过直角5°～6°。 ①第一次板料放在钳口外弯边 20 mm； ②第二次板料放在钳口外弯边 97 mm。 ★注意：弯折前用砂纸打磨板材端面光滑		
3	框板按图样要求：高度 97 mm，长度 260 mm，制作公差 ±0.5 mm，弯边角度90°±30′。 ★注意：锉修时按图样要求去除余量		
4	按图样要求检查框板制作质量		
四	碟形加强板弯制与修配		
1	按图样尺寸要求在板料上划折边中线（18.8 mm×94.6 mm×16.4 mm），锉修光滑。 ★注意：折边时按折边机操作规程正确使用		
2	用折边机按加工线弯制加强板：折边时上钳口压住折边线；弯折时用力均匀；弯折速度要缓慢，弯折角度要超过直角5°～6°。 ①第一次板料放在钳口外弯边 18.8 mm； ②第二次板料放在钳口外弯边 94.6 mm。 ★注意：游标卡尺检查材料两端尺寸 18.8 mm		
3	按图样要求：高度 94.6 mm，长度 100 mm，制作公差 ±0.5 mm，弯边角度90°±30′。 ★注意：锉修时按图样要求去除余量		
4	按图样要求检查钣金件制作质量		

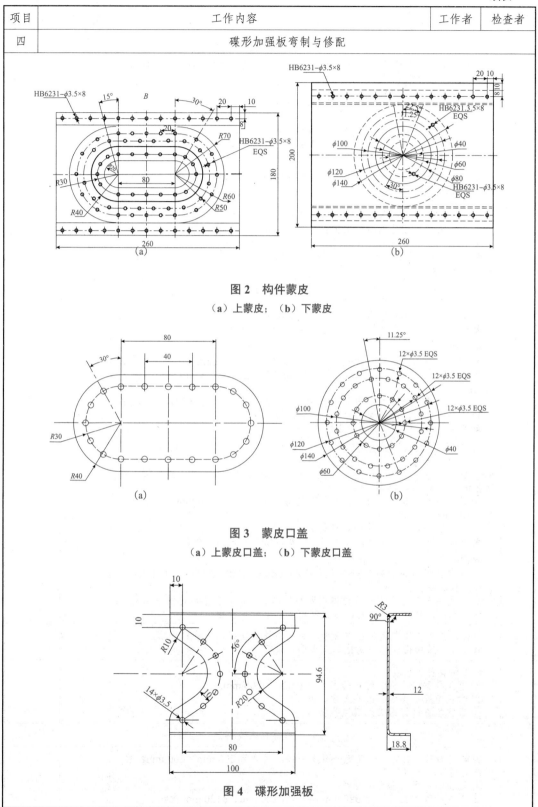

续表

项目	工作内容	工作者	检查者
四	碟形加强板弯制与修配		

图 2　构件蒙皮

（a）上蒙皮；（b）下蒙皮

图 3　蒙皮口盖

（a）上蒙皮口盖；（b）下蒙皮口盖

图 4　碟形加强板

项目	工作内容	工作者	检查者
五	框体外蒙皮铆装		
1	外蒙皮加工：根据图样确定外蒙皮下料，尺寸为 180 mm×260 mm，在板料上划线、剪切余料。 ① 水平、垂直中心线； ② 定位尺寸为 80 mm 的两端圆弧中心线； ③ 以圆弧中心线为圆心划 $R40$ mm 圆和两圆切线； ④ 在圆心上制 $\phi5$ mm 孔，然后用 $\phi80$ mm 开孔器制孔。 ★注意：下料时按图样划线，保持合适的锉修加工余量。按操作规程使用开孔器制孔		
2	衬板加工：按图样衬板下料，尺寸为 140 mm×220 mm，在板料上划线、剪切余料。 ① 水平、垂直中心线； ② 定位尺寸为 80 mm 的两端圆弧中心线； ③ 以圆弧中心线为圆心划 $R20$ mm 与 $R70$ mm 圆和两圆切线； ④ 在圆心上制 $\phi5$ mm 孔，然后用 $R20$ mm 开孔器制孔。 ★注意：下料时按图样划线，保持合适的锉修加工余量。按操作规程正确使用开孔器制孔		
3	口盖修配：外蒙皮口框修配符合图纸尺寸要求时配置口盖。 ① 将口盖毛坯与口框叠加验合（划针）划线； ② 去除余料无间隙修合后，180°互换性验合。 ★注意：衬板铆接后再定位修锉口盖 0.1～0.6 mm 间隙		
4	铆钉布置：按图样尺寸排列铆钉。 ① 将口盖放入口框后一体划线，直线段铆钉间距 20 mm； ② 以 80 mm 两端点为圆心，划 $R30$ mm、$R50$ mm、$R60$ mm 圆弧、圆弧切线； ③ 以圆心为基准，第一和第三排铆钉用两角器 30°等分排列，第二排铆钉 15°交叉排列，制孔模具验证。 ★注意：划线用金属铅笔（2B）		
5	制铆钉孔：根据图样确定铆钉的头型、材料、直径、长度和数量。 ① 衬板与蒙皮十字对正后用大力钳固定； ② 钻孔前中心冲点，再用 $\phi3.6$ mm 钻头制铆钉定位孔，装上定位销，按钻孔技术要求钻其余铆钉孔； ③ 钻孔完毕后卸下定位销，铆钉孔边缘用刮边器（或 10 mm 钻头）倒角（$R0.2$ mm），清除毛刺； ④ 按钻孔的技术要求检查铆钉孔加工质量。 ★注意：检查衬板边距均匀对称，板料的铆钉孔两面都需要去毛刺		
6	制铆钉窝：按图样锪铆钉窝。 ① 按铆钉规格 HB6315-3.5×8 选择 $\phi3.5$ mm×120°锪窝钻，勤用标准钉对比窝的深度和形状； ② 批量制窝时选择锪窝限位器，调整限制器，试划合格后再批量制窝。 ★注意：锪窝时反复比对，防止铆钉头低于蒙皮表面		
7	铆接：按图样要求选择合适铆枪冲头和顶铁，安装沉头铆钉施铆。 ★注意：按铆接技术要求施工；正铆法铆接		
8	检查铆接施工质量： ① 电子检测仪检测铆钉头凸出表面 0.02～0.05 mm； ② 镦头量规检查铆钉镦头高度、直径； ③ 目视检查铆钉镦头无机械损伤		
六	框体内蒙皮铆装		
1	内蒙皮加工：根据图样确定外蒙皮下料，尺寸为 200 mm×260 mm，在板料上划线，剪切余料。 ① 划板料水平、垂直中心线； ② 以中心线为圆心，划 $\phi80$ mm 实线，$\phi100$ mm、$\phi120$ mm 虚线。 ★注意：外形尺寸公差为 ±0.5 mm		

项目	工作内容	工作者	检查者
六	框体内蒙皮铆装		
2	衬板加工：按图样衬板下料，尺寸为140 mm×140 mm，在板料上划线，剪切余料。 ① 在正方形板料划圆 ϕ40 mm、ϕ140 mm； ② 在板料圆心制 ϕ5 mm 孔，用划孔器划制 ϕ40 mm 孔； ③ 剪切余料修锉 ϕ140 mm 圆，倒角、去毛刺。 ★注意：下料时按图样划线，保持合适的锉修加工余量，按操作规程正确使用开孔器制孔		
3	配制口盖： ① 将口盖毛坯与口框叠加验合（划针）划线 ϕ80 mm； ② 去除余料，修锉口盖 0.1～0.6 mm 间隙，360° 互换性验合。 ★注意：衬板铆接后再钻孔定位口盖		
4	铆钉布置：按图样尺寸排列铆钉 ① 将口盖放入口框内划线； ② 以中心线为圆心，划 ϕ60 mm、ϕ100 mm、ϕ120 mm 圆； ③ 以圆心为基准，口盖铆钉 30° 均匀排列，衬板铆钉 22.5° 均匀交叉排列，制孔模具验证。 ★注意：划线用金属铅笔（2B）		
5	制铆钉孔： ① 在铆钉十字中心线冲点，深度 ≤ 0.5 mm； ② 衬板与内蒙皮十字线对正后用大力钳固定； ③ 根据铆钉选择 ϕ3.6 mm 钻头制定位孔，定位销固定； ④ 用（钻模）ϕ3.6 mm 钻头制出全部铆钉孔，并去除毛刺； ⑤ 用放大镜检查铆钉孔破边、裂纹，通规检查钉孔直径。 ★注意：钻孔后拆掉定位销，清理夹层铝屑，用 ϕ10 mm 钻头去除毛刺		
6	制铆钉窝：按图样锪制铆钉窝。 ① 按铆钉规格 HB6315-3.5×8 选择 ϕ3.5 mm×120° 锪窝钻，压紧、慢速、勤用标准钉对比检查窝的深度和形状； ② 批量制窝时选择锪窝限位器，调整限位器试划合格后再批量制窝。 ★注意：锪窝时反复比对，防止铆钉头低于蒙皮表面		
7	铆接：按图样要求选择合适铆枪冲头和顶铁。 ① 安装沉头铆钉施铆。 ② 按铆接技术要求实施正铆法铆接。 ★注意：控制铆枪要稳，防止跳枪，铆枪冲击时间不能过长，以免损伤镦头		
8	检查铆接施工质量： ① 电子检测仪检测铆钉头凸出表面 0.02～0.05 mm； ② 用镦头量规检查铆钉镦头高度、直径		
七	碟形加强板铆装		

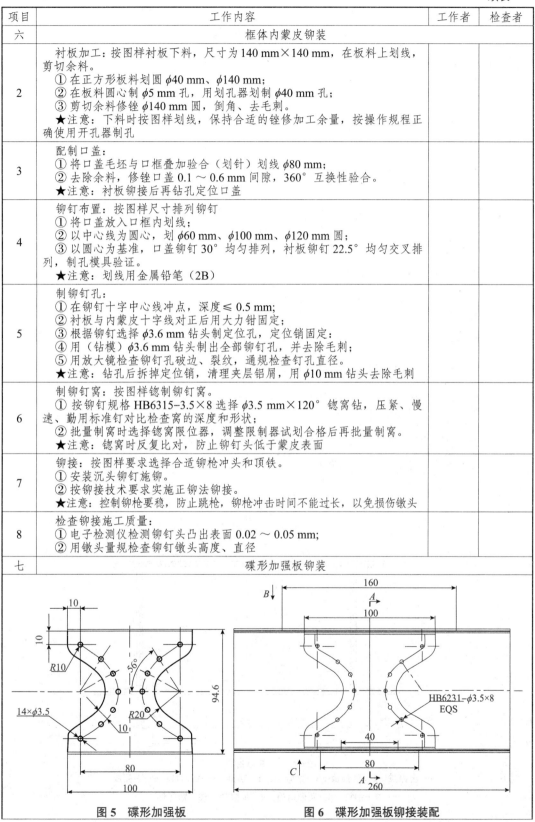

图5　碟形加强板　　　　图6　碟形加强板铆接装配

项目	工作内容	工作者	检查者
七	蝶形加强板铆装		
1	蝶形板加工：按图5下料，尺寸为 100 mm×94.6 mm×18.8 mm，在板料上划线，剪切余料。 ① 划水平、垂直中心线； ② 以中心线为基准，左右40 mm点为圆心，划 R20 mm 和 R30 mm 圆弧； ③ 以板件边缘 10 mm 交点为圆心划 R10 mm 圆； ④ 划 R20 mm、R10 mm 圆弧的切线； ⑤ 按图均匀排列钻钻制 ϕ3.5 mm 铆钉孔； ⑥ 在圆心上制 ϕ5 mm 定位孔，用 ϕ40 mm 开孔器制孔； ⑦ 修锉圆弧去除毛刺。 ★注意：下料时按图样划线，保持合适的锉修加工余量。按操作规程正确使用开孔器制孔		
2	蝶形板验合： ① 按图5划出对称中心线； ② 将图6碟形板放入框板内检查 R3 mm 间隙贴合，整体贴合间隙 ≤ 0.05 mm； ③ 大力钳固定。 ★注意：检查修配 R 角贴合间隙		
3	钻孔：按图样要求选择钻头制孔。 ① 按图6钻孔后用定位销固定，制出所有孔； ② 取掉定位销，清除铝屑，去除毛刺； ③ 按原定位孔重固定。 ★注意：钻孔时消除板件之间间隙		
4	铆接：按图样要求选择合适铆枪冲头和顶铁。 ① 按铆钉规格 HB6231-ϕ3.5×8 选择同规格半圆头铆卡； ② 放入半圆头铆钉压紧铆接； ③ 受空间位置限制采用反铆法铆接。 ★注意：铆接时铆枪不停顶铁不能移开		
5	检查铆接质量： ① 用 0.05 mm 千分垫检查板件贴合间隙、铆钉头单面间隙； ② 用镦头量规检查铆钉镦头高度、直径； ③ 目视检查铆钉镦头无机械损伤		
八	框体组合铆接		

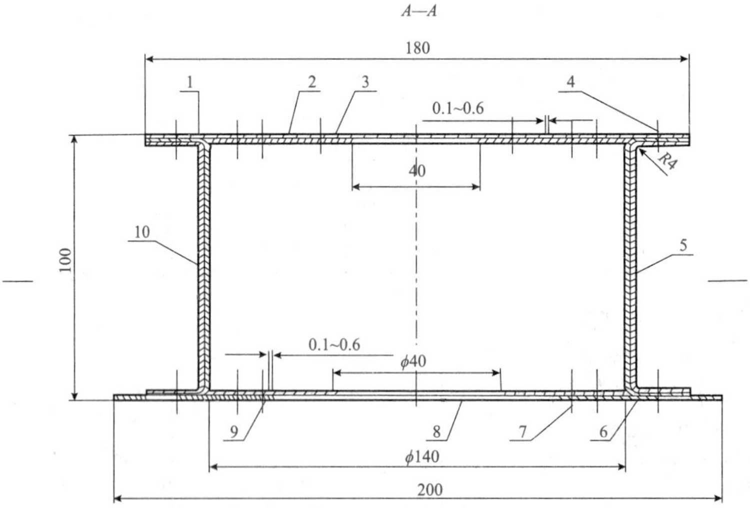

图7 框体组合件

1—上蒙皮；2—加强板；3—加强板；4—铆接；5—折弯件；6—下蒙皮；
7—铆钉；8—圆形口盖；9—加强件；10—钣弯件

项目	工作内容	工作者	检查者
八	框体组合铆接		
1	图7中外蒙皮1与5/10组合固定。 ① 按图1检查外形尺寸 180 mm×260 mm 及四边直角 90°±30′； ② 按图1检查外形尺寸 100 mm×260 mm 及 U 形槽弯边 90°±30′； ③ G 形夹将1与10、1与5固定，直尺检查钣弯件配合尺寸 140 mm。 ★注意：检查衬板与 U 形槽板件间隙 ≥ 1 mm		
2	图7中内蒙皮6与5/10组合固定。 ① 按图2检查外形尺寸 200 mm×260 mm 及四边直角 90°±30′； ② 按图4检查外形尺寸 100 mm×260 mm 及 U 形槽弯边 90°±30′； ③ G 形夹将6与10、6与5固定，直尺检查钣弯件配合尺寸 140 mm； ④ 直尺检查框体组合件高 100 mm±0.5 mm。 ★注意：检查衬板与 U 形槽板件间隙 ≥ 1 mm		
3	制铆钉孔：按图检查配合尺寸符合要求。 ① 按图1、图2划线排列 U 形槽板件铆钉，边距 10 mm、钉距 20 mm； ② 按图样中铆钉规格选择 ϕ3.6 mm 钻头钻定位孔，分别用定位销固定； ③ 钻制所有铆钉孔； ④ 用通规检查铆钉孔孔径。 ★注意：钻孔时防止跑钻、定位不准问题		
4	制铆钉窝：按图样锪制铆钉窝。 ① 按铆钉规格 HB6231-ϕ3.5×8 选择 ϕ3.5 mm×120° 锪窝钻，勤用标准钉对比窝的深度和形状； ② 批量制窝时选择锪窝限位器制窝，调整限制器试划合格后再批量制窝。 ★注意：锪窝时反复比对，防止铆钉头低于蒙皮表面		
5	铆接：按图样要求选择合适铆枪冲头和顶铁，安装沉头铆钉施铆。 ① 将4个 U 形边采用分散定位法铆接； ② U 形槽适用反铆法铆接，需要两人默契配合。 ★注意：铆接时铆枪不停顶铁不能移开		
6	检查铆接施工质量。 ① 电子检测仪检测铆钉头凸出表面 0.02 ～ 0.05 mm； ② 镦头量规检查铆钉镦头高度、直径； ③ 目视检查铆钉镦头无机械损伤		
九	口盖的修配		

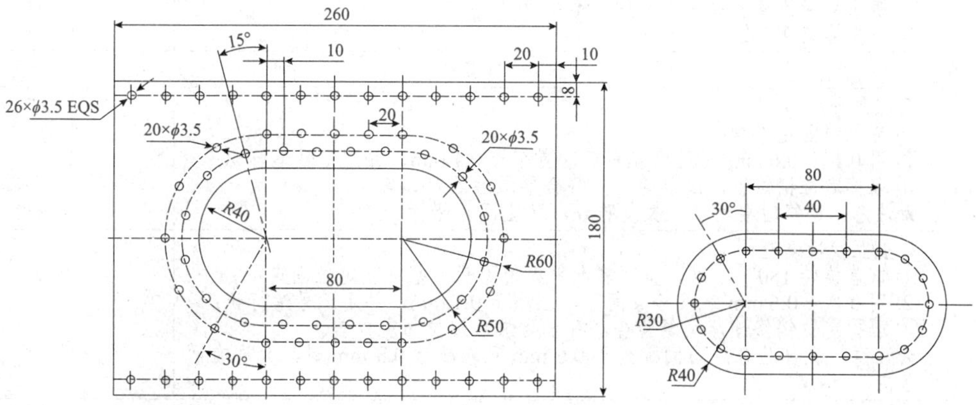

图8　上蒙皮口盖修配

217

项目	工作内容	工作者	检查者
九	口盖的修配		

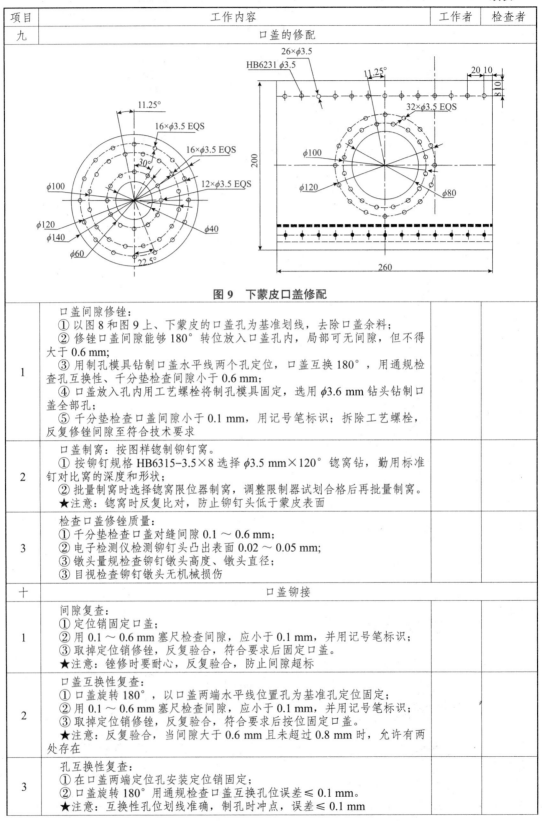

图9　下蒙皮口盖修配

	口盖间隙修锉： ① 以图8和图9上、下蒙皮的口盖孔为基准划线，去除口盖余料； ② 修锉口盖间隙能够180°转位放入口盖孔内，局部可无间隙，但不得大于0.6 mm； ③ 用制孔模具钻制口盖水平线两个孔定位，口盖互换180°，用通规检查孔互换性、千分垫检查间隙小于0.6 mm； ④ 口盖放入孔内用工艺螺栓将制孔模具固定，选用ϕ3.6 mm钻头钻制口盖全部孔； ⑤ 千分垫检查口盖间隙小于0.1 mm，用记号笔标识；拆除工艺螺栓，反复修锉间隙至符合技术要求		
1			
2	口盖制窝：按图样锪制铆钉窝。 ① 按铆钉规格HB6315-3.5×8选择ϕ3.5 mm×120°锪窝钻，勤用标准钉对比窝的深度和形状； ② 批量制窝时选择锪窝限位器制窝，调整限位器试划合格后再批量制窝。 ★注意：锪窝时反复比对，防止铆钉头低于蒙皮表面		
3	检查口盖修锉质量： ① 千分垫检查口盖对缝间隙0.1～0.6 mm； ② 电子检测仪检测铆钉头凸出表面0.02～0.05 mm； ③ 镦头量规检查铆钉镦头高度、镦头直径； ③ 目视检查铆钉镦头无机械损伤		
十	口盖铆接		
1	间隙复查： ① 定位销固定口盖； ② 用0.1～0.6 mm塞尺检查间隙，应小于0.1 mm，并用记号笔标识； ③ 取掉定位销修锉，反复验合，符合要求后固定口盖。 ★注意：锉修时要耐心，反复验合，防止间隙超标		
2	口盖互换性复查： ① 口盖旋转180°，以口盖两端水平线位置孔为基准孔定位固定； ② 用0.1～0.6 mm塞尺检查间隙，应小于0.1 mm，并用记号笔标识； ③ 取掉定位销修锉，反复验合，符合要求后按位固定口盖。 ★注意：反复验合，当间隙大于0.6 mm且未超过0.8 mm时，允许有两处存在		
3	孔互换性复查： ① 在口盖两端定位孔安装定位销固定； ② 口盖旋转180°用通规检查口盖互换孔位误差≤0.1 mm。 ★注意：互换性孔位划线准确，制孔时冲点，误差≤0.1 mm		

项目	工作内容	工作者	检查者
十	口盖铆接		
4	复查铆钉窝： ①铆接前用标准铆钉检查铆钉窝质量； ②对于钉头凸出蒙皮 0.05 mm 补划窝。 ★注意：划窝时用标准铆钉反复比对，防止出现漏窝		
5	铆接：选择冲头试枪。 ①根据铆钉型号选择冲头，用弹簧锁紧； ②试枪，检查铆枪冲击力。 ★注意：铆接时必须锁紧弹簧，防止击伤人员和飞机		
6	轻击验证顶铁： ①放铆钉、铆枪冲头压紧铆钉； ②顶铁顶住铆钉，用适当的力将铆钉顶出； ③铆枪冲头将铆钉压进孔内，感觉顶铁顶住铆钉，此时顶铁和铆枪不得再移动； ④先轻击，通过声音判断顶铁顶住铆钉。 ★注意：禁止铆枪打空枪		
7	连续铆接： ①轻击判断有顶铁时连续铆接，但冲击时间不宜过长，使钉杆快速形成镦头； ②根据铆钉直径和铆接材料厚度确定铆枪冲击的频率，铆钉直径越大，材料越厚冲击时间越长。 ★注意：铆接时铆枪与铆钉杆保持同一轴线，铆枪不停顶铁不得移开		
8	舱内外铆钉镦头质量控制方法： ①镦头高度大于规定值时敲击一下示意继续铆接； ②镦头高度合格时敲击两下示意停止铆接； ③镦头高度小于规定值，有歪斜、"喇叭口"现象时敲击三下示意分解铆钉重新铆接		
9	铆接质量检查： ①目视检查铆钉头有无机械损伤； ②用电子数显卡尺检查铆钉凸出蒙皮 0.02～0.05 mm； ③用铆钉镦头卡规检查镦头高度、镦头直径； ④用塞尺检查铆钉单面间隙 ≤ 0.05 mm； ⑤用直尺检查两颗铆钉之间变形量 ≤ 0.2 mm		
十一	结束工作		
1	用记号笔或钢印做好标记（学号），提交工件和工卡		
2	清点工具和量具，按要求维护后摆放规范整齐		
3	清扫工作现场，保持工位干净整洁，符合安全文明生产要求		

飞机蒙皮口盖的修配与铆接考核评价表

序号	考核要求	配分	评分标准			检测工具	检测结果	扣分
		T	$T \leq$	$>T \leq 2T$	$> 2T$			
1	外蒙皮 180 mm×260 mm±0.5 mm	2	2	0	0	钢板尺		
2	内蒙皮 200 mm×260 mm±0.5 mm	2	2	0	0	钢板尺		
3	框板 140×260mm±0.5mm	2	2	0	0	钢板尺		

序号	考核要求	配分	评分标准			检测工具	检测结果	扣分
		T	$T\leqslant$	$>T\leqslant2T$	$>2T$			
4	碟形件 100 mm×140 mm±0.5 mm	2	2	0	0	钢板尺		
5	圆形衬板 ϕ140 mm±0.5 mm	2	2	0	0	钢板尺		
6	椭圆衬板 140 mm×220 mm ±0.5 mm	2	2	0	0	钢板尺		
7	圆口盖 ϕ80 mm±0.5 mm	2	2	0	0	钢板尺		
8	椭圆口盖 80 mm×160 mm ±0.5 mm	2	2	0	0	钢板尺		
9	四边互垂 ±30′	2	2	0	0	直角尺		
10	钣弯件 90° ±30′	2	2			直角尺		
11	钣件 4-R3 mm（4处）	2	2	0	0	半径规		
12	钣弯件配合（2件）	2	2	0	0	塞尺		
13	铆钉孔（158处）	4	4	0	0	通规		
14	铆钉窝（158处）	8	8	0	0	数显深度 检测仪		
15	铆钉边距 10 mm±0.5 mm	2	2	0	0	钢板尺		
16	铆钉钉距 20 mm±0.5 mm	2	2	0	0	钢板尺		
17	铆钉排距 10 mm±0.5 mm	2	2	0	0	钢板尺		
18	圆口盖孔距 30° ±30′	2	2	0	0	量角器		
19	椭圆口盖孔距直线段 20 mm， 圆弧 30° ±30′	4	4	0	0	半径规		
20	修合间隙 0.1~0.6 mm，间隙均匀	8	8	0	0	塞尺		
21	口盖转位间隙均匀	4	4	0	0	塞尺		
22	互换孔错位 ≤ 0.1mm	4	4	0	0	通规		
23	沉头铆钉质量（158处）	16	16	0	0	数显深度 检测仪		
24	镦头质量（158处）	16	16	0	0	镦头量规		
25	外形阶差 ≤ 0.2 mm	4	4	0	0	数显深度 检测仪		
26	表面质量	表面划伤、撞伤、机械损伤每处 扣 1 分				目测		
27	技术安全与文明生产	违反实训规定扣总分 5~10 分				现场记录		
	合计	100				得分		
	检测： 年 月 日							

【项目导入】

　　飞机水平测量，是飞机总装时对飞机各部件相对位置准确度进行检验和调整的工序。对于由非互换性部件总装成的飞机，水平测量是对部件对接时相对位置准确度的测量和调整工序。飞机各部件对接完成后的重复水平测量，以及使用维护和返修后的水平测量，都是检验工序，是对飞机各主要几何尺寸或参数的误差（飞机总装质量）的最后总检测。

　　飞机制造出厂后，各主要部件上设置了许多测量点，这些测量点通常用红色圆圈表示，并在飞机的技术说明书中附有水平测量图，以及有关测量点之间的数据关系。不同型号的飞机，其测量点的数量、位置和数据也不同。

【学习目标】

【素质目标】

　　（1）树立安全操作、团队协作的意识。

　　（2）具有规范操作、爱护工具设备的职业素养。

　　（3）培养爱岗敬业的劳动精神和精益求精的航空工匠精神。

【知识目标】

　　（1）了解飞机水平测量的准备工作。

　　（2）熟悉飞机水平测量仪器设备的组成与使用方法。

　　（3）掌握飞机水平测量的主要方法与数据分析过程。

【能力目标】

　　（1）能做好飞机水平测量的准备工作，并对水平仪、经纬仪进行安装与调整。

　　（2）会选择合适的飞机水平测量方法进行飞机的调平与水平测量。

　　（3）能根据飞机水平测量的数据分析飞机结构产生的变形情况。

【任务描述】

尽管各型飞机测量的内容不同，但各型飞机水平测量的基本方法是相同的。现以某型飞机为例，介绍飞机水平测量的基本方法。按照图 7-1 所示某型飞机的测量点分布情况，完成以下任务：

任务 1：说明该型飞机水平测量点分布图中进行飞机调平的主要测量点。

任务 2：按照该型飞机的水平测量图安放水平测量设备，并进行飞机水平调整。

任务 3：分别使用水平视线测量法、垂直视线测量法和张线测量法测量飞机水平。

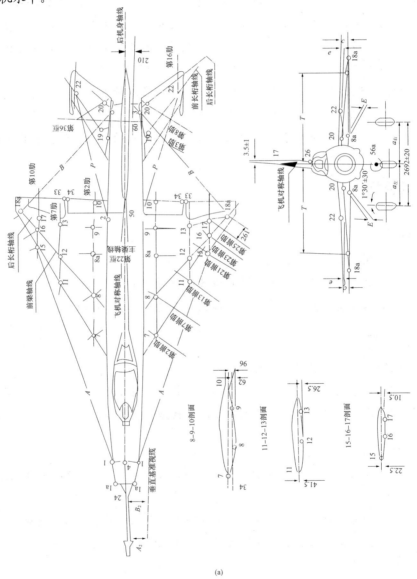

(a)

图 7-1　某型飞机测量点分布

（a）俯视图

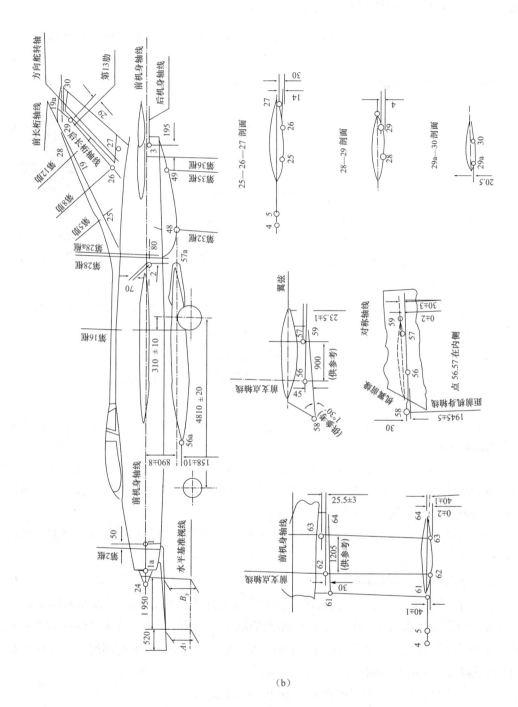

图 7-1　某型飞机测量点分布（续）

（b）侧视图

223

【任务知识】

■ 一、飞机水平测量的准备工作

飞机水平测量的目的就是根据飞机原始水平测量图，检查损伤飞机上有关测量点之间的数据变化情况，从而判断飞机损伤后的变形情况和各部件的安装情况。

（一）飞机水平测量的要求

1. 飞机的支撑

（1）飞机要按水平测量图规定的三点支撑状态，调到水平状态。

（2）在飞机调平中，保险托架与机身表面蒙皮之间应保持 10 ~ 30 mm 间隙。

（3）在飞机调平中，升、降千斤顶之后，都应将千斤顶的保险螺母锁紧，并将千斤顶内的液压压力卸载后方可进行工作。

【教学资料】
飞机水平测量前的
准备工作（视频）

（4）飞机水平测量时，起落架应放下并锁住，机轮离地面 50 ~ 100 mm（水平测量图中另有规定除外）。

2. 飞机状态的要求

（1）飞机总装完整，机上设备齐全。燃油箱内无燃油，滑油箱内无滑油，不带装载（货物，食品，水等）。

（2）应盖上飞机表面所有口盖，所有操纵面要置于中立位置。

（3）水平测量时，严禁在飞机上进行其他工作和放置无关物品。

3. 测量环境的要求

（1）飞机水平测量应在室内进行，无各种干扰，如振动、风吹等。清理现场和清除机下周围的障碍物。

（2）室外测量时的要求：应避免大风影响，风力须小于 3 级，机头迎着风向；光学仪器应避免风吹和阳光照射；在水平测量开始前 1 h 到工作结束整个工作过程中，机体应避免阳光的直接照射；测量场地要坚硬、平整。

（3）水平测量应连续进行，中间间断 2 h 以上时必须重新复查飞机调平情况，然后才能继续测量。

4. 对水平测量的精度要求

（1）光学仪器调平误差。精密水准仪调平和使用中，其管状水准器的水泡应居中对合，转动照准部，在 360° 范围内水泡刻度值偏差应不超过 2 格；精密经纬仪调平和使用中，其安平水准仪的水泡应居中，转动照准部，在 360° 范围内水泡刻度值偏差应不超过 1 格或不超过圆水准器内圈。

（2）飞机横向和纵向调平的误差一般为 0 ± 0.5 mm。

（3）水平测量点的标尺读数值精确到小数点后一位数（单位为 mm）。

（4）各部件相对位置的几何参数的测量结果，其误差应符合飞机水平测量图和技术条件的要求。

飞机各部件水平测量前的准备工作，是直接关系到能否测量准确和测量中能否避免事故的重要问题。其主要工作：选择场地与顶起飞机，安装与调整测量设备，将飞机调整至水平状态。

5. 飞机的顶升

顶升飞机时应保持飞机结构的刚度，减少顶起后飞机结构产生的弹性变形，缩小测量误差，所以，顶升飞机前应放尽燃料，消除机体因受燃料重量的影响而产生的变形；装好受力舱盖，防止该处结构刚度降低。用千斤顶顶起飞机，在机身中部顶好托架，松开机翼千斤顶，由前千斤顶和托架受力，防止机翼在千斤顶的作用下产生弹性变形，影响测量的准确性。

测量前还应采取以下安全措施：卸去弹药，防止意外；在机身尾部和左、右机翼下面安放托架或千斤顶（但不得顶着飞机），防止飞机后坐或倾斜。

（二）测量仪器设备的安装与调整

水准仪和经纬仪是水平测量用的主要仪器。水准仪用于测定产品的水平状态，经纬仪用于测定产品的垂直平面内状态，如图 7-2 所示。

图 7-2　飞机水平测量的常用仪器
（a）水准仪；（b）经纬仪

1. 水准仪的使用步骤

（1）安置。通常是先将脚架的两条腿取适当位置安置好，然后一手握住第三条腿做前后移动和左右摆动，使三脚架的 3 条腿近似等距，架设高度应该适中，架头应该大致水平，架腿制动螺旋应该固紧；将仪器安置到三脚架顶面上，用一只手握住仪器，另一只手松开三脚架中心连接螺旋，将仪器固定在三脚架上一手扶住脚架顶部，眼睛注意圆水准器气泡的移动，使之不要偏离中心太远，如图 7-3 所示。

【教学资源】
水准仪的构造与
使用（视频）

图 7-3　水准仪的安装

（2）粗平。粗平是用调整脚螺旋的位置将圆水准器的气泡居中，使仪器竖轴大致铅直，从而视准轴粗略水平。如图 7-4（a）所示，气泡未居中而位于 a 处，则先按箭头所指方向，用双手相对转动脚螺旋①和②，使气泡移动到图 7-4（b）中 b 的位置；再左手转动脚螺旋③，即可使气泡居中。在整平的过程中，气泡移动的方向与左手大拇指运动的方向一致。实际操作时可以不转动第三个脚螺旋，而以相同方向、同样速度转动原来的两个脚螺旋使气泡居中，在操作熟练以后，不必将气泡的移动分解为两步，而可以转动两个脚螺旋直接使气泡居中。

【教学资料】
水准仪的粗调平
（动画）

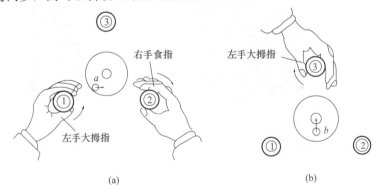

图 7-4　粗平调整过程

（a）两个脚螺旋转动方向；　（b）第三个脚螺旋转动方向

（3）瞄准。在用望远镜瞄准目标之前，必须先将十字丝调至清晰。瞄准目标应首先使用望远镜面的瞄准器，在基本瞄准水准尺后立即用制动螺旋将仪器制动。若望远镜内已经看到水准尺，但成像不清晰，则可以转动调焦螺旋至成像清晰，注意消除视差。最后用微动螺旋转动望远镜使十字丝的竖丝对准水准尺的中间稍偏一点以便读数。

当眼睛在目镜端上下移动时，如果发现目标的像与十字丝有相对移动的现象，如图 7-5（a）和图 7-5（b）所示，则将这种现象称为视差（视差现象）。产生视差的原因是目标像平面与十字丝平面不重合。由于视差的存在，故不能获得正确读数。当人眼位于目镜端中间时，十字丝交点读得读数为 a；当眼略向上移动时，读得读数为 b；当眼略向下移动时，读得读数为 c。只有在图 7-5（c）所示的情况，眼睛上下移动读得读数均为 a。因此，瞄准目标时存在的视差必须加以消除。

消除视差的方法：首先把目镜对光螺旋调好，然后瞄准目标反复调节对光螺旋，同时眼睛上下移动观察，直至读数不发生变化时为止。此时目标像与十字丝在同一平面，这时读取的读数才是无视差的正确读数。如果换另一人观测，由于每个人眼睛的明视距离不同，可能需要重新再调一下目镜对光螺旋，一般情况是目镜对光螺旋调好后就不必在消除视差时进行反复调节了。

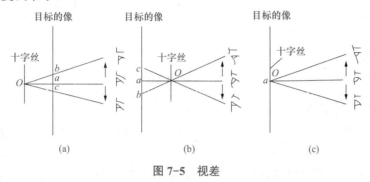

图 7-5　视差
（a），（b）存在视差；（c）不存在视差

（4）精平。读数之前应用微倾螺旋调整使水准管气泡居中，使视线精确水平。由于气泡的移动有惯性，所以转动微倾螺旋的速度不能快，特别是在符合水准器的两端气泡影像将要对齐时尤应注意。只有当气泡已经稳定不动而又居中时才达到精平的目的，如图 7-6 所示。

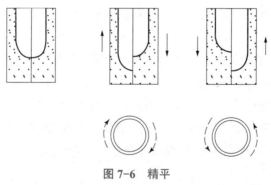

图 7-6　精平

（5）读数。仪器已经精平后即可在水准尺上读数。为保证读数的准确性，提高读数的速度，可以首先看好厘米的估读数（毫米数），然后将全部读数报出。读数步骤如下：

调节反光镜镜面位置，使读数窗亮度适中；转动读数显微镜目镜对光螺旋，使度盘、测微尺及指标线的影像清晰；根据仪器的读数设备进行读数，如图 7-7 所示。

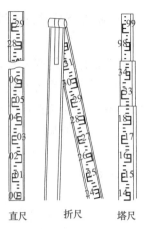

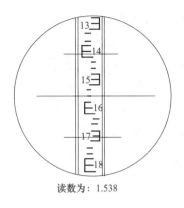

直尺　　折尺　　塔尺

读数为：1.538

图 7-7　水准尺读数方法

2. 经纬仪的使用步骤

（1）安置仪器。将经纬仪正确安置在测站点上，包括对中和整平两个步骤。

①对中。对中是指将仪器的纵轴安置到与过测站的铅垂线重合的位置。首先据观测者的身高调整好三脚架腿的长度，张开三脚架并踩实，使三脚架架头大致水平。将经纬仪从仪器箱中取出，用三脚架上的中心螺旋旋入经纬仪基座底板的螺旋孔。对中可利用垂球或光学对中器进行。

【教学资料】
经纬仪的构造与
使用（微课）

a. 垂球对中。挂垂球于中心螺旋下部的挂钩上，调垂球线长度至垂球尖与地面点之间的铅垂距 ≤ 2 mm，垂球尖与地面点的中心偏差不大时通过移动仪器，偏差较大时通过平移三脚架，使垂球尖大致对准地面点中心；偏差大于 2 mm 时，微松连接螺旋，在三脚架架头微量移动仪器，使垂球尖准确对准测站点，旋紧连接螺旋。

b. 光学对点器对中。调节光学对点器目镜、物镜调焦螺旋，使视场中的标志圆（或十字丝）和地面目标同时清晰；旋转脚螺旋，令地面点成像于对点器的标志中心，此时，因基座不水平而圆水准器气泡不居中；调节三脚架架腿长度，使圆水准器气泡居中，进一步调节脚螺旋，使水平度盘水准管在任何方向气泡都居中。光学对点器对中误差应小于 1 mm。

②整平。整平是指使仪器的纵轴铅垂，垂直度盘位于铅垂平面，水平度盘和横轴水平的过程，如图 7-8 所示。精确整平前应使三脚架架头大致水平，调节基座上的三个脚螺旋，使照准部水准管在任何方向上气泡都居中。

注意上述整平、对中应交替进行，最终既使仪器垂直轴铅垂，又使铅垂的垂直轴与过地面测站点标志中心的铅垂线重合。

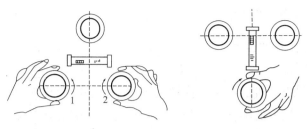

图 7-8　经纬仪整平

（2）瞄准目标。测量角度时，仪器所在点称为测站点，远方目标点称为照准点，在照准点上必须设立照准标志以便于瞄准，如图 7-9 所示。瞄准目标方法和步骤如下：

图 7-9　瞄准目标

①将望远镜对向明亮的背景（如天空），调目镜调焦螺旋，使十字丝最清晰。

②旋转照准部，通过望远镜上的外瞄准器对准目标，旋紧水平及垂直制动螺旋。

③转动物镜调焦螺旋至目标的成像最清晰，旋竖直微动螺旋和水平微动螺旋，使目标成像的几何中心与十字丝的几何中心（竖丝）重合，目标即被精确瞄准。

（3）读数。根据仪器的读数设备进行读数。

3. 安装与调平水准仪或光学经纬仪

水准仪或光学经纬仪安装在什么位置、什么高度，能否对飞机进行有效的水平测量，这要根据具体的飞机和具体的测量部位来定。基本原则：通过望远镜能清晰地看到所有测量点处的标尺，测出读数。在实际工作中，主要是防止标尺被千斤顶、托架或其他部件挡住，影响望远镜的观察。

根据经验，歼强飞机水平测量时，水准仪或光学经纬仪一般安放在如图 7-10 所示的位置。水准仪或光学经纬仪距离飞机尾部 3～4 m，偏离飞机纵轴 1～2 m，水准仪望远镜轴线距离地面的高度约为 0.5 m。然后，将水准仪或光学经纬仪调整至水平。

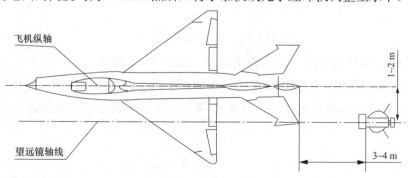

图 7-10　仪器的安放位置

■ 二、飞机水平测量的施工

（一）飞机水平状态的调整

1. 飞机的水平状态

飞机水平状态是指飞机的纵轴和横轴处于水平状态，简称纵横水平。飞机是否处于纵横水平，是根据飞机上的测量点来判断的。检查和调整的方法是按照飞机的水平测量图进行的。如图7-1所示，该型飞机的横水平用左右机翼上的第8a测量点检查，即测得的左右8a点的高度相等，则说明该机横水平是合格的。反之，可通过反复调整机身28框下面的支承托架高度使之相等。纵水平是用机身左侧的第1和第2测量点检查，即$h_1 = h_2 + 70\text{ mm}$，h_1为第1测量点的水平高度值，h_2为第2测量点的水平高度值。若不满足此条件，则可升降调节前千斤顶来调整第1测量点的高度。

飞机在使用过程中，由于弹伤、撞伤等原因使确定飞机纵横水平的某一测量点损坏，或者由其他原因缺少某个测量点时，可选用其他测量点来确定飞机的纵横水平。当左8a-右8a损坏时，可选用机身左2-右2或机翼左9-右9代替；当第1测量点损坏时，可选第2、第3测量点调节纵向水平。

2. 飞机水平状态的确定方法

飞机水平状态的确定方法即飞机调平方法。飞机调平是指以飞机轴系为基准，借助光学仪器和水平测量尺，通过千斤顶将飞机横向和纵向的调平基准点调至水平状态。飞机调平的操作程序是首先横向调平，然后纵向调平，最后复查飞机调平情况。

（1）经验调平法。经验调平法是指飞机调平中根据经验估算，渐次消除飞机横向和纵向调平基准点标尺读数差值的调平方法。经验调平法一般适用于批量生产的飞机调平，其缺点是费时和工人劳动强度大。

（2）计算调平法。按计算出的调平量 Δh 调平飞机，如图7-11所示。

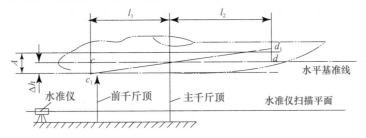

图 7-11　飞机计算调平示意

（3）吊线、标杆调平法。横向调平示例，如图7-12所示，分别在左、右机翼翼尖上的横向调平基准孔内，悬挂铅垂吊线到地标板上，通过微调千斤顶，使吊线的测量头（重锤锤尖）对准地标板上的十字刻线中心即可。其调平误差应在地标板上的十字中心线圈内。

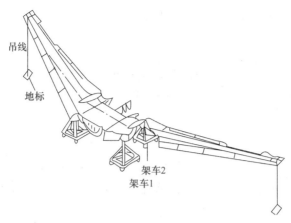

图 7-12　横向调平示例

　　纵向调平示例如图 7-13 所示。按站位在标板上用测量标杆测量各站位处的高度。在水平图表上，用站位的标杆示出数绘直线，按图表数值调整飞机纵向到水平状态。

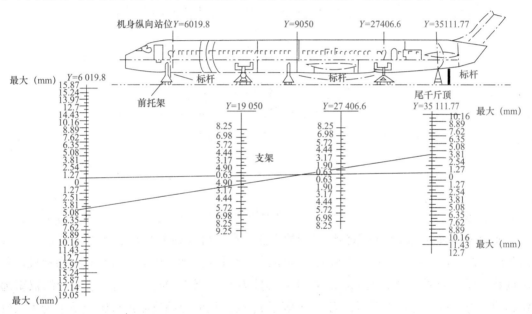

图 7-13　纵向调平示例

（二）测量方法的选用

水平测量方法包括水平视线测量法、垂直视线测量法、张线测量法和投影测量法。

1. 水平视线测量法

水平视线测量法如图 7-14 所示。调整水准仪或经纬仪，使其望远镜的轴线在水平位置。当飞机的纵轴和横轴处于水平状态时，从望远镜中得到一条基准水平视线，这条基准水平视线与飞机的水平基准面平行。将标尺顶到测量点中心，并使其自然下垂，通过望远镜观察标尺上的刻度值，该值即测量点至基准水平视线的垂直距离。现以图 7-14 为例进一步说明，图 7-14 中 A 测量点与基准水平视线的垂直距离为 h_A，B 测量点与基准水平视线的垂直距离为 h_B，两点的相互关系（高度差）可用 h_A-h_B 表示。如果高度差符合规定，则说明安装是正确的；如果高度差不符合规定，则说明安装不正确。

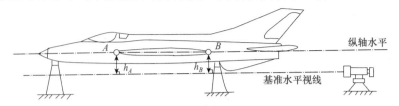

图 7-14　水平视线测量法

水平视线测量法是飞机水平测量工作中最基本的测量方法，主要用于飞机纵横水平的测量、机翼和水平尾翼的测量。另外，在后机身、发动机及全静压管的测量工作中，也要用到水平视线测量法。

2. 垂直视线测量法

垂直视线测量法是在飞机处于水平状态，经纬仪照准架调至水平后进行的。测量中，首先使经纬仪望远镜的轴线与飞机对称轴线平行，如图 7-15 所示。此时，望远镜的轴线为一基准垂直视线。然后以这条视线为标准，检查测量点之间的水平距离。

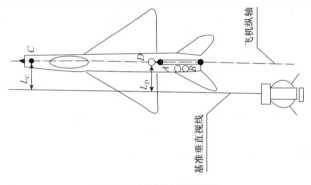

图 7-15　垂直视线测量法

使望远镜轴线与飞机对称轴线平行的方法：在飞机纵轴上的 C 点和 D 点上沿水平方向各放一标尺，该标尺垂直于飞机的对称面。从经纬仪望远镜中分别观察这两根标尺，测出读数，设 C 点处的读数为 L_C，D 点处的读数为 L_D，当 L_C 等于 L_D 时，说明经纬仪望远镜的轴线与飞机对称轴线平行；当 L_C 不等于 L_D 时，说明经纬仪望远镜轴线不平行于飞机的对称轴线，需要转动经纬仪的水平微动螺旋进行调整。

望远镜轴线与飞机对称轴线平行以后，便可检查测量点 A 和 B 的水平距离。测量时，分别在点 A 和点 B 处沿水平方向各放一标尺，标尺与飞机对称面垂直，通过经纬仪分别观察两根标尺，测出读数，假如点 A 处的读数为 l_1，点 B 处的读数为 l_2，则点 A 和点 B 的相对关系可用 $l_1 - l_2$ 来表示。如果 $l_1 - l_2$ 的数值符合要求，则说明所测部位的形状正确。

垂直视线测量法主要用于垂直尾翼和方向安定片的测量。另外，在后机身、发动机和全静压管的测量工作中，也可用垂直视线测量法。

3. 张线测量法

张线测量法如图 7-16 所示。测量前仍应将飞机置于水平状态。测量时，在飞机的前后放置张线支架，支架的上端拉张线，张线上挂几个重锤，张线的根数根据测量的需要确定。如测量歼七飞机垂尾时，需要拉两根互相平行的张线，其中张线 1 处于飞机的对称面内。此时，张线 2 就相当于经纬仪的基准垂直视线，利用其上悬挂的重锤和标尺即可对垂尾进行测量。

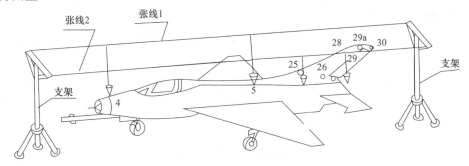

图 7-16　张线测量法

张线测量法与垂直视线测量法的使用范围基本相同，可测量垂直尾翼。另外，在发动机、后机身及全静压管的测量工作中，也可用张线测量法。张线测量法的精确度低于垂直视线测量法。采用张线测量法时，必须认真细致，才能获得较准确的测量结果。

4. 投影测量法

投影测量法就是将空间的测量点投影到地面，然后用尺子检查地面各有关投影点的相对距离，图 7-17 所示为应用投影测量法来测量机轮中心位置。从图 7-17 中可以看出，在机轮胎的中间挂有铅垂线，铅垂线两端的重锤向地面各作一投影点，将这两点连成直线，并在直线的正中间找一点 C，点 C 即机轮中心在地面的投影点。如果在 3 个机轮下面都找出中心投影点，便能量出主轮间距及前轮、主轮间的垂直距离。投影测量法也应在飞机处于水平状态以后进行。投影的地面应比较平整，如果有条件，最好在地面放置层板。用层板时应压稳，不使其移动。

【教学资料】
飞机水平投影
测量法（视频）

投影测量法的精确度与张线测量法相同，投影测量法通常用来测量起落架的安装情况，有时在测量发动机、全静压管、方向安定片和后机身的工作中，也用到投影测量法。

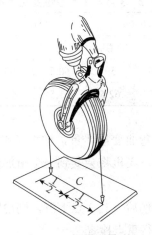

图 7-17　投影测量法

（三）测量数据的分析

飞机水平测量后应填写水平测量报告表，同时，应根据实测结果进行数据分析，以便准确判断损伤情况，查找损伤原因，为实施修理提供理论依据。下面结合两个实例讲述数据分析的一般方法。

E 值通常是由位于机翼前梁根部和翼尖部位的某两个测量点来确定的，是反映机翼下反角的一个重要参数。表 7-1 所示为某型飞机经 600 h 飞行后 E 值的变化情况。该型飞机的 E 值规定为 177^{+20}_{0} mm，如该型飞机的 E 值是由 8a 和 18a 两个测量点确定的，E 值的标注如图 7-1（a）所示。

表 7-1　E 值的变化情况　　　　　　　　　　　单位：mm

飞机号码		1214		0309		0201		1211		1175	
		左	右	左	右	左	右	左	右	左	右
E 值	出厂值	188	188	185	186	187	190	194	187	195	193
	实测值	170.5	169.5	175.5	173	170	178	179	171	170	175

从表 7-1 中可以看出，5 架飞机的 E 值普遍减小，这说明机翼上翘，产生了永久变形。从飞行力学中可知，机翼下反角过小，容易使飞机的横侧安定性增强，方向安定性减弱，使飞机出现侧向飘摆现象。

如果飞机遭受损伤，机翼的 E 值减小，则说明机翼下表面的纵向构件可能产生了向上的弯曲变形。因此，应对下表面的纵向构件，尤其是翼梁和机翼与机身的结合部位等进行重点检查，及时查找变形和裂纹部位。

表 7-2 所示为某型飞机经 600 h 飞行后，3 点与 1 点差值的变化情况，3 点和 1 点的标注如图 7-1（b）所示。从表 7-2 中可以看出，3 点下沉，使 3 点与 1 点的差值增加。这说明飞机的后机身向下弯曲产生了塑性变形，同时，后机身还产生了扭转变形（如 1013 号机）。

表 7-2　3 点与 1 点差值变化情况　　　　　　　　单位：mm

飞机号码	1211		0209		0506		1014		1013	
	左	右	左	右	左	右	左	右	左	右
出厂值	62.5	63.5	59.5	59	60.5	60	63.5	63	61	64
实测值	65.5	66	62.5	62.5	61.5	62	65	63	64	62.5

3 点下沉过多，后机身向下弯曲变形严重，增大了平尾偏角，使平尾有效迎角增大，此时作用于平尾上的负升力减小，飞机将会受到一个附加低头力矩的作用，影响飞机的俯仰平衡。

如果飞机出现尾部擦伤等损伤后，其 3 点下沉，则说明尾部的上下纵向构件可能产生了变形，因此，应对这些部位进行重点检查。

【项目拓展】

扫描以下二维码，认真阅读项目拓展教学案例，了解飞机维修工作中飞机操纵面吻合性检查的要求，水准仪和经纬仪在其他工作场景的实践应用，有效积聚学习资源，促进自主学习和个性化学习。

【项目拓展】	【项目拓展】	【项目拓展】
操纵面吻合性检查	常用水准仪的介绍	经纬仪的实践操作
（文档）	（视频）	演示（视频）

【思政案例】

扫描以下二维码，阅读相关教学案例，从航空报国理想信念、航空工匠精神、职业素养、团队意识和工作作风等方面，分析案例中所蕴含的德育、劳育、安全文明生产、质量意识等职业素养要求。

【思政教育】	【少年工匠】	【航空事故】
大国工匠精神传承	"小工匠"操作技	全美航空5050号
（视频）	能终极考核（视频）	航班空难（动画）

【技能训练】

工作手册7-1：MA60飞机水平测量及数据分析（初、中级工）

任务编号	7-1	实训工卡			工卡编号	GK10
任务类型	综合技能				版本号	01
机型	N/A	计划工时	4 h（初级） 2 h（中级） 1 h（中级）	工位	页码	第　　页 共　　页
标题		飞机水平测量及数据分析				
参考技术文件		MA60飞机结构修理手册				
注意事项		1. 坚持安全、文明生产规范，严格遵守实训室制度和劳动纪律； 2. 穿戴好劳动保护用品，不携带与实训工作无关的物品； 3. 使用水平测量设备时，须在教师指导下进行，应遵守安全操作规程				

教学资源	

【教学资源】　　　　　　【教学资源】

飞机水平测量的仪器设备　　飞机水平测量的要求

（视频）　　　　　　（视频）

工具 / 设备 / 材料 / 防护						
类别	名称	型号 / 规格	单位	数量	工作者	检查者
工具	水准仪	DS3-Z	台	1		
	水平测量标尺	标准	把	1		
	钢卷尺	2 m	把	1		
	铅锤	M0501	把	1		
设备	液压千斤顶	专用	台	3		
	工作梯	专用	台	1		
耗材	亚麻绒绳	直径 2 mm	m	10		
防护用品	棉布	N/A	块	1		
	防护手套	符合航空使用标准	副	1		

备注：

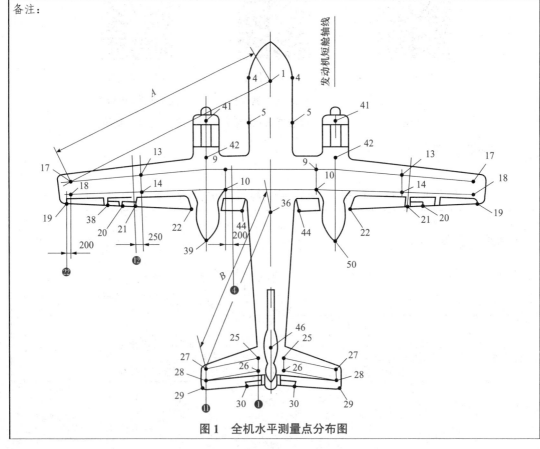

图 1　全机水平测量点分布图

236

编写		审核		批准			
完工签署							
检查者			完工日期				
项目	工作内容					工作者	检查者
一	准备工作						
1	技术资料：查询资料，找到与任务相关的知识内容						
2	工具/材料：按工具清单清点工、量具，准备实训材料						
3	劳动防护：按实训要求穿戴劳保用品，做好个人安全防护						
4	环境要求：飞机水平测量应在室内进行，且无任何干扰和振动、风吹等。室内温度不应有剧烈变化。室内地面应坚硬、水平						
5	飞机要求：处于空机状态，放掉多余燃油，起落架放下，关闭所有的舱门和口盖。严禁任何人在飞机上进行其他工作。将飞机顶起并安置于液压千斤顶上。前、主机轮必须稍离地面。将飞机所有操纵面置于中立位置						
二	顶升飞机						

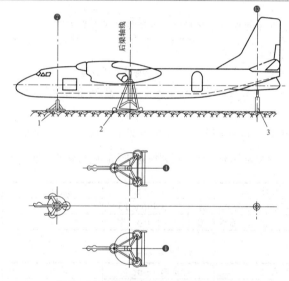

图 2　飞机顶升液压千斤顶支承位置

1	按图 2 所示，将千斤顶移至飞机的支承窝下面，并将千斤顶的支承头与支承窝进行初步对准。 ★顶起飞机和降下飞机必须六人完成。每个主液压千斤顶两人，前液压千斤顶一人，还必须有专人统一指挥						
2	使主液压千斤顶的作动筒上升，并再次使支承头与飞机上的支承窝对准，但不要使千斤顶的支承头进入支承窝内，而要留 30～50 mm（1.181 1～1.968 5 in）的间隙。 ★顶起飞机时，主、前液压千斤顶应同时协调进行，必须注意水平均匀上升，不允许一个液压千斤顶超前或滞后于另一个						
3	转动前液压千斤顶螺杆，使之伸出并使活动头与飞机的支承窝对准，但活动头不要进入窝内，要留 30～50 mm（1.181 1～1.968 5 in）间隙						
4	随着液压千斤顶的作动筒升起，必须渐渐地将保险螺母降下，并保持螺母和作动筒上支座端面之间的间隙在 10～15 mm（0.393 7～0.590 6 in）范围内。 ★注意：停止顶起飞机以后，所有液压千斤顶的保险螺母向下拧至贴紧上支座端面，然后打开螺旋开关将压力去掉						

项目	工作内容	工作者	检查者
三	水平仪安装		
1	将水平仪支架放置在一特殊位置，该位置在不移动支架的条件下能读出全机所有测量点高度值。 ★注意：在整个测量过程中水平仪必须保持水平，不能碰撞支架		
2	按照水平仪使用的规定要求安装水平仪支架，并在支架上正确安放水平仪		
3	按照水平仪操作手册要求，调整水平仪使之水平		
四	飞机调平程序和要求		
1	按图1所示，飞机全机水平测量点进行飞机调平。应先调整横向水平，再调整纵向水平		
2	横向调平：调整4肋处主千斤顶，使点9左右高度差不大于 ±0.5 mm（±0.019 7 in）		
3	纵向调平：调整7框处前千斤顶，使点6高出点4为480 mm±0.5 mm（18.897 6 in±0.019 7 in），使点4左右高度差不大于 ±0.5 mm（±0.019 7 in），使点6左右高度差不大于 ±0.5 mm（±0.019 7 in）		
4	检查点9左右高度差是否有变化，如仍在公差范围内，则认定飞机横纵向已调平；否则再重复上述程序，直至满足要求为止。 ★警告：在飞机调平后必须锁紧千斤顶并使千斤顶内液压油不受油压，否则会影响测量结果		
五	全机对称性测量		
1	按图1所示，用铅锤将测量点1和点17、点36和点27引至地面，并做标记		
2	用钢卷尺测量点1和点17、点36和点27相应的地面标记间的距离，并记录。 ★注意：测量时要用同样的力拉紧钢卷尺，以防钢卷尺挠度不同影响测量精度 表格如下： （见下表A）		

项目2 表格：

项目		要求 /mm	测量值
点1到点17的距离	A	16 496±15	
点36到点27的距离	B	9 140±13	

项目	工作内容	工作者	检查者
3	计算A、B左右的差值		

项目3 表格：

项目	要求 /mm	计算值
A 左右差	< 15	
B 左右差	< 10	

项目	工作内容	工作者	检查者
六	机身水平测量		

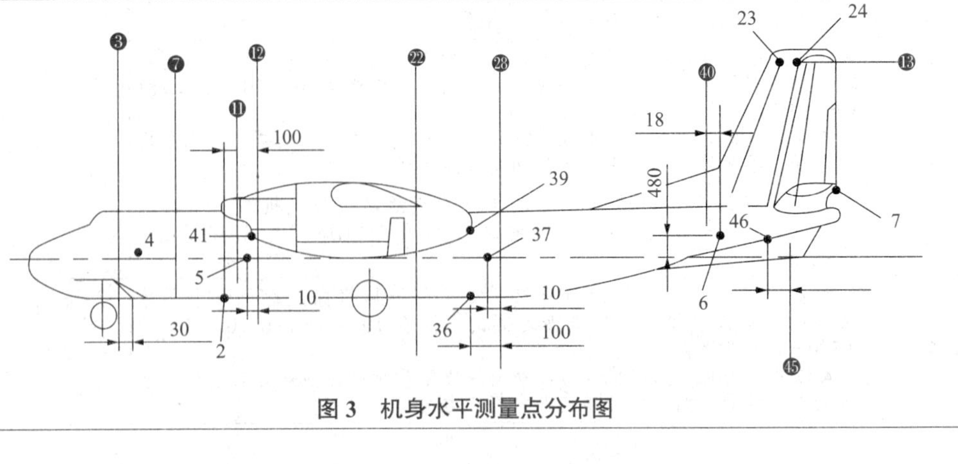

图 3　机身水平测量点分布图

238

项目	工作内容	工作者	检查者
六	机身水平测量		
1	按图3所示,用铅锤将点1、36、2引至地面并做标记		
2	用亚麻线绳连接点1、36相应的地面标记并拉紧。量取中间点2相应的地面标记与连线间的距离并记录 **项目 / 要求/mm / 测量值** 点2偏离点1-36连线 / 0±1.5 /		
3	将水平测量尺端部顶尖置于飞机水平测量点6、4的冲点(或特制的紧固件小孔)上,使用水平仪读取测量点高度值		
4	按上述方法和程序计算点4左右、点6左右边的差值并记录。 **项目 / 要求/mm / 测量值** 点6高于点4 / 480±0.5 / 点4高于点4右 / 0±0.5 / 点6左高于点6右 / 0±0.5 /		
七	机翼水平测量		

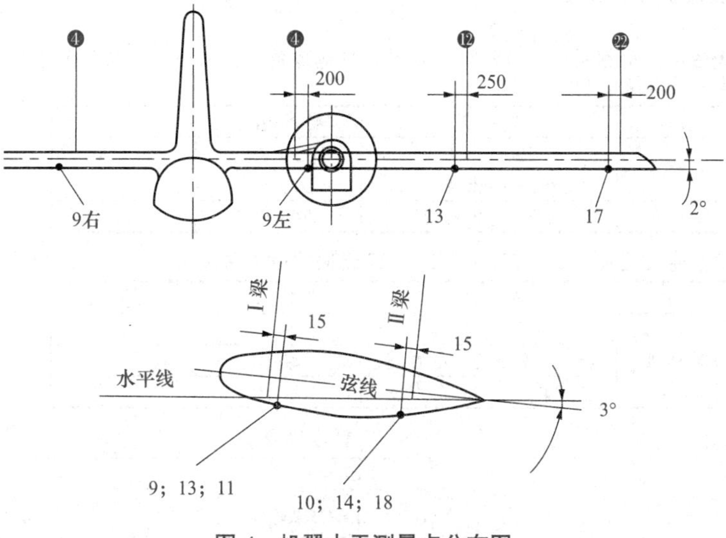

点2偏离点1-36连线: 表

项目	要求/mm	测量值
点2偏离点1-36连线	0±1.5	

项目	要求/mm	测量值
点6高于点4	480±0.5	
点4高于点4右	0±0.5	
点6左高于点6右	0±0.5	

图4 机翼水平测量点分布图

		工作者	检查者
1	按图4所示,采用机身水平测量的程序和方法测出点9、10、13、14、17、18的高度值		
2	计算两点间的差值并记录		

计算两点间的差值并记录

项目	测量点	要求/mm	测量值
下反角	点13高出点9	37±7	
	点13高出点17	150±8	
	点9高出点10	68±2.5	
	点13高出点14	48±3	
	点17高出点18	16±3	
对称性	点9左右差	< 0.5	
	点17左右差	< 10	

项目	工作内容	工作者	检查者
八	安定面水平测量		

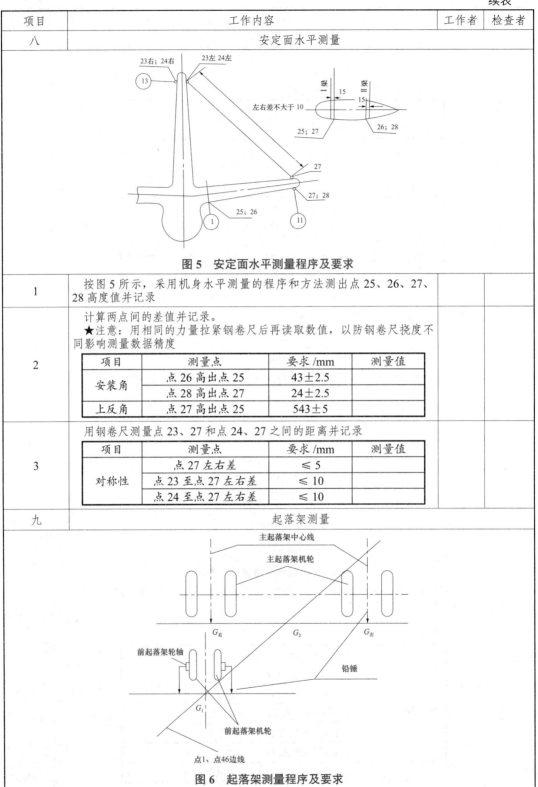

图 5　安定面水平测量程序及要求

项目	工作内容	工作者	检查者
1	按图 5 所示，采用机身水平测量的程序和方法测出点 25、26、27、28 高度值并记录		

2　计算两点间的差值并记录。
★注意：用相同的力量拉紧钢卷尺后再读取数值，以防钢卷尺挠度不同影响测量数据精度

项目	测量点	要求 /mm	测量值
安装角	点 26 高出点 25	43±2.5	
	点 28 高出点 27	24±2.5	
上反角	点 27 高出点 25	543±5	

3　用钢卷尺测量点 23、27 和点 24、27 之间的距离并记录

项目	测量点	要求 /mm	测量值
对称性	点 27 左右差	≤ 5	
	点 23 至点 27 左右差	≤ 10	
	点 24 至点 27 左右差	≤ 10	

项目	工作内容
九	起落架测量

图 6　起落架测量程序及要求

项目	工作内容	工作者	检查者
九	起落架测量		
1	将前起落架轴套固定在前起落架轮轴端头		
2	从轴套的外伸杆端头用铅锤向地面引点并做标记		
3	按图 6 所示，用铅锤从主起落架支柱下方的小孔中心向地面引点，并做标记 $G_左$、$G_右$		
4	用钢卷尺分别连接前起落架左右轴套相应的地面标记和左右主起落架相应的地面标记，分别与点 1、46 连线交于 G_1 和 G_2		
5	分别测量 G_1、G_2 的距离和 G_2 至 $G_左$、$G_右$ 的距离并记录。 <table><tr><th>部位</th><th>项目</th><th>要求 /mm</th><th>测量值</th></tr><tr><td>主起落架距飞机对称面</td><td></td><td>3 950±5</td><td></td></tr><tr><td>主起落架、前起落架轮距</td><td>G_1-G_2</td><td></td><td></td></tr></table>		
十	飞机降下		
1	松开起落架机轮的制动并清除机下可能损坏飞机的物品，然后将作动筒的换向开关转到"顶起飞机"位置，关闭相应的螺旋开关，用手摇泵加压使保险螺母随着作动筒升起，在保险螺母和作动筒支座之间略微出现间隙为止，然后用手将保险螺母向上拧 40～50 mm（1.574 8～1.968 5 in）		
2	按照规定和统一指挥慢慢地打开两个主液压千斤顶和液压操纵台上的螺旋开关，并使主、前液压千斤顶均匀协调地下降，在下降过程中，飞机基本上是始终保持水平状态的均衡下降。飞机的下降速度由打开螺旋开关的程度来控制		
3	随着千斤顶作动筒的下降，保险螺母应随之向上拧并始终保持螺母与作动筒上支座端面之间的间隙为 10～15 mm（0.393 7～0.590 6 in），直至飞机全部降下，机轮全部着地		
4	在机轮下放置轮挡。千斤顶作动筒继续强制下降到最低位置。从飞机下拉出千斤顶并予以整理，套上罩布。 ★注意：若在阴雨天，液压千斤顶在飞机下面长期处于工作状态，必须对千斤顶进行认真的清理，并及时将液压油箱和油滤沉淀物放出，秋冬季应用加温器加温后再放沉淀物		
十一	结束工作		
1	填写好测量数据表 (学号)，提交测量数据分析报告		
2	清点工具和量具，按要求维护后摆放规范整齐		
3	清扫工作现场，保持工位干净整洁，符合安全文明生产要求		

参考文献

[1]《航空制造工程手册》总编委会.航空制造工程手册——飞机装配[M].2版.北京：航空工业出版社，2010.

[2] 白冰如，拜明星.飞机铆接装配与机体修理[M].北京：国防工业出版社，2015.

[3] 任仁良，张铁纯.涡轮发动机飞机结构与系统[M].北京：兵器工业出版社，2006.

[4]《职业技能培训MES系列教材》编委会.铆装钳工技能[M].北京：航空工业出版社，2008.

[5] 王海宇.飞机装配工艺学[M].西安：西北工业大学出版社，2012.

[6] 王云渤，张关康，冯宗律，等.飞机装配工艺学[M].北京：国防工业出版社，1990.

[7] 国防科学技术工业委员会.QJ 782A—2005 铆接通用技术要求[S].北京：中国标准出版社，2006.

[8] 姜泽锋.飞机结构图纸识读与常用维修手册使用[M].2版.北京：清华大学大学出版社，2013.

[9] Boeing.B737 Structure Repair Manual[Z].2012.

[10] Airbus.A320 Structure Repair Manual[Z].Revision 106.2014.